Business is Showbusiness

Brigitte Biehl, Dr. phil., ist Theaterwissenschaftlerin und arbeitet derzeit als Marketing-Dozentin an der School of Management and Business, an der Universität von Wales, Aberystwyth, in Großbritannien.

Brigitte Biehl

Business is Showbusiness

Wie Topmanager sich vor Publikum inszenieren

Campus Verlag
Frankfurt/New York

D.30

Bibliografische Information der Deutschen Nationalbibliothek
Die Deutsche Nationalbibliothek verzeichnet diese Publikation in der Deutschen Nationalbibliografie; detaillierte bibliografische Daten sind im Internet über http://dnb.d-nb.de abrufbar.
ISBN 978-3-593-38472-6

Umschlaggestaltung: Guido Klütsch, Köln
Umschlagmotiv: Dr. Josef Ackermann, Vorstandsvorsitzender der Deutsche Bank AG, spricht bei der Bilanzpressekonferenz am 1. Februar 2007 in Frankfurt am Main © Wolfgang von Brauchitsch
Druck und Bindung: KM-Druck, Groß-Umstadt
Gedruckt auf säurefreiem und chlorfrei gebleichtem Papier.
Printed in Germany

Besuchen Sie uns im Internet: www.campus.de

Inhalt

Dank 7

Einleitung 8

Über die Inszenierung 11

Theaterwissenschaft, Public Relations und die Inszenierung von Wirklichkeit 20

Methodik und Aufbau 25

Über die Veranstaltungen und ihre Auswahl 28

I Der Held im Theater 34

Der verkörpernde Darsteller im dramatischen Theater 35

Der distanzierte Darsteller im epischen Theater 39

Der authentische Performer im postdramatischen Theater 41

II Der Held zwischen Theater und Management 47

Unternehmenskommunikation und Events 47

Personalisierung 51

Publikumsgruppen 59

Aktionäre 59

Journalisten 63

Analysten und institutionelle Investoren 66

III Inszenierungsanalyse 69

»Spielweise« – Wie treten Manager auf 69

Personalisierung und Kompromissbildung 69

Techniken der Eindrucksteuerung und die Authentizitätsfrage 78

Szenographie 84

Ort 84

Räumlichkeiten mit Produktdemonstrationen und Büfett 87

Die Bühne 93

Position des Redners 104
Rednerpulte für die Aktionäre 107
Requisiten und Dekoration 112
Licht und Musik 116
Bühnenbild 119
Körpersprache 128
Kleidung 128
Gestik und Haltung 132
Blickkontakt und Redestil 140
Mimik und Attraktivität 142
Stimme 150
Rhetorik 158
Dramaturgie der Reden 162
Persönliche Aussagen und Abweichungen vom Redemanuskript 168
Humor und Selbstironie 171
Applaus 174
Darstellung von Erfolgen und Misserfolgen 178
Bildhafte Sprache 184
Strategien in Frage- und Antwortrunden 206
Dramaturgie der Antworten 211
Längere Ausweichmanöver 217
Kurze Repliken und Witzeleien 222
Wie sich Antworten verweigern lassen 224
Freundliche Abwehrstrategien auf Angriffe 226
Umgang mit Unterstellungen 230
Die Beantwortung von Fragen im Stile des Advocatus Diaboli 232
Resümee 237
Literatur 246
Quellen der Veranstaltungen 263

Dank

An dieser Stelle möchte ich allen herzlich danken, die mich bei dieser Promotion besonders unterstützt haben. An vorderster Stelle Prof. Dr. Hans-Thies Lehmann, der mit großer Offenheit und ermunterndem Interesse diese interdisziplinäre theaterwissenschaftliche Untersuchung der Welt der Wirtschaft begleitet hat, und ebenso Prof. Dr. Ulrike Röttger von der Public Relations-Seite. Ich danke Dr. Colin Clark für den Austausch über Konversationsanalyse und englische Investorenveranstaltungen. Manfred Piwinger ist für mich seit langem ein fördernder und engagierter Gesprächspartner über Investorenkommunikation. Mein großer Dank für Gespräche und Materialien gilt Henry Mathews, dem Geschäftsführer des Dachverbands der Kritischen Aktionäre, der sich als »schlechtes Gewissen« auf der Wirtschaftsbühne eingemischt und über drei Jahre hinweg bis zu seinem überraschenden und auch für mich schmerzhaften Tod 2006 mit Humor, Herz und hartnäckigen Anmerkungen meine Arbeit begleitet hat. Ich bedanke mich bei Hans-Martin Buhlmann von VIP, Verein institutionelle Privatanleger, und COF, Club of Florence, Institute for Good Corporate Governance, für die Unterstützung. Die Malerin Verena Landau hat durch ihre faszinierende Beschäftigung mit Aktionärstreffen auch meinen Blick um künstlerische Möglichkeiten erweitert und Bilder für dieses Buch zur Verfügung gestellt. Gefreut habe ich mich sehr über die Gespräche mit Prof. Res Ingold von Ingold Airlines. Ich danke den Redenschreibern, Organisatoren und Pressereferenten, die mir Interviews gegeben haben. Ein großes Dankeschön für die ehrlichen Anmerkungen möchte ich an Oliver Wiesinger, Diana Teschler, Christopher Bade, Ben Reichardt, Dr. Christian Dahmen, Alexander Missal und Christian Stockmar richten. Diese Arbeit entstand mit Förderung der Rosa-Luxemburg-Stiftung. Ein besonderer Dank gilt meiner Familie: Jutta Biehl, Bruno Biehl, Hildegard Füller (†), Dr. Helmut Füller und Dr. Stefan Füller.

Einleitung

Die ganze Welt ist eine Bühne und auch die Welt der Wirtschaft ist ein Schauplatz zur Selbstinszenierung. Theatralisierung durchzieht das ganze gesellschaftliche Leben und zunehmend auch die Geschäftswelt. Ihre Darbietungen machen sich die Gesetze und Techniken des Showbusiness zu Nutze. Sie bieten Personen, Emotionen und Versprechungen, um Investoren, Medien, Analysten und nicht zuletzt die Öffentlichkeit und Kunden zu beeinflussen, Reputation aufzubauen und Vertrauen zu schaffen. Diese weichen Faktoren werden zu Kapital, das sich hoch verzinst und besonders schwer wiegt, und so hängt die effiziente Wirtschaftsleistung von der wirkungsvollen Selbstinszenierung ab – Business is Showbusiness.

Die Metapher von der Wirtschaftsbühne zeigt sich prägnant im buchstäblichen Sinne bei den Auftritten von Topmanagern: Gefühlige Leitmotive wie »Leistung aus Leidenschaft.« oder »A Passion to Perform.« prangen über den Brettern, die am Tag einer Veranstaltung der Deutschen Bank die Wirtschaftswelt bedeuten. Konzernchef Josef Ackermann steht wie jeder andere Vorstandsvorsitzende stellvertretend für das Unternehmen und will eine passionierte Performance bieten, überzeugend Rede und gekonnt Antwort stehen. Banker, Airliner und Autobauer müssen nicht nur Planer, sondern auch Selbstdarsteller sein. Die Ackermänner, Mayrhubers und Schrempps versuchen in den Rollen der »Kostenkiller« oder »Mister Shareholder Value« schon äußerlich zu verkörpern, was sie selbst ihrem Konzern zugute halten: Da glänzt das weiße Einstecktuch als Symbol der Finanzelite, ein gebräunter Teint soll jugendlichen Unternehmergeist signalisieren und der passende Vortragsstil kann auf das »Benzin im Blut« verweisen.

Das Verkaufspotenzial bei Auftritten ist hoch, denn der Zuschauer kann sich persönlich ein Bild vom Vorstand machen. Wann wird er einem Manager eher vertrauen: Wenn er ihn direkt erlebt hat und dieser gar eine Frage souverän beantworten konnte – oder nach einem Blick auf das retuschierte Foto im Geschäftsbericht? Wenn die Darbietung gefällt, kann der Auftritt das Ansehen und damit auch die Wertentwicklung des Unternehmens beeinflussen.

Überzeugend aufzutreten und bittschön »authentisch« zu bleiben ist aber nicht einfach. Sich zu präsentieren bedeutet immer, sich zu exponieren. Das Publikum kann interagieren und stellt kritische Fragen, Medien und Investoren wollen wissen, wo die Scheinwelt von Kompetenz und Heldentum endet. Zudem gibt es trotz dramaturgischer Bemühungen wie dem ehrfürchtig hohen Podium lachhafte Pannen: Auf dem Bühnenbild hantiert ein überlebensgroßer Jongleur mit Tennisbällen und die »Leidenschaft« verpufft, wenn die trockene Stimme von Bildertrümmern wie der »überstandenen Ertragsdelle« kündet. Je tiefer der Blick in die Rhetorik, desto weniger Verantwortungsbewusstsein lassen manche Verhaltensweisen zwischen schön Reden und Schönreden vermuten: Personal wird trocken »abgebaut«, wirtschaftliche Misserfolge klein geredet, dafür wird das »Produktfeuerwerk« gepriesen. So hat die Kunst der Selbstdarstellung bei Managern einen Gipfel erreicht. Aber beileibe noch nicht den höchsten.

Veranstaltungen von großen Unternehmen ähneln Inszenierungen im Theater. Durch den gezielten Einsatz von Licht, Bühnenbildern und Rhetorik versuchen die börsennotierten Konzerne, ihr Publikum aus Investoren und Journalisten zu beeindrucken und Vertrauen in sich und den Konzernerfolg aufzubauen. Diese Studie wird auf Auftrittstechniken aufmerksam machen und sie erklären und untersucht dafür aus dem Blickwinkel der interdisziplinären Theaterwissenschaft, der Performance Studies, die Auftritte von Vorstandsvorsitzenden (CEOs)[1] der Konzerne aus dem Deutschen Aktienindex (Dax) »als Performance« oder »als Inszenierung«. Sie werden mit einem angepassten Katalog der Inszenierungsanalyse nach Patrice Pavis[2] deskriptiv erfasst und mit der Theatersemiotik und Performancetheorie analysiert. Die Inszenierungsanalyse beschreibt die Wirkung der Spielweise der Auftretenden, Faktoren wie die Szenographie einschließlich Bühnenkonzeption, Bühnenbild und Licht, die Kleidung, die Körpersprache einschließlich Gestik und Mimik, die Rhetorik der Reden und die Dramaturgie der Antworten auf Fragen aus dem Publikum. Die Szenen werden unter dem Stichwort Personalisierung daraufhin unter-

1 Ein Vorstandsvorsitzender steht einer deutschen Aktiengesellschaft vor. Er ist mit dem Chief Executive Officer, CEO, im angloamerikanischen Recht vergleichbar. Die kurze Bezeichnung wird häufig sinngleich verwendet.

2 Vgl. Pavis, *Semiotik der Theaterrezeption*, S. 100–107

sucht, ob und wie sie den Firmenchef besonders hervorheben. Mit Jahreshauptversammlungen hauptsächlich für Aktionäre, Bilanzpressekonferenzen für Journalisten und Analystenkonferenzen für Analysten und institutionelle Investoren wurden drei Arten von Veranstaltungen gewählt, um übergreifende ästhetische Prinzipien deutlich zu machen und unterschiedliche Kommunikationsstile zu zeigen. Um die Wirkung zu erklären bietet die vorliegende Arbeit auch eine große Zahl von bereichernden Hinweisen, Parallelen, historischen und assoziativen Verknüpfungen der Inszenierung der Manager mit Theaterästhetik und Theatergeschichte.

Das Theater ist Referenzpunkt dieser Untersuchung, weil die Auftritte einen Show-Charakter besitzen und formal Inszenierungen im Theater ähneln. So haben die Erkenntnisse eine Anzahl praktischer Implikationen, die die Ausrichtung von Events betreffen und der beruflichen Praxis nutzen. Die Untersuchung soll aber kein bloßer Ratgeber sein, sondern unseren Blick erweitern und uns bei fortschreitender Theatralisierung und Ästhetisierung von Wirtschaft auf Unterschiede zwischen Theater, Kunst und der Disziplin des Managements und seiner Kommunikation aufmerksam machen. Das Theater erinnert uns nämlich daran, dass es eine Kulturleistung ist, sich mit verschiedenen Masken in Szene setzen zu können, und beliefert die Wirtschaftswelt zu Recht mit Metaphern wie der von der Finanzbühne. Umso aufschlussreicher, dass diese Parallele dort endet, wo die Kunst nicht nur verhüllt, sondern die Welt des Scheines auch entlarvt um Interpretationsmöglichkeiten zu eröffnen – ohne das Publikum in seiner Meinung beeinflussen zu wollen. Auf diesen Unterschied werde ich in einem kleinen Plädoyer für die Theaterkunst des Öfteren hinweisen und will damit am aktuellen Beispiel der Selbstinszenierung der Wirtschaft und in Zeiten, in denen Darstellungstechniken zur Wertschöpfung ökonomisiert werden, das Potential und die Notwendigkeit der Theaterwissenschaft als interdisziplinäre kulturwissenschaftliche Forschung veranschaulichen.

Dabei verfolgt das Buch einen weiteren wesentlichen Zusammenhang: In einem Zeitalter, in dem Bilder und Inszenierungen immer entscheidender werden und Theatralisierung alle Lebensbereiche durchdringt, nähern sich Theater und Wirklichkeit immer mehr an. Das postdramatische Theater hat diese Entwicklung von der Illusion auf der Bühne hin zur performativen Darstellung realer Ereignisse bereits vollzogen. Auch die Wirtschaftswelt kann ohne Mittel des Theaters wie Spiel und Ästhetik nicht mehr funktionieren. Marken und Reputation prägen den Erfolg von Unternehmen und haben nur noch wenig mit der produktionsorientierten

Wertschöpfung des Industriezeitalters gemeinsam. Die Personalisierung von wirtschaftlichen Zusammenhängen bringt es zudem mit sich, dass Vorstandschefs in den Vordergrund der öffentlichen Wahrnehmung von Unternehmen rücken. Doch wie erfolgreich setzen Manager, die alles andere als geschulte Schauspieler sind, das Instrument der Selbstinszenierung ein? Diese Untersuchung zwischen Theater, Public Relations und Management zeigt nicht nur die Fehler und Fortschritte, sondern problematisiert auch Überzeugungsrhetorik, Wettbewerbsideologie und missglückte Verkaufsstrategien und versteht sich damit als kritischer, erhellender Beitrag zum aktuellen Wirtschaftstheater.

Über die Inszenierung

Selbstinszenierungen mit dramaturgischen Tricks sind anthropologische Parameter. Es ist historisch zweifellos nicht neu, dass gesellschaftliches Handeln inszeniert wird. Man denke an das volksnahe und hemdsärmlige Auftreten von Politikern im Wahlkampf, die pompöse Inszenierung von Geistlichen und selbst an die schwarze Brille des »Intellektuellen«. Alle Menschen, auch Manager, wollen ihr Handeln für andere ins rechte Licht rücken. Ob nun jemand wirklich »seriös« ist, sieht man ihm nicht automatisch an, er muss es zeigen, er muss es sich sozusagen anmerken lassen. Der Soziologe Erving Goffman hatte in seiner grundlegenden Analyse das Prinzip der alltäglichen Selbstdarstellung als Performance beschrieben: »Eine ›Darstellung‹ *(performance)* kann als die Gesamttätigkeit eines bestimmten Teilnehmers an einer bestimmten Situation definiert werden, die dazu dient, die anderen Teilnehmer in irgendeiner Weise zu beeinflussen.«[3] Auch der Philosoph Gracián hatte in seinem berühmten *Handorakel* das Prinzip ähnlich zutreffend umrissen:

»*Tun und sehen lassen*: Die Dinge gelten nicht für das, was sie sind, sondern für das, was sie scheinen. Wert haben und ihn zu zeigen verstehen, heißt zweimal Wert haben. Was nicht gesehen wird, ist, als ob es nicht wäre. Das Recht selbst kann seine Achtung nicht erhalten, wenn es nicht auch als Recht erscheint. Viel größer ist die Zahl der Getäuschten als die der Einsichtigen. Der Betrug herrscht vor, und

---

3 Goffman, *Wir alle spielen Theater*, S. 18

man beurteilt die Dinge von außen; viele aber sind weit verschieden von dem, was sie scheinen.«[4]

Auch hier wird auf die dunkle, manipulative Seite jeder Selbstdarstellung angespielt, aber im Vordergrund steht zunächst einmal, dass Selbstinszenierung bedeutet, mit theatralischen Mitteln zu kommunizieren.

Ein Auftritt kann etwas sichtbar machen, beispielsweise wird die Wahrheit ohne Schminke oft nicht erkannt, und deshalb muss auch die »seriöse« Kleidung nicht verkleiden, sondern kann der jeweiligen Persönlichkeit helfen, sich anderen gegenüber auszudrücken und verständlich zu machen. So kann man für die wahrnehmungsrelevanten Bestandteile eines Auftritts besser das neutrale Eigenschaftswort »theatral« verwenden, denn »theatralisch« wird im Sprachgebrauch zu Unrecht oft abwertend benutzt, wenn dabei lediglich an eine Darstellung wie im Illusionstheater gedacht wird oder an übertriebenes oder täuschendes Verhalten.

Das tägliche Schauspiel wird im Alltag, von der Wissenschaft und auch im Theater selbst – in Shakespeares Worten: »Die ganze Welt ist eine Bühne« – mit der Theatermetapher beschrieben. Dieser Topos vom Welttheater, *theatrum mundi*, entspricht der seit der Antike bestehenden Vorstellung, in der alles Handeln als ein vorüberziehendes Schauspiel begriffen wird, wobei der Mensch seine vom Schicksal bestimmte, beziehungsweise von Gott auferlegte Rolle unter seinen Augen bis zum Ende spielte. Das Leben wird als Schauspiel bezeichnet, weil es vergänglich ist, und die Welt als Bühne, weil sie nur Schein ist. Das Theater kann eine »perfekte Repräsentation der Welt«[5] sein, weil es mit dem menschlichen Leben die Attribute Vergänglichkeit und Scheinhaftigkeit gemeinsam hat. Die Metapher hat eine weitreichende anthropologische Ausstrahlung und die Motive vom Menschen als Marionette Gottes, als Spielball des Zufalls, als »Lebenskünstler« oder als selbstbestimmte »vernünftige« Existenz auf der Weltbühne werden in der philosophischen Argumentationslinie von Platon über Shakespeare, Büchner, Schopenhauer und Brecht weitergeführt und durchgespielt.[6]

Diese Untersuchung beschreibt mit der Formel »Business is Showbusiness« ein zeitgemäßes verweltlichtes Theatergleichnis. Nicht nur Manager müssen gekonnt vor anderen auftreten, sondern jeder Einzelne muss sich

4 Gracián, *Handorakel*, S. 75
5 Fischer-Lichte, *Geschichte des deutschen Theaters*, S. 42
6 Eine übergreifende kurze Darstellung findet sich in: Zimmermann, »Mutmaßungen über die Regie des Lebens«, S. 103ff

zunehmend selbst darstellen. Auf der Wirtschaftsbühne ist die Figur des sich selbst verwirklichenden Arbeitssubjekts zum zentralen Leitbild geworden. Es entsteht ein performativer Leistungsbegriff, bei dem es nicht nur auf die Fähigkeiten im operativen Geschäft ankommt, sondern auf gekonnte Selbstvermarktung unter den disziplinierenden Blicken der anderen. Hier muss eine Art »Leistung aus Leidenschaft« inszeniert werden, wie sie die Manager postulieren wenn sie selbst stets vorgeben, die Firma sei nicht ihr »Job«, sondern ihre »Leidenschaft«[7]. Kritiker beschreiben mit dem Begriff »appellative Subjektivierung von Arbeit«[8], dass hier ein Zwang besteht: Normative Erwartungen der Beschäftigten hinsichtlich befriedigender und sinnvoll erfahrener Tätigkeit werden ihrerseits normativ erwartet und gerade in Dienstleistungsberufen durch entsprechende Sozialtechniken wie Feedbacks und permanente Verhaltensbewertung aktiviert. Bloße Signale der Arbeitseuphorie und die Präsentation von Teamgeist und Einsatzbereitschaft werden als Leistungsqualitäten in sich bewertet, während unauffälliges Wirken eine materielle und symbolische Abwertung zur Folge hat.[9] Arbeitnehmer haben selbst die Wichtigkeit von Inszenierung erkannt und sagen, dass Äußerlichkeiten für den beruflichen Erfolg so entscheidend wie nie sind: Mittlerweile stuft fast ein Drittel die Erscheinung als wichtig ein, vor 20 Jahren waren es nur 6 Prozent, besonders ernst ist das in Berufen mit Kundenkontakt wie Public Relations.[10]

Das zeitgemäße Inszenierungsgleichnis ist durchzogen von einer Leistungsforderung, welche dem Subjekt nahe legt, es sei für seinen Erfolg selbst verantwortlich und folglich selbst schuld an seinem Misserfolg – ein anderes Menschenbild, als es beispielsweise die antike Tragödie mit dem Motiv des bestimmenden Schicksals ausdrückt. Das heute herrschende Konzept ist aber eine Leistungslüge, die die dahinter liegende Dramaturgie und den eigentlichen Zusammenhang zwischen Erfolg und Leistung verschleiert. Nicht jeder ist erfolgreich, auch wenn viel Leistung und Leidenschaft dahinter stehen. Schon der Markt mit dem Börsenhandel fördert trotz aller Leistungsorientierung einen leistungslosen oder passiven Erfolg, denn Spekulationsgewinne sind häufig Zufall, manchmal auch Insiderge-

---

7 Jürgen Schrempp, DaimlerChrysler-Hauptversammlung 2004, Redemanuskript

8 Voswinkel, »Paradoxien der Anerkennung doppelt subjektivierter Arbeit«, S. 78

9 Vgl. Neckel/Dröge, »Leistung in der Markgesellschaft«, S. 99. Siehe auch: Neckel, *Die Macht der Unterscheidung*

10 Vgl. Bischoff, *Männer und Frauen in Führungspositionen*, S. 71ff. »Die äußere Erscheinung macht die Karriere und hat selbst Karriere gemacht«, sagt Sonja Bischoff. Zit. in: Biehl, »Rollenspiele«, S. 63

schäfte und Betrug. Auch zeigt der Blick auf die privilegierten Macht- und Herrschaftsetagen das Paradox neoliberaler Leistungsideologie. Hier sitzt eine andere Form der »Ich-AG«, die sich in den Augen vieler Kritiker trotz Wohlverhaltenscodices Aktienoptionen und Millionengehälter zuschustert. Ihr Erfolg ist nach Bourdieus kritischer Untersuchung durch klassenspezifischen Habitus, von Sprache bis Dress- und Verhaltenscodes, entstanden.[11] Bluffen bei der Selbstinszenierung durch Training an Selbstdarstellungsratgebern trägt nur anfangs durch die Okkupation von Verhaltensweisen zu einer Demokratisierung des öffentlichen Lebens bei, stößt aber an seine Grenzen. Der Habitus ist anerzogen, für Spitzenkarrieren ist die soziale Herkunft ausschlaggebend, nicht die individuelle Leistung oder Selbstdarstellung, vor allem Topmanager stammen zum Großteil aus gehobenen Schichten.[12] Gerade Männer mit Vätern aus leitenden Positionen profitieren anders als Frauen stark von gesellschaftlichen Netzwerken.[13] Zudem können viel weniger Frauen als Männer angeben, die äußere Erscheinung hätte ihnen zum Erfolg verholfen.[14] So scheint das gängige Rollenmodell des Erfolgstypen auf dieser Wirtschaftsbühne in vieler Hinsicht diskriminierend zu sein, wie die Untersuchung an vielen beachtenswerten Stellen verdeutlichen wird.

Wenn wir nun den Inszenierungsbegriff als Schlüsselbegriff dieser kulturwissenschaftlichen Untersuchung näher betrachten wollen, müssen wir bei seinem Ursprung, der Welt des Theaters beginnen. Zunächst einmal lautete die im 19. Jahrhundert geprägte Sichtweise von Dramaturgie: »›In die Szene zu setzen‹ heißt, ein dramatisches Werk vollständig zur Anschauung bringen, um durch äußere Mittel die Intention des Dichters zu ergänzen und die Wirkung des Dramas zu verstärken.«[15] Die Bestimmung des Begriffs änderte sich, als das Inszenieren selbst als künstlerische Tätigkeit verstanden wurde. Edward Gordon Craig beschreibt Anfang des 20. Jahrhunderts die Kunst des Theaters als eine Gesamtheit der Elemente von Schauspielkunst, Szenengestaltung und Rhythmus, die ausgewählt und kombiniert werden.[16] Für die neuere Forschung zur Performance, in der Handlungen nicht wie auf der dramatischen Bühne fingiert, sondern real

11 Vgl. Bourdieu, *Praktische Vernunft*, S. 48ff
12 Vgl. Hartmann, *Der Mythos von den Leistungseliten*, siehe auch: Hartmann, *Topmanager*
13 Vgl. Bischoff, *Männer und Frauen in Führungspositionen*, S. 85
14 Ebd., S. 84
15 Lewald, »In die Szene setzen«, S. 306
16 Vgl. Craig, *Über die Kunst des Theaters*, S. 101

vollzogen werden, ist der hier enthaltene Gedanke fast selbstverständlich geworden, dass es keine einzige und richtige Interpretation eines Werkes geben kann. Es geht um die gesamte sinnlich erfahrbare Situation der Aufführung mit ihrer einzigartigen Atmosphäre, einschließlich der Körperlichkeit des Auftretenden, der verbalen und nonverbalen Ausdrucksformen, von der gesprochenen Rhetorik bis zur Beleuchtung der Szene – Elemente, die nicht nur im Theater zu finden sind, sondern auch die Wirkung der Manager ausmachen und welche die vorliegende Untersuchung beschreibt. Die Inszenierung als ästhetisch organisierte Interaktion bringt etwas Neues hervor, einen einzigartigen Moment, und lässt sich definieren als: »Vorgang der Planung, Erprobung und Festlegung von Strategien, nach denen die Materialität der Aufführung performativ hervorgebracht werden soll.«[17] Inszenierung und Selbstinszenierung lässt sich nicht nur verstehen als das Festlegen von Strategien *vor* dem Auftritt, sondern vor allem als die handelnde, performative Tätigkeit *in* der jeweiligen Situation vor Zuschauern, wobei der Auftretende eine Selbstvorstellung ausspielt und bei den Zuschauern wie auch immer geartete Eindrücke hervorruft.

Das Besondere an einem Auftritt ist, dass jede Live-Inszenierung theatrale Kommunikation und damit ein Spezialfall von Kommunikation ist. Das Hervorbringen von Zeichen und deren Interpretation verläuft auf der Bühne als semiotischem Raum parallel und gleichzeitig, der Rezipient bildet sich seinen Eindruck vom Auftretenden, hier vom Vorstand, mit eigenen Assoziationsregeln, abhängig davon, was er gerade wahrnimmt. Selbst die Gesichtsregungen und die Stimmlage des Redners werden vom oftmals skeptischen Publikum nach Anzeichen von Gefühlen und Unsicherheiten abgesucht. Jedes der vielen von Szenographie, Sprache und Bewegung ausgehenden Zeichen erzeugt – oftmals unterbewusst und kaum messbar – Bedeutung.

Was auf einer Bühne und bei Veranstaltungen mit Investoren und der Presse geschieht, wird sich nie wieder genau in derselben Form ereignen und genauso wahrgenommen werden, ist unwiederholbar und flüchtig, transitorisch. Dafür besitzt diese Situation eine besondere Faszination, Hans Ulrich Gumbrecht beispielsweise spricht von einer »Produktion von Präsenz«[18]. Personen werden in Reichweite gerückt und Interaktion wird möglich. Sich zu präsentieren bedeutet nämlich auch immer, sich zu exponieren und jeder Auftretende bringt nicht nur seinen Redetext auf die

---

17 Fischer-Lichte, *Ästhetik des Performativen*, S. 327

18 Gumbrecht, »Die Schönheit des Mannschaftssports«, S. 208

Bühne, sondern zusätzlich Zugang zu sich selbst und eine engagierte Verpflichtung zur Situation an sich.

Die gemeinsame Anwesenheit und Körperlichkeit beeinflusst die Wahrnehmung, weil sie eine gewisse Atmosphäre entstehen lässt und auch der Vergewisserung des Dargestellten dient. Die Atmosphäre ist nach Böhme das, was man empfindet, die affektive Betroffenheit durch das Wahrgenommene.[19] Der Zusammenhang zwischen Umgebungen und Befindlichkeiten wird schon beim Betreten eines Raumes deutlich: Man wird durch dessen Gestaltung und Beleuchtung gestimmt, »berührt« von der Konstellation der Menschen und fühlt Stimmungen. Das ist auch das Besondere bei Unternehmensveranstaltungen, denn eine Rede im Internet wirkt ortsunabhängig und ist schnell gelesen, eine Hochglanzbroschüre aus der Unternehmenskommunikation ist flott betrachtet, ein Eindruck oder ein »Gefühl« von oder »Feeling« für die Authentizität und Überzeugung, mit der der CEO dahinter steht oder nicht, lässt sich nur persönlich gewinnen. Wann wird ein Entscheidungsträger einem Manager eher vertrauen: Nachdem er ihn erlebt hat oder nachdem er das überarbeitete Foto im Geschäftsbericht gemustert hat?

Die Theaterwissenschaft spricht auch vom so genannten Performance-Text, den man untersucht, um eine solche vielschichtige Aufführung und nicht vollständig kontrollierbare Situation zu beschreiben, die sich durch »notwendige Kopräsenz von Produktion und Rezeption, Akteuren und Aufnehmenden«[20] kennzeichnet. Dieses Konzept überdacht den so genannten Inszenierungstext, der durch szenische Interpretation lesbar wird und beispielsweise die Raumkonzeption und das Bühnenbild erfasst, und den so genannten linguistischen Text, der die Rhetorik der Reden umfasst. Der Performance-Text enthält die Gesamtsituation. Deutlich wird: Wer mit zitternder Stimme seine noch so visionären Worte verliest kann sich selbst widersprechen und ebenso kann das Publikum kritische Fragen stellen und sich aus der negativ aufgeladenen oder angespannten Atmosphäre einen persönlichen Eindruck bilden, der ganz anders ist als von der Unternehmenskommunikation vorgesehen.

Die Produktionsseite kann ihren Teil dazu beitragen, eine gute oder beeindruckende Atmosphäre zu produzieren. Dazu gehört ein sorgfältiges Arrangement der Schauplätze und eine ordentlich erstellte Rede – Tätig-

19 Vgl. Böhme, *Atmosphäre*, S. 15f

20 Lehmann, »Die Inszenierung«, S. 35

keiten, die sich nach Böhme als »ästhetische Arbeit«[21] begreifen lassen, weil es bei ihnen darum geht, Dingen und Menschen ein Aussehen zu geben und sie ins rechte Licht zu rücken. Ästhetische Arbeit ist damit nicht nur eine Domäne des Theaters oder der Kunst im Allgemeinen, sondern in diesem theatralischen Zeitalter eine Aufgabe für Innenarchitekten, Modeleute, Werber, Designer, Fachleute im Marketing, und im Falle der hier betrachteten Firmentreffen besonders für Fachleute im Bereich Public Relations und Investor Relations.

Inszenierung ist offensichtlich legitim, aber die Kritik an den Auftritten verzichtet im Sinne des negativ besetzten Verständnisses von »inszenieren« nicht auf den Hinweis, dass der Schein trügen kann. Das Misstrauen an Selbstdarstellern, anderorts gern als »Blender« oder »Politiker« bezeichnet, ist nicht unbegründet. Selbstdarstellung ist niemals neutral, sondern immer zielorientiert, verstärkt manche Faktoren und vernachlässigt andere. Das verdeutlicht beispielsweise Theaterregisseur und -theoretiker Richard Schechner, indem er eine Weltkarte »als Performance« betrachtet. Die Karte bietet einen Weg, die runde Erde in flacher Form darzustellen und dafür muss entschieden werden, ob eine flächentreue Darstellungsform gewählt wird oder die bei Kolonialmächten beliebte winkeltreue Mercator-Darstellung, die nördliche Gebiete größer wirken lässt. Es kann auch festgelegt werden, welche Nation im Zentrum steht und welche am Rand, und damit variiert die so genannte Realität abhängig von der Intention.[22] Auch eine Unternehmenskommunikation inszeniert zuträgliche Szenarien, wenn sie den Konzern in einem guten Licht erscheinen lassen will. Eine ältere Definition von der Selbstdarstellung von Unternehmen als Konstruktion »wünschenswerter Wirklichkeiten«[23] passt hier durchaus. Wobei der Diskurs auch seine Grenzen hat, ein Unternehmen, das am Rande seiner Existenz steht, lässt sich kaum dauerhaft ins Leben zurück inszenieren.

Der Unterschied zwischen den beiden hier zu durchquerenden Feldern besteht also nicht darin, dass man meint, ein Auftritt im Bereich Wirtschaft und Management hätte den Anspruch der Realität und im Theater pauschal den der Illusion, denn in neueren und neuesten, auch postdramatischen Theaterformen werden nicht unbedingt fiktive Rollen gespielt. Auftritte von Managern lassen sich gemäß obiger Erklärung als ästhetische Arbeit begreifen, sind aber ein Zerrspiegel von Kunst. Eine künstlerische Theater-

21 Böhme, *Atmosphäre*, S. 63

22 Vgl. Schechner, *Performance Studies*, S. 32ff

23 Merten/Westerbarkey, »Public Opinion und Public Relations«, S. 210

ästhetik zeigt widersprüchliche Situationen und schwankende Protagonisten, um Interpretationsmöglichkeiten zu eröffnen und für sozio-politische Diskrepanzen zu sensibilisieren. Sie will nicht verhüllen sondern enthüllen. Künstlerische Verständigung will keinen Profit machen, strebt nicht nach Effizienz, sondern nach sozialer Wirksamkeit.[24] Sie ist, wie ästhetische oder »schöne Kunst« nach Kant, für sich selbst zweckmäßig, ohne Zweck. Das Ziel der Kommunikation von Unternehmen hingegen ist nicht, mit Auftritten ein Ereignis zu veranstalten, sondern dieses ist nur ein Zweck zum Erreichen des Ziels. Beispielsweise soll Vertrauen in die Zukunftsfähigkeit des Unternehmens und in die Qualität des Managements aufgebaut werden, um Unternehmens- und Aktienwert zu steigern.[25] Die Events oszillieren zwischen Wirksamkeit und Nützlichkeit, sie besitzen Züge theatraler Unterhaltung und wollen Vertrauen aufbauen, Wert schaffen und Machtansprüche legitimieren. Die Atmosphäre bei Veranstaltungen ist zwar ein Resultat ästhetischer Arbeit, soll aber das Publikum einstimmen auf die richtige Vertrauenshaltung und ist damit nicht handlungsentlastend, was man wiederum einem autonomen, bildenden Kunstwerk zuschreiben kann.[26] Theater als Kunst stellt im Gegensatz zum Selbstverkauf die Welt des Scheines nicht nur dar, sondern im selben Zuge auch bloß. Diese Erfahrung ist auch in der simplen aber liebenswerten Formel gebündelt: »Vorhang zu und alle Fragen offen.«

Kritiker betonen die dunkle Seite der kommunikativen Wertschöpfung, um die sich die PR mit ihrer Inszenierungsarbeit bemüht. Der Philosoph Gernot Böhme bezeichnet die ästhetische Arbeit am Realen im »kapitalistischen Fest« in seiner Fortführung der kritischen Theorie als Ausdruck der fortgeschrittenen ästhetischen Ökonomie, in der es um die Inszenierung der Waren und Selbstinszenierung der Menschen geht. Der dabei entstehende »Inszenierungswert« befriedigt nicht nur Bedürfnisse, sondern lässt ein ständig steigendes Begehren entstehen und bildet so die Basis für immer neue Ausbeutung.[27] Ähnlich ist das Konzept des Spektakels, das sich

24 Bspw. unterscheidet Jon McKenzie zwischen (mindestens) drei Paradigmen von Performance-Forschung: ein kulturelles, ein technologisches und ein organisatorisches. Jedes dieser Paradigmen wird von unterschiedlichen Evaluationskriterien, Definitions- und Analyseformen geleitet: kulturelle Wirksamkeit, technologische Effektivität und organisatorische Effizienz. Vgl. McKenzie, *Perform or else*, S. 8ff

25 Vgl. Harenberg, »Berufsgrundsätze von Investor Relations«, S. 107

26 Vgl. Böhme, *Atmosphäre*, S. 16

27 Ebd., S. 64f

nach Debord als »Selbstporträt der Macht«[28] verstehen lässt, als ununterbrochener lobpreisender Monolog der Geschäftswelt über sich selbst, in dem Form und Inhalt die Mechanismen von Konsum und ausbeuterischer Produktion rationalisierend rechtfertigen. Dabei geht es darum, Widersprüche und Fehler auszublenden, Einfluss und Macht zu behalten.

Die gesamte Wirtschaftswelt besitzt einen durchweg inszenatorischen Charakter, sie ist, wie auch Victor Turner festgestellt hat, voll von sozialen Dramen, die sich an Bildwelten, Verlaufsformen und ideologischen Mustern bedienen, die das ästhetische Drama bereitstellt.[29] Neben symbolischen Beschreibungen wie von Bulle und Bär für die Finanzmarktlagen gibt es hier das »dramatische Opfer«, dort den »Weißen Ritter«, der unverhofft in der spannenden »Übernahmeschlacht« auftaucht und ein Unternehmen vor der hässlichen »Heuschrecke« rettet. Tatsächlich leben PR-Inszenierungen allgemein von Symbolen und damit von Vereinfachungen.[30] Man kann annehmen, dass auch die Presse mit ihren Marktberichten und die Analysten mit ihren Kaufempfehlungen ausdrucksfähige Bilder und Geschichten produzieren, um den Mythos Markt lebendig und faszinierend zu halten. Diese visuellen und emotionalen Informationen polstern die als real empfundene und handlungsleitende Wirtschaftswirklichkeit. Besonders in schwierigen Börsenzeiten verlangen die Anleger neue Versprechen und beruhigende Symbole, anstatt einmal nachzurechnen.[31]

In Hinblick auf die Unternehmensveranstaltungen kann man vor dem Hintergrund der nicht neutralen Selbstdarstellungsthese und der zitierten Literatur davon ausgehen, dass Konzerne nicht nur ihr Publikum vor Ort beeindrucken wollen und schon damit nicht dem eigenen Postulat von der Aussprache mit den Investoren als »fairem Dialog«[32] entsprechen. Vielmehr liegt nahe, dass die Inszenierungsversuche von Managern größere Kreise in der ganzen Gesellschaft ansprechen und beeinflussen, indem sie sich auf stillschweigend vorausgesetzte Prämissen wie einen positiven Rendite- und Shareholder Value-Gedanken stützen, auf bekannte Codes und deren Lösungen zurückgreifen und ein bestimmtes Weltbild festigen wollen. Dieser Unterschied zwischen Kunst und Management gilt auch im Kleinen für die Person des Wirtschaftsdarstellers, dem Techniken der

---

28 Debord, »Die Gesellschaft des Spektakels«, No. 24
29 Vgl. Turner, *On the edge of the Bush*, S. 300f
30 Vgl. Röttger, »Campaigns (f)or a better world?«, S. 17
31 Vgl. von Nitzsch, »Behavioral Finance«, S. 154
32 Harenberg, »Berufsgrundsätze von Investor Relations«, S. 115

reflektierten Abstandnahme von den eigenen Leidenschaften beim Vortrag und Tricks der Selbstkontrolle genauso vertraut sind, oder sein sollten, wie dem Schauspieler. Jenem bieten sie aber die Möglichkeit, fremde und ungewohnte Rollen des Menschseins zu erproben, sich und andere in den Vorstellungen nicht nur zu bestärken, sondern zu verunsichern. Während der Manager eine krampfhaft selbstsichere Maske aufsetzt, um für das Publikum sowohl erträglich als auch bestätigend zu wirken. Das Spiel ist ohne Tiefgang, die Differenzen zwischen den Manager-Typen sind nicht groß, der Selbstdarsteller ist eben kein Verwandlungskünstler, sondern bleibt Ideologe.

Theaterwissenschaft, Public Relations und die Inszenierung von Wirklichkeit

Die interdisziplinäre Theaterwissenschaft und die Performance Studies untersuchen den Theatervorgang im weitesten Sinn jenseits eines eingeschränkten Kunstbegriffs als Inszenierung. Vorgänge der Interaktion und Kommunikation, Darstellung und Selbstdarstellung lassen sich als soziales und ästhetisches Handeln, als Rollenspiele, Nachahmungs- und Identifikationsprozesse beschreiben, gesellschaftliches Tun ist sozio-symbolische Praxis.[33] Die Konzepte des Theaters, darunter die Vorstellung von sozialen Akteuren, ihr Rollenspiel, das Proben von Handlungen, die Wichtigkeit von Gesten und Kleidung lassen sich zur Analyse sozialer Interaktion im öffentlichen Leben und auch im Geschäftsalltag anwenden. Prozesse der Theatralisierung gesellschaftlicher und wirtschaftlicher Gruppen, die ihr Selbstbild dar- und ausstellen, lassen sich als kulturelle Performance, Cultural Performance, begreifen.

Die Untersuchung der Manager-Auftritte schließt sich an diese Tradition und auch an die Forschung zum postdramatischen Theater an, die in eben diese Richtung geht. Eine nonfiktionale Darstellung wie beim Veranstaltungsauftritt ist von Interesse für die heutige Theaterwissenschaft, denn in Performance und im postdramatischen Theater werden Handlungen nicht wie im Illusionstheater fingiert, sondern real vollzogen und die Rea-

33 Vgl. Lehmann, *Postdramatisches Theater*, S. 466; Schechner, *Future of Ritual*; Schechner, *Theater-Anthropologie*; Fischer-Lichte u.a., *Kunst der Aufführung*; Rapp, *Handeln und Zuschauen*; Früchtl/Zimmermann, *Ästhetik der Inszenierung*; Singer, *Structure and Change*

lität des Akteurs, seine Präsenz und seine Ausstrahlung sind für diese Form der Darstellung maßgeblich.[34] Theater war immer ein soziales Kommunikationsereignis und die Situation an sich tritt deutlich im postdramatischen Theater hervor, sobald kein Drama mehr aufgeführt wird, sondern die Anwesenden einen Moment aus Bewegung, Text, Musik oder Stille teilen. Untersuchungsgegenstand der Theaterwissenschaft wie der Performance Studies wird das persönliche Treffen und das »Event«, bei dem Produktions- und Rezeptionsseite, Bühne und Publikum, nicht mehr strikt getrennt sind, sondern sich gegenseitig beeinflussen. Eben dieses situative Ereignismoment ist neben der formalen Ähnlichkeit besonders zum klassischen Theater und dem Gebrauch von Inszenierungstechniken die zweite Brücke, warum sich die Investorentreffen aus der Perspektive der Theaterwissenschaft beschreiben lassen.

Eine systematische Untersuchung von Vorstandsauftritten als Performance zwischen Theater und Management fehlt bisher. Die Theaterwissenschaft tut sich hier etwas schwerer als mit anderen Veranstaltungen. Obwohl das Theater selbst schon immer und auch in seinen neuesten Formen die Wirtschaft als Thema entdeckt hat. Es zeigt die Elite des globalen Kapitalismus, mal als polemische Karikatur, ein andermal die Manager als herzlose Maschinen. Einige Beispiele von vielen sind das Aufsehen erregende Theaterstück *McKinsey kommt* von Rolf Hochhuth, *Unter Eis*, in dem sich Falk Richter mit dem Effizienzdenken von amerikanisch geprägten Unternehmensberatungen auseinandersetzt, und Stücke von René Pollesch, die einen unhaltbaren Neoliberalismus kritisieren. Videokünstler Chris Kondek gewinnt in seiner ersten Regiearbeit *Dead Cat Bounce* der Börse eine belehrende Theatralität ab: Die Eintrittsgelder der Zuschauer werden live in Aktien angelegt und der Börsenhandel offenbart eine genuin dramatische Struktur, wenn das Publikum die Höhen und Niederungen der jeweiligen Kurse auf den Leinwänden gespannt verfolgt. Doch der Weg aus den prosaischen Niederungen der Wirtschaft auf die künstlerische Bühne ist keine Einbahnstraße, sondern wesentlich stärker in die andere Richtung befahren. Die Unternehmen nutzen die Techniken des Theaters, um sich selbst zu inszenieren und der skeptischen Öffentlichkeit ein möglichst positives Bild zu vermitteln. Gerade weil das Theater ökonomisiert wird, sollte sich die Theaterwissenschaft mit einem kritischen Beitrag beteiligen, um nicht zuletzt die Unterschiede zwischen Theater und Mana-

34 Vgl. Lehmann, *Postdramatisches Theater*, S. 243

gement zu betonen und die Eigenheiten, Möglichkeiten und Notwendigkeiten von Kunst nicht vergessen zu lassen.

Bisher steht im Blickfeld der Theaterwissenschaft neben künstlerischen Aufführungen die Ästhetik von sozialen Darstellungen des Alltagslebens wie Festivals, Spiele, politische Auftritte und Demonstrationen, Zeremonien und Vorträge. Dieses Feld ist interdisziplinär und wird nicht nur wie vom zu Anfang zitierten Erving Goffman unter dem Titel »Wir alle spielen Theater« als strategische Selbstdarstellung im Alltag dargestellt, sondern häufig in Bezug auf die Politik. In der deutschen Forschung wird in immer neuen Anläufen die These vertreten, dass die Form der Inszenierung in der Gesellschaft an Bedeutung gewinnt. Darstellerische Qualitäten sollen über den politischen Erfolg entscheiden, ohne sie würden Leistungen nicht sichtbar. Seit Mitte der neunziger Jahre wird auf einen Wandel im alltäglichen Inszenierungsgeschehen hingewiesen: Nicht nur die Darstellung von Politik verändert sich, sondern ihre Prozesse selbst verändern sich. Thomas Meyer spricht von einer Transformation des Politischen und benutzt das Theater nicht nur als Metapher für das politische Gemeinwesen, sondern stellt es als ihr Werkzeug dar.[35] Auch die Arbeiten von Lothar Laux[36] über die Selbstdarstellung von Politikern aus der Persönlichkeitspsychologie wollen den Blick schärfen für die normativen und symbolischen Qualitäten dieses Metiers, thematisieren Personalisierung und Dramatisierung des Geschehens und schildern die Veränderung der gesellschaftlichen Wahrnehmung und Mitbestimmung. Diese Arbeiten deuten Inszenierung ebenfalls nicht als plumpe Täuschung, aber sie legen ihren Schwerpunkt nicht auf die Performativität von Live-Auftritten und ziehen keinen Vergleich zum Theater als künstlerischer Praxis, wie diese Untersuchung. Sie basieren zudem auf einer anderen Materialauswahl, greifen auf verschiedenste Quellen zurück, benutzen Zeitungsartikel, Redeausschnitte und Eindrücke aus Fernsehinterviews. Die Datenbasis der vorliegenden Studie enthält Besuche der Aufführungen, Videomitschnitte und Redemanuskripte der Firmenchefs. Die Methodik orientiert sich an konversationsanalytischer Forschung, die solche Audio- oder Videoaufzeichnungen transkribiert, um sowohl Gespräche in institutionellen Umgebungen als auch wiederum diese Phänomene selbst zu beschreiben, wie Auftritte von Politikern,[37] Gerichtsverhandlungen,[38] Frage-Antwort-Interaktionen in all-

35 Vgl. Meyer, *Transformation des Politischen*; Meyer/Kampmann, *Politik als Theater*

36 Vgl. Laux/Schütz, *Selbstdarstellung von Politikern*

37 Vgl. Atkinson, *Our Masters' voices*

täglichen Situationen,[39] Verkaufssituationen[40] und Fernseh-Interviews.[41] Wohlgemerkt keine Manager-Auftritte.

Die Studie sieht sich aufgrund ihres Gegenstands auch als ein Beitrag zur Forschung der Public Relations, die sich nicht als Absatz förderndes Instrument aus der Perspektive der Betriebswirtschaft versteht, sondern in ihrer gesellschaftlichen Funktion als Kommunikationspolitik, die die Organisationsinteressen nach außen legitimieren will.[42] PR ist das Management der Kommunikation zwischen Organisationen und Bezugsgruppen und sie organisiert die hier untersuchten Veranstaltungen zusammen mit dem Spezialbereich der Kapitalmarkt- und Investorenkommunikation Investor Relations (IR) und vermarktet auch die Topmanager nach außen. Diese müssen, ähnlich wie Politiker, nicht mehr nur Entscheidungen durchsetzen, sondern mit zunehmendem öffentlichen Rechtfertigungsdruck Medien, Anleger und Analysten, Angestellte und die Öffentlichkeit überzeugen. Manager müssen auch gute Selbstdarsteller sein.

Gerade persönliche Auftritte sind gefragt, denn die Financial Community will sich einen subjektiven Eindruck von der Qualität des Managements bilden und andere Erkenntnisse gewinnen als durch das Studium von Geschäftsberichten.[43] Die Kommunikationswissenschaftler Altemppen, Röttger und Bentele geben zu bedenken, dass beispielsweise Veranstaltungen wie Pressekonferenzen ein persönliches Beziehungsgeflecht zwischen Journalismus und PR konstituieren, das »weitaus intensivere Induktionen aufweist als die Pressemitteilungen, ja, häufig gerade konstitutiv ist für erfolgreiche Pressearbeit«[44]. Gerade diese »Wirklichkeit der Kommunikationspraxis« hält, so die Autoren, neue Dimensionen bereit, die der wissenschaftlichen Analyse und Bewertung bedürfen. Diese Situation wird in der vorliegenden Untersuchung mithilfe der Inszenierungsanalyse geschildert. Beide Disziplinen, Theaterwissenschaft und PR treffen sich, wo sie die spezifischen ästhetischen Möglichkeiten von Kommunikation

---

38 Vgl. Atkinson, *Order in court*

39 Vgl. Drew/Heritage, *Talk at work*

40 Vgl. Clark/Pinch, *The Hard Sell*

41 Vgl. Clayman/Heritage, *News Interview*

42 Vgl. Röttger, »Welche Theorien für welche PR?«, S. 9

43 Vgl. Rogers, »CEO Presentations«, S. 426–486; Gibbins et al., »Management of corporate financial disclosure«, S. 121–143; Arnold/Moizer, »Methods used by UK investment analysts«, S. 195–207; Bamber/Cheon, »Discretionary management earnings forecast disclosures«, S. 167–190

44 Altmeppen u.a., »Public Relations und Journalismus«, S. 11

bei Veranstaltungen als Inszenierung von Wirklichkeit betrachten und sich auf die Situation von Auftritten als Wirklichkeit der Inszenierung konzentrieren.

Die Untersuchung von Kommunikation wird zunehmend relevant. Momentan befinden wir uns, wie bereits mit dem Stichwort Theatralisierung angemerkt, in einem Umbruch wirtschaftlicher Wertschöpfung. Bis dato hing der Firmenwert hauptsächlich von fassbaren Vermögensgegenständen ab, einschließlich Produktionsanlagen oder Waren. Mittlerweile machen Markenwerte oftmals einen Großteil des Unternehmenswerts aus und mit neuen Rechnungslegungsstandards müssen immaterielle Vermögensgegenstände in die Bilanz eingestellt werden.[45] Auch in Bewertungsmethoden fließen solche schwer berechenbaren Größen wie Unternehmenskultur und Kundenbindung neuerdings mit ein, darunter auch die Reputation des CEO selbst.[46] Forschung und Praxis reagieren und die IR wird beispielsweise von Piwinger als »Inszenierungsstrategie«[47] definiert, die mit Symbolen arbeitet und eingesetzt wird, um Phänomenen wie der Firmenbewertung im Finanzmarktgeschehen Rechnung zu tragen. Sie ist auch dafür zuständig, unsichtbare aber zukunftsträchtige und damit viel Geld werte Faktoren wie die Motivation der Mitarbeiter und die Kompetenz des CEO darzustellen. Hier geht es wie in der gesamten Unternehmenskommunikation nicht mehr nur um Gegenstände, denen eine Aura verliehen wird, sondern um Menschen wie Manager und Mitarbeiter, die wie Dinge vermarktet werden. Hier wird von personenbezogener Öffentlichkeitsarbeit[48] gesprochen, Kommunikationsberatungen unterstreichen, dass der Ruf von Repräsentanten den Marktwert beeinflusst, Mitarbeiter

---

45 Vgl. Maul, »Bewertung immaterieller Vermögenswerte«, S. 164. Zwar kommen die Einschränkungen in IAS Intangible Assets in der Neufassung von 2004 noch faktisch einem Verbot gleich, kommunikationsgetriebene Werte wie Marken zu aktivieren, jedoch wird der Sinn dieser Einschränkungen zunehmend in Zweifel gezogen.

46 Faktoren wie Bekanntheit, Wissen, Reputation, Vertrauen, Führungsverhalten etc. können nicht ohne weiteres imitiert werden und sind Quelle für nachhaltige Wettbewerbsvorteile. Sie werden mit einer Balanced Scorecard erfasst. Vgl. Kaplan/Norton, *Strategy Maps*. Bei der Buchprüfung im Rahmen von Unternehmensverkäufen und Akquisitionen erfolgt eine Bewertung von weichen Faktoren wie Wissen, Unternehmenskultur, Kundenbindung, Markenwert und auch Risiken. Diesen Potenzialen und Risiken entsprechend erhöht sich der Kaufpreis des Unternehmens (Goodwill), oder es erfolgt ein Abschlag. Vgl. Pfannenberg, »Due Diligence«, S. 2

47 Piwinger, »Investor Relations als Inszenierungs- und Kommunikationsstrategie«, S. 3

48 Vgl. Herbst, *Der Mensch als Marke*; Nessmann, »Personen-PR«, S. 1–70

motiviert, Kunden bringt, kurz und knapp: zu barer Münze wird, im Falle von Topmanagern zum so genannten »CEO Capital«[49].

Im Fluss dieser von jeder Forschungsrichtung anerkannten und wahrgenommenen Theatralisierung der Wirtschaft liegt es also nahe, die Inszenierungsmethoden und Praktiken der Geschäftswelt mit Methoden der Theaterwissenschaft zu untersuchen, um das Feld um interdisziplinäre Einsichten zu erweitern und eine kritische Debatte anzustoßen. Das geschieht hier mit und innerhalb der ausführlichen Diskussion der Auftritte.

Methodik und Aufbau

Die Wirkung der Live-Situation mit ihren speziellen Eigenheiten, ihrer besonderen Atmosphäre und Vielfalt and Zeichen, die in den voran gegangenen Erläuterungen geschildert wurden, kann mit einer theaterwissenschaftlichen Inszenierungsanalyse beschrieben werden. Die Untersuchung basiert auf einem angepassten Katalog zur Inszenierungsanalyse, den der französische Theatertheoretiker und Forscher auf dem Gebiet der Semiotik, Patrice Pavis, nach umfassender Arbeit mit Regisseuren und Dramaturgen bereits in den achtziger Jahren entworfen hatte, der aber noch nie auf Auftritte von Managern angewendet worden ist.

Der Katalog zur Inszenierungsanalyse trägt der Tatsache Rechnung, dass die gesamte Atmosphäre in der Situation der Aufführung mit ihrer Vielzahl von Elementen die Wahrnehmung der Anwesenden beeinflusst. Um die Wirkung zu beschreiben, zerlegt der Katalog die unter dem Begriff Theatralität zusammenfassbare Vielfalt unterschiedlicher visueller und akustischer Zeichensysteme in szenischen und performativen Vorgängen – Bühnenaufbau, Licht, Körpersprache, Reden und viele weitere – in kleine Sinneinheiten. Pavis spricht davon, dass das Zusammenspiel aller Teile in der Inszenierung, *mise en scène*, durch einen gegenläufigen Dekonstruktionsprozess, »mise en pièce(s)«[50], lesbar gemacht wird.

Mit dem Katalog wurden diese einzelnen Kategorien nach dem Besuch der Veranstaltungen und Sichtung der Materialen und Videomitschnitte bearbeitet um einen Überblick über die charakteristischen Inszenierungsmethoden zu bekommen. Hinzu kamen Erkenntnisse, die sich mithilfe der

49 Gaines-Ross, *CEO Capital*, S. 13

50 Pavis, *Analyzing Performance*, S. 8

konversationsanalytischen Untersuchung der eigens erstellten Abschriften der Videoaufzeichnungen, so genannten Transkripten[51] der tatsächlich gehaltenen Reden, gewinnen ließen. Miteinbezogen wurden für die Inszenierungsanalyse auch Hinweise, aus denen man entnehmen konnte, dass die Auftritte gewisse Wirkungen hervorgerufen haben. Dazu gehören direkte wörtliche Bewertungen des Gesehenen von Seiten des Publikums in den Fragerunden, Kritik am Bühnenbild, Gelächter über die Farbe der Vorstandskrawatte, Applaus oder gar Buhrufe während der Rede, sowie Anzeichen von Nervosität wie Selbstinvolvierungen, Stottern, ausgreifende Gesten auf der Bühne – eigentlich jede performative Handlung, die als Reaktion auf eine wie auch immer geartete Atmosphäre zu sehen ist. Die Beobachtungen wurden mit anderen Zuschauern wie Privatanlegern, Aktionärsschützern, Journalisten und Analysten geteilt und diskutiert sowie auch mit Organisatoren der Veranstaltungen, Redenschreibern, Pressesprechern und beauftragten Dienstleistern für Beleuchtung und Aufbau.

Der Katalog zur Inszenierungsanalyse ist keine Theorie, sondern ein Werkzeug. Es hängt vom theoretischen Hintergrund ab, wie gut er funktioniert. Diese Untersuchung greift für eine Interpretation der Inszenierungsmethoden auf die Theaterwissenschaft zurück, die theatergeschichtliche Entwicklungen, Genres, Inszenierungen und dramaturgische Methoden im sozialen, politischen und künstlerischen Kontext kennt, einschätzt und vergleicht, und eine Vielzahl an rezeptionsästhetischen und philosophischen sowie kulturwissenschaftlichen Theorien und Fragestellungen umfasst. Die Beobachtungen, die mithilfe des Katalogs zur Inszenierungsanalyse gewonnen wurden, ließen sich mit diesem breiten theoretischen

---

51 Eine Auflistung der üblichen Konventionen in diesen Transkripten findet sich bspw. bei Clayman/Heritage, *News Interview*, S. 347f. In der Untersuchung wird in den Zitaten die Länge der Beifallszenen oft mit Zahlen in Klammern [Applaus 8.0] dargestellt, wie auffällige Ruhepausen [Pause 2.0] auch. Für die Beschreibung der freien Rede, darunter auch die Antworten auf Fragen des Publikums, gelten weitere intuitiv verständliche Symbole der Konversationsanalyse wie »ich-ich sagte« für Stottern, Großbuchstaben für ERHÖHTE Lautstärke. Satzzeichen wie Kommas markieren in einem Videotranskript nicht die Grammatik, sondern die Intonation und geben damit die paralinguistische Situation und den teilweise wirren Satzbau der Sprecher bei der Improvisation wieder. Abweichungen vom Redetext sind in Anführungszeichen innerhalb von Klammern als Zitat im Zitat angegeben: »Eine wettbewerbsorientierte Politik [›Meine Damen und Herren‹] sieht anders aus [Applaus].« Anmerkungen zur Gestik [fuchtelt mit der Hand] und Mimik [lächelt] stehen ebenfalls in eckigen Klammern im Zitat. Ausgelassene Textstellen sind durchgestrichen: »Die neue A-Klasse wurde [›außerordentlich‹] ~~sehr~~ erfolgreich in den Markt eingeführt.«

Hintergrund umfassend interpretieren und diskutieren und so konnte eine generelle Ästhetik der Manager-Auftritte herausgearbeitet werden.

Die Untersuchung gliedert sich in folgende Teile. In Teil *I Der Held im Theater* wird der interdisziplinäre Ansatz verortet, indem die Entwicklung vom dramatischen zum postdramatischen Theater geschildert wird, in dem keine Illusion dargestellt, sondern reale Handlungen vollzogen werden. Die grundlegenden Unterschiede zur Managementdarstellung werden erklärt, indem gezeigt wird, wie die Autoren, Regisseure und Performer ihre Helden[52] als schwankende Subjekte in Szene setzen, um das Publikum aufzurütteln und nicht zu bestätigen, und dabei auch den Zwang zur gekonnten Selbstvermarktung im zeitgemäßen Berufsleben kritisieren.

Im Teil *II Der Held zwischen Theater und Management* wird die Theatralisierung der Unternehmenskommunikation einschließlich Personalisierung geschildert und die Wichtigkeit von persönlichen Veranstaltungen vor den verschiedenen Zielgruppen wie Aktionären, Journalisten und Analysten.

Der Teil *III Inszenierungsanalyse* beschreibt die Veranstaltungen im Detail. Im Kapitel *Spielweise* werden zunächst die Grundlagen der Darstellung erläutert. Die Möglichkeiten und Grenzen von starker Personalisierung und abwägender Kompromissbildung werden diskutiert, auch die Authentizitätsfrage. Im Kapitel *Szenographie* wird zunächst die Relevanz des Veranstaltungsorts beschrieben und dann wird der szenische Text deskriptiv erfasst, darunter die Organisation der Räumlichkeiten mit Produktpräsentationen und dem stets beliebten Büfett, gefolgt von Bühnen, Rednerpulten und Licht. Kapitel *Körpersprache* beschreibt die Kleidung und Wichtigkeit der performativen Elemente wie Gestik und Haltung. Das Kapitel *Stimme* erläutert die Wirkung der auditiven und paralinguistischen Zeichen wie Betonung und Dialekt auf den wahrgenommenen Inhalt der Rede. Das Kapitel *Rhetorik* untersucht die Reden unter stilistischen und für die Wirkung relevanten Gesichtspunkten wie Dramaturgie, Persönlichkeit und Verantwortungszuschreibungen, und beschreibt performative stilistische Mittel, die Applaus provozieren.[53] Danach folgt die Beschreibung der Verwendung von bildhafter Sprache, die besonderes Überzeugungspotenzial besitzt. Das Kapitel *Strategien in Frage- und Antwortrunden* stellt die Interaktion und daraus entstehende Atmosphäre bei Presse- und Analys-

---

52 Der Begriff wird hier und in Bezug auf die Manager in der Bedeutung von Hauptperson und Protagonist verwendet.

53 Bei allen Zitaten werden die Vorstandsvorsitzenden in der Fußnote ohne ihre Position angegeben, diese ist jedoch bei den Finanzvorständen und anderen Akteuren vermerkt.

tenkonferenzen dar. Es wird gezeigt wie Vorstände mit Unverständnis, kritischen Fragen und Unterstellungen umgehen, antworten und auch ausweichen.

Das *Resümee* fasst die Ergebnisse zusammen und diskutiert auffällige Diskrepanzen in den Auftritten. Zu dem unsicheren Rollenverständnis der Manager gehört auch, dass sie selbst häufig entpersonalisieren und sich in Zurückhaltung üben. Zum Abschluss dieser theaterwissenschaftlichen Betrachtung kommentiere ich noch einmal die Beobachtung, dass in der Wirtschaftswelt als Bühne spielerische und theatrale Elemente Einzug halten – während reale Elemente zur postdramatischen Kunst gehören. Wo fängt das große Theaterspiel an und wo endet die Leichtigkeit der Rolle, die auf den Brettern der Wirtschaftswelt weniger gespielt denn verkauft werden soll?

Über die Veranstaltungen und ihre Auswahl

Für diese Studie, die erstmals eine systematische Inszenierungsanalyse von Manager-Auftritten zeigt, wurden drei Arten von Veranstaltungen gewählt, um eine generelle Ästhetik der Auftritte zu beschreiben und auch Unterschiede. Zunächst einmal soll hier ein Überblick über den Ablauf von Hauptversammlungen, Bilanzpresse- und Analystenkonferenzen gegeben werden, bevor ich die Untersuchungskriterien und Gemeinsamkeiten erörtere und die Auswahl der Datenbasis erläutere.

Zu den jährlichen ordentlichen *Hauptversammlungen* von Dax-Unternehmen kommen bis zu 10.000 Besucher, die Öffentlichkeitswirksamkeit ist hoch, denn zahlreiche Medienvertreter sind anwesend und auch Fondsmanager und Analysten. Hauptzielgruppe sind gemäß einer Umfrage zuerst private Kleinanleger, welche meist keine guten finanzwirtschaftlichen Kenntnisse besitzen, als Vertreter des so genannten Streubesitzes, danach folgen die Wirtschaftspresse und institutionelle Anleger, die Tagespresse und Analysten.[54] Bei diesen vom Aktiengesetz[55] vorgeschriebenen Treffen sollen die Anleger ihre Rechte in Form einer Willensbildung der Eigentümerschaft ausüben. Beschlussfälle der Hauptversammlung sind in der Tagesordnung aufgelistet und bestehen unter anderem in der Abstim-

54 Vgl. SdK/Haubrok, *Hauptversammlungsumfrage*, S. 3

55 Der vierte Abschnitt des Aktiengesetzes mit den Paragrafen § § 118–149 AktG regelt die Hauptversammlung.

mung über die Entlastung von Vorstand und Aufsichtsrat. Der Versammlungsleiter ist meist der Sprecher des Aufsichtsrats, er ist für die Einhaltung der Tagesordnung verantwortlich, leitet die Generaldebatte und führt zur Beschlussfassung hin. In seiner Eröffnungsrede erläutert er den Anwesenden den Ablauf, die Verwendung des Stimmkartenblocks und definiert den Präsenzbereich, erklärt, wie Wortmeldungen eingereicht werden können. Danach tritt der Vorstandsvorsitzende für seinen Bericht ans Rednerpult. Jeder Aktionär, obwohl er ein verschwindend geringes Stimmgewicht im Vergleich zu Milliarden Euro schweren Fonds hat, besitzt ein Rede- und Fragerecht, das er wie auch Sprecher von Aktionärsschutzvereinigungen gerne ausführlich in der Generaldebatte nutzt. Themen: Kursentwicklung, Unternehmensperformance, Mitarbeiter, Umweltschutz, sozialpolitische Fragestellungen und auch mal die eigene Meinung über die Produkte oder die beschwerliche Anreise. Die Fragen werden nach den »Grundsätzen einer gewissenhaften und getreuen Rechenschaft«[56] beantwortet und die Versammlung kann sich bis in den späten Abend hinziehen, zur Abstimmung ist ein Großteil der Gäste schon gegangen.

Pressekonferenzen und Analystenkonferenzen sind Veranstaltungen zu den Jahres- und Quartalszahlen mit etwa 50 bis 200 Besuchern und sind ebenfalls von der Börsenordnung mindestens einmal im Jahr vorgeschrieben.[57] Hier werden die Konferenzen zum Abschluss des Geschäftsjahres untersucht, die dann für die Medien Bilanzpressekonferenzen heißen. Sie richten sich an Journalisten beziehungsweise im anderen Fall institutionelle Anleger, die für Dritte gegen Entgelt Vermögen verwalten, wie Versicherungen, Investmentgesellschaften und Fonds, sowie an Finanzanalysten, die für Investmentbanken, Universalbanken und Brokerhäuser arbeiten und Bewertungen mit Kauf- und Verkaufsempfehlungen verfassen.

Der Ablauf ist nicht sehr unterschiedlich. Zunächst begrüßt der Chefpressesprecher die Anwesenden, bei Analystenkonferenzen ist es der Chef der Investor Relations-Abteilung. Diese dirigieren dann auch meist die Fragerunde, indem sie die Sprecher aussuchen und aufrufen. Manchmal lesen sie auch Fragen vor, die via E-Mail von Analysten gestellt werden. Davor kommt die Rede des CEO, oft gefolgt von einem Bericht des Finanzvorstands (hier auch Chief Financial Officer, kurz CFO).

56 § 131 II AktG Abs. 2. Der Vorstand darf in bestimmten Fällen die Auskunft verweigern, etwa wenn wirtschaftliche Nachteile entstünden, er sich strafbar machen würde, die Informationen rechtzeitig vorher im Internet stehen. Vgl. § 131 II AktG Abs. 3.

57 Siehe § 65 Börsenordnung für die Frankfurter Wertpapierbörse

Das wichtige Kriterium der Vergleichbarkeit erfüllen die Veranstaltungen, weil sie von Publikumsgesellschaften, die im Dax notiert sind, ausgerichtet werden. Die größten deutschen Unternehmen sind alle denselben Rechnungslegungsstandards, gesetzlichen Regelungen und Richtlinien wie Corporate Governance unterworfen, und das sind auch Punkte, auf die sich die Reden der CEOs und Fragen des Publikums beziehen.

Alle Treffen sind mediatisierte Ereignisse, welche gesetzlich vorgeschrieben sind und zwangsläufig einberufen werden, anders als Pseudoereignisse wie Jazzkonzerte oder Autoschauen. Presse- und Analystenkonferenzen werden zur Veröffentlichung der Bilanz einberufen, die Hauptversammlungen rund drei Monate später. Auf allen Veranstaltungen wird der Verlauf eines Jahres reflektiert. Jede Veranstaltung hat ein bestimmtes Zielpublikum, schließt im Falle der Hauptversammlung andere nicht aus. Es gibt immer eine Vorstandsrede und eine Frage- und Antwortrunde sowie vergleichbare szenographische Faktoren: Bühne, Licht, Leinwände.

Kleinere Veranstaltungen wie unregelmäßige Auftritte der Vorstände bei einer so genannten Road Show vor potenziellen Großinvestoren in verschiedenen Ländern habe ich nicht in die Datenbasis aufgenommen, weil sie den thematischen Zielpunkt Jahresrückblick nicht besitzen, sondern Änderungen der Strategie, Akquisitionen oder andere aktuelle Anlässe behandeln. Andere IR-Auftritte wie one-on-ones sind von ihrer Materialität her häufig völlig anders als Großdarbietungen mit Bühnen.

Der Untersuchungszeitraum der Bilanzpresse- und Analystenkonferenzen beträgt etwas mehr als zwei Jahre. Die ersten Veranstaltungen stammen aus dem Frühjahr 2004, die letzten aus dem Frühjahr 2006. Ein längerer Zeitraum hätte die Datenbasis aufgebläht und den Vergleich erschwert. Hinreichend Vergleiche bestehen zwischen Unternehmen, denen es »gut« geht, und anderen, denen es »schlecht« geht.

Der Hauptversammlungszeitraum ist länger, weil ich auch auf Daten aus meiner Magisterarbeit über diese Veranstaltungen aus dem Jahr 2003 zurückgreife. Am weitesten liegen die Telekom- und Lufthansa-Hauptversammlungen 2002 zurück, mit dem kontrovers diskutierten Chef Ron Sommer und dem Vorgänger des aktuellen Lufthansa-Chefs Mayrhuber. Die anderen Hauptversammlungen stammen wie die Konferenzen hauptsächlich aus den Jahren 2003, 2004 und 2005 und zeigen eine Reihe von Firmenchefs in unterschiedlichen Situationen.

Der Untersuchungszeitraum ist mit rund drei Jahren absichtlich enger angelegt und die Datenbasis sehr breit, um eine Grundlage zu bieten, die übergreifende zeitgemäße Ästhetik der Wirtschaftsdarstellung zu beschreiben.

Es ist davon auszugehen, dass auf der Wirtschaftsbühne, wie in jedem anderen Gewerbe auch, dem oftmals kritischen und erwartungsvollen Publikum eine Vorstellung geboten wird, die durch den dramaturgischen Ausdruck von abstrakten Wertvorstellungen geprägt ist.

Für die Rollenmodelle gibt es Grundrepertoires, die variiert werden, obwohl die Personen wechseln. Davon kann man nach Goffman ausgehen, der zu bedenken gibt, dass für verschiedene Rollen im Beruf und im Alltag die gleiche Fassade, das gleiche standardisierte Ausdrucksrepertoire mit Komponenten wie Aussehen, Verhalten und Bühnenbild, verwendet wird, und diese wird auf Grundlage der abstrakten stereotypen Erwartungen und Klischeevorstellungen, die sie erweckt, institutionalisiert.[58] Diese Vorstellungen ändern sich nicht unvermittelt mit den Charakteren der Personen, und deshalb wird auch bei dieser Untersuchung trotz der Diskussion von Personalisierung nicht personalisiert, denn es ist nicht das Ziel, einen Menschen hinter der Maske zu suchen. Die Inszenierungsmuster und Klischeevorstellungen dürften ähnliche Züge tragen, die sich beispielsweise mit den Epochen ändern. Der typische Patron im Rheinischen Kapitalismus trat anders auf als der Topmanager heute, der wahlweise als liberal, global, neoliberal oder als Shareholder Value orientiert bezeichnet wird oder sich selbst so sieht. Auch kurze Zeit vor dem Erscheinungsdatum dieses Buches haben sich wieder einige Wechsel in den Führungsetagen ergeben, etwa bei BMW, Siemens und Telekom. Die Standardmuster der Auftritte werden, das kann man vor dem eben aufgezeigten Hintergrund annehmen, auch erstmal für neue Köpfe gelten. Die Untersuchung zeigt so aktuelle Auftrittstechniken und Masken, die sich weitgehend ungeachtet der Charaktere reproduzieren.

Nun zur Auswahl der Unternehmen, deren Veranstaltungen in die Datenbasis aufgenommen wurden. Das Raster der Inszenierungsanalyse hilft, »den« Manager zu beschreiben. Darüber hinaus werden die Köpfe nach bestimmten Sektoren sortiert, um branchenspezifische Auftrittsdramaturgien und organisationsspezifische Prägungen zu entdecken.

Eine Kategorie sind die drei größten deutschen Banken mit ihren Vertretern: Josef Ackermann (Deutsche Bank), Klaus-Peter Müller (Commerzbank) und Dieter Rampl (HypoVereinsbank). Von diesem Grund-

58 Vgl. Goffman, *Wir alle spielen Theater*, S. 28

stock ausgehend bietet es sich an, einen erweiterten Schwerpunkt auf diesen stark immateriellen und Sektor mit Finanzdienstleistern und Versicherungen zu legen, deshalb wurden noch Werner Seifert (Deutsche Börse) und Michael Diekmann (Allianz) ausgewählt.

Die Vertreter eines sehr anderen Sektors mit Produkten »zum Anfassen« kommen aus der Automobilbranche: Jürgen Schrempp (DaimlerChrysler), Helmut Panke (BMW) und Bernd Pischetsrieder (VW).

Diese Auswahl verspricht interessant zu werden, denn die höchste Medienaufmerksamkeit erhielt gemäß einer Untersuchung des Media Tenors im Jahr 2003 Ackermann (Deutsche Bank) mit einem großen Teil negativer Bewertungen, gefolgt Pischetsrieder (VW) und Schrempp (DaimlerChrysler).[59] Genau diese Reihenfolge gilt auch für das Jahr 2005.[60] Für die anderen ändern sich die Plätze im Ranking aber schnell.

Den besten Gesamteindruck von allen 30 Chefs der Dax-Unternehmen hatte Helmut Panke (BMW) in zwei Umfragen von Kommunikationsberatungen hinterlassen.[61] Aber Studien wie diese unter dem Titel »Deutschlands bester CEO« oder die Feststellung, dass Kai-Uwe Ricke (Deutsche Telekom) zu den »Stars« gehören soll, während Henning Kagermann (SAP) bislang unter den »Hidden Champions« dahindämmere,[62] können für die Auswahl der Veranstaltungen nur ein Fingerzeig sein. Man kann davon ausgehen, dass Kategorien wie »Sympathie« von vielen Instrumenten der Unternehmenskommunikation und der öffentlichen Rezeption beeinflusst werden, nicht nur von der Wirkung der hier untersuchten Auftritte.

Um zu sehen, ob besondere organisationsspezifische Prägungen deutlich werden, habe ich Wolfgang Mayrhuber (Lufthansa) als Vertreter der Branche Verkehr und Transport betrachtet und dessen Auftritte mit seinem Vorgänger Jürgen Weber verglichen.

Die anderen Quellen sind sehr unterschiedlich und über das komplette Spektrum verteilt. So wurden Konzernchefs hinzugenommen, die einst wenig Medienaufmerksamkeit mit fast durchweg »neutraler« Wertung bekommen hatten wie Nikolaus Schweickart (Altana) und Henning Kager-

---

59 Vgl. Schatz, »Spitzenmanager«, S. 38

60 Vgl. Media Tenor, *Forschungsbericht Nr. 153*, S. 56

61 Vgl. Burson-Marsteller, *CEO Profilbildung*, S. 4; Institut für Demoskopie Allensbach, *Kommunikationsverhalten deutscher CEOs*, S. 33

62 Vgl. Burson-Marsteller, *CEO Profilbildung*, S. 4

mann (SAP),[63] und verschiedenste Unternehmen von der Chemiefirma BASF über den Stromversorger EON bis hin zur »Volksaktie« Telekom.

Nicht in die Untersuchung einbezogen wird Wolfgang Reitzle (Linde) der auch keine besondere Medienpräsenz besitzt und mit der Produktion von Industriegasen und vormals Gabelstaplern eine Position in größerer Ferne zum Endverbraucher innehat. Die CEOs Ben Lipps (Fresenius Medical Care), Ulrich Lehner (Henkel), Hans Joachim Körber (Metro) und Nikolaus von Bomhard (Münchner Rück) habe ich der Begrenzung wegen weggelassen. Håkan Samuelsson beziehungsweise vorher Rudolf Rupprecht (MAN) werden nur kurz erwähnt.

In der Untersuchung gibt es gute und schlechte Beispiele, die Gewichte haben sich auch zwangsläufig auf Köpfe verlagert, deren Vorstellung auffällig, personalisierend und eindrücklich wirkte. Diese Schilderungen bieten größeren Erkenntnisgewinn als völlig blasse Darbietungen, die natürlich als Kontrast beschrieben werden, aber aufgrund der geringen Aussagekraft nicht im selben Ausmaß erfasst wurden. Ungeschlagen die bunten Sprecharien eines Helmut Panke, die geschickten und bisweilen holperigen Ausweichmanöver eines Jürgen Schrempp und die verzweifelten Balance-Akte eines Josef Ackermann.

63 Vgl. Schatz, »Spitzenmanager«, S. 38

I Der Held im Theater

Ein Vorstandsvorsitzender tritt in seiner Führungsrolle als »er selbst« und als Vertreter für den Konzern auf. Dieser nonfiktionale Auftritt ist von Interesse für die Theaterwissenschaft und die Performance Studies, die sich mit der Entwicklung des Theaters und der so genannten performativen Wende verändert haben. In Performance und im postdramatischen Theater werden Handlungen nicht wie auf der dramatischen Bühne fingiert, sondern real vollzogen. Der reale Vorgang der Performance tritt an die Stelle des Schauspielens, die Realität des Akteurs, seine Präsenz und seine Ausstrahlung sind für diese Form der Darstellung maßgeblich. Folglich muss auch das Wechselspiel zwischen Rolle und Selbst, Schauspieler und Rolle und der klassische Rollenbegriff überdacht werden.

Im Gegensatz zur Manager-Selbstdarstellung hatte und hat Theater bei der Inszenierung fiktiver und auch realer Rollen schon immer subversivere Vorstellungen von Persönlichkeit. Die Charaktere der Kunst sind keine Idealbilder, verweigern sich ihren starren gesellschaftlichen Rollen und machen das »Spiel nicht mit«. Diese Masken der Verunsicherung hält das Theater der selbstsicheren Pose wirtschaftlicher Helden entgegen, die eine Vorbildfunktion erfüllen und einen moralischen Status halten sollen, dabei ihre Arbeit souverän lächelnd als »Leidenschaft« und nicht als bloßen Job betrachten wollen. Das Prinzip zeigt sich auf der dramatischen Bühne, wo tragische Helden inszeniert werden, ebenso im epischen Theater, wo der untragische Held auf Distanz zu seiner Rolle steht, und wird in postdramatischer Darstellung auf die Spitze getrieben, wenn auf eine schlüssige Identitätsdarstellung verzichtet wird.

Der verkörpernde Darsteller im dramatischen Theater

Der große Mann war schon immer Thema des Theaters. Die Bühnen haben die Herrschenden lächerlich gemacht, den König, Kapitalisten oder Kommunisten auf seine Gier und seinen Geiz reduziert, in großen Dramen und opulenten Werken. Der Inhalt artikuliert das Fragwürdige, kann sozialen und ästhetischen Erwartungen entgegen kommen oder ihnen zuwider sein. Überall lauert die Drohung, welche bei den Liebhabern dieser Kunst wie auch bei den Moralisten gleichermaßen geachtet ist, dass Theater ernsthafte Probleme zum Gegenstand bloßen Spiels degradiert, Vorstellungen erschüttern oder auf subtile Weise das Publikum berühren kann.

Dabei ist zunächst der Akt des Schauspielens selbst eine Nachricht. Der Zuschauer erfährt – anders als beim bloßen Lesen des Dramas – die in der dramatischen Ästhetik eingebaute Diskrepanz von Schauspieler und Rolle. Zwar wurde im 18. Jahrhundert diskutiert, dass der Schauspieler seine Rolle nicht nur spiele oder gebe, sondern »verkörpere«. In diesem Konzept muss alles, so beschreibt Fischer-Lichte, was auf den organischen Körper und seine Eigenheiten verweist, ausgetrieben werden, bis ein »rein« semiotischer Körper zurückbleibt, der den Text des Autors unverfälscht erscheinen lässt, also als Zeichen fungiert, das eine Bedeutung repräsentiert.[64] Verkörperung setzt dort Entkörperlichung voraus.

Da es allerdings keine einzige allgemeingültige Interpretation eines Dramentexts und der Darstellung einer Rolle geben kann, ist diese Vorstellung spätestens im 20. Jahrhundert überholt. Zudem ist es offensichtlich, dass die Schauspieler sich nicht von ihrem Körper und ihrer eigentlichen Existenz lösen können und in dieser Präsenz auch immer mehr waren und sind als die *dramatis personae* auf dem Papier. Denn jene sind nicht mehr als der Text, den der Autor ihnen zugeschrieben hat. Der Darsteller, der die Rolle mit seiner Gegenwart, Stimme und Bewegung in Szene setzt, übt eine körperliche und schöpferische Tätigkeit aus, als die sich Schauspielkunst begreifen lässt. Gerade in postdramatischen Theaterformen ist der Körper kein bloßer Zeichenträger mehr, sondern in seiner nicht unbedeutenden Anwesenheit relevant, gar ausreichend, für eine Performance.

Grundbedingung jedes traditionellen Theaters ist, dass die Rezipienten die Person der Schauspielerin als »Antigone« annehmen, sich auf diese Ersatzwirklichkeit bis zu einem gewissen Grade einlassen, um der Hand-

64 Vgl. Fischer-Lichte, *Ästhetik des Performativen*, S. 133

lung überhaupt folgen zu können. Selbstverständlich weiß jeder, dass nur gespielt wird. Die Schauspieler spielen Handlungen nach, führen sie *vor* und nicht *aus*. Keine »Antigone« wird auf der Bühne lebendig begraben, sondern bleibt immer als Schauspielerin und Rollenfigur präsent, als Vorführende und als Vorgeführte, weshalb sich das Theater nach Menke als das »ästhetische Medium einer Differenz«[65] begreifen lässt. Der Schauspieler ist immer ein wenig von der Figur, dabei immer etwas anderes und immer mehr als die Rolle. Diese Differenz ist nie genau zu bestimmen, nie weiß der Zuschauer sicher, wo die Rolle anfängt und wo sie aufhört, ob der Schweinwerfer wirklich flackern und »Antigone« blinzeln soll, ob das Stocken beim Sprechen Konzentrationsschwäche ist oder zur Rolle gehört. Anders als bei einem Filmschauspieler, dessen Vorstellung nicht gegenwärtig ist, sondern im Nachhinein abgespielt wird, und in welcher der Star eine Einheit mit seiner Rolle bildet. Etwas, was vom Sozialdarsteller auch erwartet wird. Die theatrale Form hingegen stellt die Welt des Scheines nicht nur dar, sondern im selben Zuge auch bloß. Mit dem Auftritt des Schauspielers, der sich verstellt und zum Spiel bekennt, und in diesem Falle als Medium die Nachricht ist. So deckt das klassische Theater auf, dass die Welt eine Bühne und Bühne des Scheins sein kann.

An dieses Illusionstheater denkt auch meist, wer an Theater denkt. Hier wird noch eine Wirklichkeit für das Publikum nachgeahmt und Schauspieler setzen mit Dramaturgen einen Text in seiner geschlossenen und ganzen Handlung mit seiner gedanklich nachvollziehbaren Totalität um. Dabei personalisiert das klassische Theater und die Theatererfahrung weckt Zweifel beim Publikum indem sie mit den Protagonisten eine Kommunikation zeigt, die nicht zwischen selbstidentischen Personen entsteht, sondern dort, wo das Subjekt trotz Heldenrolle schwankt. Dazu ein Beispiel: die antike Tragödie *Antigone* von Sophokles.

Antigone zeigt, wie eine tragische Heldin angesichts mehrdeutiger Werte handelt, ihren Bruder Polyneikes wider Kreons Verbot begräbt und dafür mit dem Leben bezahlt. Die Tragödie entlässt mit der Zweistimmigkeit von Familienliebe und Staatsräson den Theaterzuschauer mit dem Problem der Verunsicherung und der Aufforderung zur Reflexion über seine Sichtweisen, anstatt ihn in einer der beiden Positionen zu bestätigen. Die Bühne beurteilt das Geschehen nicht und gibt auch keine Lösung des Konflikts vor, steuert damit nicht auf eine gemeinschaftliche Interpretation mit dem

65 Menke, *Gegenwart der Tragödie*, S. 126

Publikum hin. Trotz der emotionalen Einbeziehung wird der Zuschauer auch distanziert, weil er seine Vorstellungen auf die Probe gestellt sieht. Die Dramatik lässt Platz für viele Wahrheiten und diese Aufforderung soll ermutigen, mit eigenen Gedanken zu spielen und sich selbst ein Urteil zu bilden.

Der tragische Kern ist, wie Lehmann beschreibt, nicht nur in der Kollision zweier gleichermaßen berechtigter sittlicher Zwecke im Format Antigone versus Kreon zu suchen, sondern vielmehr in der Repräsentation, der Form, die den Konflikt auf die Bühne bringt und ihm seinen Sinn gibt oder auch entziehen kann.[66] Die Art der Kommunikation ist für die Darstellung politischer Themen im Theater von Belang, jene übermitteln sich nicht im Inhalt, sondern in der Form. Das Politische wird als Unsicherheit, als Bruchstückhaftes, als Unterbrechung vermittelt: Antigone tut sich schwer, Position zu beziehen, lässt die Argumente in der Schwebe, kann ihre Motivation kaum herleiten und verteidigen, fragt, macht Andeutungen und erhält ebenso unschlüssige Antwort von Kreon, vom Chor und von Ismene.[67] Antigones Haltung ist keine rationale Anti-These sondern eher ein Fragen. Die innere und äußere Unsicherheit der Figur, vielleicht ihr Zögern, lässt sich gerade im sinnlichen Moment des Theaters anders als im geschriebenen Text übermitteln. Hier kommunizieren Nachdenkliche. Und damit wird nicht nur auf der Bühne, sondern auch zwischen Bühne und Saal unter Nachdenklichen kommuniziert. Die politische Ordnung, die Herrschaft wenn man so mag, wird nicht verleugnet, sondern im trüben undichten Ganzen gezeigt.

Das Theater lässt darüber nachdenken, dass so wenig wie Antigone auch andere tragische Helden ihre Lage nicht wählen konnten. Weder Andromache, noch Prometheus, noch Ödipus, und in ihren Geschichten besteht nach Menke die Tragik in der »Erfahrung der Unmöglichkeit der Erfahrung«.[68] Es ist tragisch, dass der Held im Falle von König Ödipus in gutgläubiger Handlung anstelle einer großen Tat einen großen Fehler begeht, der einen schicksalhaften Bruch darstellt, an dem das Lebensglück in Unglück umschlägt. Tragisch ist wiederum, dass sich der Fehler, anders als ein gewöhnlicher Missgriff im alltäglichen Leben, weder vermeiden noch wieder gutmachen lässt und der Protagonist aus ihm nicht lernen kann.

66 Vgl. Lehmann, *Das politische Schreiben*, S. 25
67 Ebd., S. 30
68 Menke, *Gegenwart der Tragödie*, S. 110

Nicht zu vergessen, dass die tragische Existenz wie eine Marionette an den Fäden ihres Autors hängt. Er schreibt der Figur ein Ende zu, dem sie trotz ihrer Mühen nicht ausweichen kann. Die Situation der Wahl, vor der die Helden vermeintlich stehen, ist nur ästhetisches Dekor. Nachdenklich macht diese tragische Ironie jeden, ob er bereits erfahren hat oder ob er nur ahnt, erfahren zu können, dass das Glück, nach dem er im Leben strebt, ungewiss ist und dass die Erfahrung des Tragischen immer und überall hereinbrechen und das eigene Leben auf eine harte Probe stellen kann.

Die Tragödie, so kann man sagen, manifestiert ein »Subjekt in der Reaktion«[69], zeigt die unterschiedlichen Charaktere als Objekte, nicht als Täter. So kann die Tragik einer sich gegen sich selbst wendenden Tat die Tradition des Tragischen jenseits des dramatischen Theaters weiterführen und erhellend sein für diese Untersuchung über die Manager und ihre auf den Bühnen verkörperten Rollen- und Trugbilder des Einzelnen als eigenverantwortlicher »Manager seiner Selbst«. Generell muss man kein Marxist sein, um die sozialwissenschaftliche Erkenntnis nachvollziehen zu können, dass der Mensch ein Produkt gesellschaftlicher Verhältnisse ist, trotz Individual-Rhetorik der Schnittpunkt von Einflusslinien und Kräfteverhältnissen, wie sie als materieller Zwang und bisweilen subtiler gesellschaftlicher Mechanismus heute bestehen und sich schon als Schicksal beim tragischen Helden gezeigt haben. So werden auch die wirklich tragischen Geschichten immer vom Leben selbst geschrieben – wohlgemerkt ungefragt. Shakespeare-Stücke heißen »the tragical history of ...« und nicht »tragedy«, schon die antike Tragödie wie auch das Theater der Renaissance und zeitgenössische Autoren haben ihre Stoffe aus historischer Vorgeschichte gewebt. Wenn man nun einmal dieses Angebot annimmt, den Mensch als Opfer denken zu können, dann muss man auch verstehen, dass die Tragödie nicht nur über das Ausmaß von Schuld staunend macht, sondern auch einen Vorschlag unterbreitet, die verführerische wie oft verachtete Idee hervorblitzen lässt, dass der Einzelne nicht selbst schuld ist, sondern schuldlos sein könnte.

---

69 Lehmann, *Theater und Mythos*, S. 101

Der distanzierte Darsteller im epischen Theater

Das Publikum im epischen Theater sollte das Staunen über die sozialen Verhältnisse lernen, anstatt sich in das bewegende Geschick des Helden einzufühlen. Brecht versuchte mit der epischen Form der aristotelischen Dramatik eine Bühne entgegenzusetzen, die die Vorgänge nicht mehr »verkörpern«, sondern »erzählen« sollte, um dem Zuschauer Argumente zu vermitteln und von ihm Entscheidungen zu erzwingen.[70] Anstelle des außerordentlichen Hamlet wird dem Auditorium eine eher durchschnittliche Gattung von Helden vorgeführt. Wie diese Charaktere der nicht-aristotelischen Dramatik auf das Publikum wirken sollten, beschreibt Brecht folgendermaßen:

»Diese Figuren sind keine einfühlbaren Helden. Sie sind nicht als unveränderliche Urbilder des Menschen gesehen und gestaltet, sondern als historische, vergängliche, meist mehr ein Erstaunen als ein ›So bin ich auch‹ herausfordernde Charaktere. Der Zuschauer befindet sich ihnen gegenüber verstandes- *und gefühlsmäßig* im Widerspruch, er identifiziert sich nicht mit ihnen, er ›kritisiert‹ sie.«[71]

Um eine kritische Stimmung anstelle von Einfühlung beim Zuschauer stimulieren zu können, mussten sich die Anforderungen an den Schauspieler verändern. Brechts Theorie der gestischen Schauspielkunst fordert körperliche Ausdruckbewegungen, die nicht vom inneren Erleben geleitet werden, sondern von einer präzisen Spieltechnik, um überindividuelle soziale Zusammenhänge zu verdeutlichen. Womit der Schauspieler in klarer Distanz zu seiner Rolle steht. Für die Verfremdung muss er die restlose Verwandlung in die Bühnenfigur aufgeben:

»Er hat seine Figur lediglich zu zeigen oder, besser gesagt, nicht nur lediglich zu erleben; dies bedeutet nicht, daß er, wenn er leidenschaftliche Leute gestaltet, selber kalt sein muß. Nur sollten seine eigenen Gefühle nicht grundsätzlich die seiner Figur sein, damit auch die seines Publikums nicht grundsätzlich die der Figur werden.«[72]

Die Technik des Verfremdungseffekts verlangt, wie in der dritten Person zu sprechen, oft in der Vergangenheit, und Spielanweisungen ebenfalls zu zitieren. Der Schauspieler zeigt zwei Figuren: Die Rollenfigur und sich selbst als Darsteller, kommentiert und stets einen kühlen Kopf und den

---

70 Vgl. Szondi, *Theorie des modernen Dramas*, S. 116

71 Brecht, »Gespräch mit dem ungläubigen Thomas«, S. 99

72 Brecht, »Kleines Organon«, S. 83

Zweifel an dem besitzt, was er beschreibt, und sich die Möglichkeit vorbehält, mit Kunst aus der Rolle zu fallen und im gegebenen Moment den – über seinen Part – Nachdenkenden vorzumachen.[73] Diese theatrale Selbstreflexion lähmt die Bereitschaft zur Einfühlung und soll den Zuschauer eine untersuchende Haltung gegenüber dem Gesehenen einnehmen lassen.

Dieses Thema des Ausprobierens zeigt sich nicht nur im Schauspiel-Gestus, sondern wird dem Publikum auch an der Handlung der Hauptfigur deutlich. Hier wird eine Möglichkeit des Lernens vorgeführt, wie sie in der Tragödie ausgeschlossen ist. In Brechts Figuren, besonders in dem Packer Galy Gay in *Mann ist Mann* sieht Benjamin einen untragischen Helden, einen »Weisen« – weise, denn er lässt die »Widersprüche des Daseins da ein, wo sie zuletzt allein zu überwinden sind: im Menschen«[74]. Dieser untragische Held kann sich anders als der tragische Held verändern und aus seinen Fehlern lernen. Er lässt sich in seinem Bühnendasein beeinflussen, tritt an als einer, der kein Sinnbild zielgerichteter Einstellungen und Eigenschaften ist, sondern im Fall von Galy Gay »fast keine Leidenschaften« hat, nur einen Fisch kaufen will, schließlich als Ersatzmann in der Kolonialarmee landet. Der Held wird vorgeführt als einer, der nicht Nein sagen kann, er zeigt sich einverstanden und nimmt Haltungen, Gedanken und Gewohnheiten an. »Mann ist Mann, das ist nicht Treue zum eignen Wesen, sondern die Bereitschaft, ein neues in sich selbst zu empfangen.«[75]

Diese doppelte Unbeständigkeit weist darauf hin, dass sich das Leben als ein Experiment betrachten lässt. Die Experimentierbedingungen bieten eine Möglichkeit zur gesellschaftlichen Veränderung, die nicht wie in der Tragödie ein vorgeschriebener tragischer Untergang ist. Das wird dem Zuschauer gezeigt und gilt ebenso für den Schauspieler selbst, der wie auch in Brechts Lehrstück *Der Jasager und Der Neinsager* mehrere Alternativen durchspielen und Einsichten gewinnen kann. Dort, wo kein Zwang sondern Möglichkeiten bestehen für den, der zum Schauspieler seiner selbst wird.[76]

---

73 Vgl. Benjamin, »Was ist das epische Theater?«, S. 538

74 Ebd., S. 526

75 Ebd., S. 527

76 Vgl. Menke, »Praxis und Spiel«, S. 27

Der authentische Performer im postdramatischen Theater

Theater, ob als Ritual oder Fest in der Frühzeit, als Zusammenkunft der Polis, Spektakel der Hofgesellschaft oder als Versammlung in Zuschauersesseln war nie nur Inszenierung des Spektakels, sondern stets auch des Publikums. Gerade in neuen Performanceformen ist der Zuschauer mehr als ein passiver Betrachter, der das für ihn entworfene Bild nachvollzieht. Die referentielle Funktion von Dramaturgie, die für die konventionelle Dramaturgie stark ausgeprägt war, verlagert sich auf die vorwiegend performative. Jene bezeichnet nicht die *Darstellung,* sondern den *Vollzug* von Handlungen. Denn auf statische literarische Vorlagen und die Darstellung ihres Gesamtzusammenhangs wird nach der performativen Wende in postdramatischen Theaterformen weitestgehend verzichtet. Anders als in der dramatischen Theatertradition der Mimesis, die sich auf die Ganzheit, Illusion und Repräsentation der Welt gründet, verliert mit einer durch die Informationstechnologie veränderten gesellschaftlichen Kommunikation im postdramatischen Theater der Text seine Einheit und wird zerstreut, verschiedene Kunstarten, Sprache und Körperbewegung, Musik und Bilder vereinigen sich nicht zu einem Gesamtkunstwerk, sondern zu einem simultanen Nebeneinander.[77]

Im postdramatischen Theater geht es nicht mehr wie im klassischen Theater primär um die Scheinhaftigkeit von Menschen und Dingen, die dort nachgeahmt und abgebildet werden, sondern um die Flüchtigkeit ihres Erscheinens und dessen fehlende Beherrschbarkeit. Das neue Konzept von Verkörperung heißt nicht, dass der Performer mit seinem Körper eine Figur erscheinen lässt, sondern ist als »Selbst-Dramatisierung der Physis«[78] zu verstehen: Er zeigt wirkliche Präsenz und kein medial reproduziertes und überarbeitetes Abbild. Postdramatische Theaterformen präsentieren dabei nicht nur professionelle Darsteller mit Stimmausbildung und Tanztraining, wie sie in Einar Schleefs Inszenierung des *Sportstücks* schwitzen, sondern auch Laien: Der Regisseur Christoph Schlingensief arbeitet auch mit geistig Behinderten, mit Menschen von der Straße und mit politischen Gruppen wie Nazis. Das Künstler-Kollektiv Rimini-Protokoll nimmt sich reale Vorgänge zur Anschauung und wollte Theaterbesucher auf eine echte

77 Vgl. Lehmann, *Postdramatisches Theater*, S. 263

78 Ebd., S. 369

Konzern-Hauptversammlung mitnehmen,[79] involviert auch soziale Gruppen wie Modellbauer oder Aktionäre. Diese Bühnenanfänger präsentieren eine reale und auch nicht vermeidbare Unzulänglichkeit und können mit ihrer bloßen Präsenz auf die Irrigkeit von idealen Rollenmodellen hinweisen, wie sie im Alltag und im Arbeitsleben existieren. Den Kult um den Körper und seine Beherrschung prangern noch krasser die Tänzer der englischen Gruppe DV8 (sprich: »deviate«) an, die mit Behinderten auftreten, sie dabei vor- und ausstellen, Tabus brechen vor einem Publikum, das sich nicht in sicherer Fernseh-Distanz befindet und sich nicht entziehen kann. Hier wirkt keine literarische Intention, sondern die Nähe der Szene und das vielleicht betroffene Empfinden, das sie beim Zuschauer auslöst. In anderen Aufführungen verhalten sich die Performer privat und ungezwungen, illusionieren keine Charaktere, auch wenn sie in einer Rolle agieren, sondern erzählen beispielsweise von eigenen Erfahrungen. Die provokante Präsenz des Menschen rückt anstelle einer Verkörperung einer Figur in den Vordergrund.[80] Darsteller blicken und sprechen den Zuschauer auch direkt an und holen ihn so ins Geschehen, die *vierte Wand*, die vormals Parkett und Bühne trennte, wird endgültig eingerissen.

Mit dieser Entwicklung wird die Definition eines Schauspielers zunehmend problematisch. Alle Schauspieler sind Performer, obwohl nicht alle Performer Schauspieler sind. Die hergebrachte Minimaldefinition beschreibt den Schauspieler als einen Akteur, der zu sprechen und zu handeln scheint, nicht als er selbst, sondern in der Rolle, die er vorgibt zu sein. Dieses so-tun-als-ob betrifft das Illusionstheater. Wenn Performer als reale Personen (Sprech-)Handlungen im realen Raum vollziehen, ändert sich die Beschaffenheit der theatralischen Zeichen.

---

79 Helgard Haug, Stefan Kaegi und Daniel Wetzel (Rimini-Protokoll) haben mit dem Dachverband der Kritischen Aktionäre und weiteren Berliner Künstlern im Jahr 2005 das Projekt *Koinszenierung HV* als eine Reihe von Workshops begonnen. Die Gruppe hat mehrere Hauptversammlungen gemeinsam besucht, gefilmt und ausgewertet. Von diesen Besuchen wurden auch die Werke der Edition *pass_over* der Malerin Verena Landau inspiriert, die im Kapitel *III.Räumlichkeiten* diskutiert werden. Das Projekt *Hauptversammlung* mit dem Düsseldorfer Schauspielhaus sollte den Blick auf die Vorstände mit subtilen und subversiven künstlerischen Aktionen ergänzen und verbinden. »Wir wollen die Veranstaltung durch den theatralen Guckkastenblick betrachten, um das Repräsentationsverhältnis in so einem Gefüge zu verstehen und für uns produktiv nutzbar zu machen«, sagt Stefan Kaegi, Regisseur von Rimini-Protokoll, im Interview mit der Autorin am 28.4.2006. Sowohl die dort praktizierten Rollenspiele als auch der scheindemokratische Anspruch reizt die Künstler.

80 Vgl. Lehmann, *Postdramatisches Theater*, S. 243

Theaterzeichen im Illusionstheater sind Zeichen von Zeichen, das Theater zeigt oft nur die Abbildung von Objekten und Handlungen, die selbst wieder als potenzielle Zeichen funktionieren: Ein Stück Metallfolie kann als Zeichen für Gold stehen, das seinerseits als Zeichen Reichtum darstellen kann. In postdramatischer Performance ohne Nachahmung und Rekurs auf eine Fiktion ist das anders. Auf dem Bild unten – welches fast eine ironische Parallele zum Anblick der Vorstandsreihe zulässt – treten Performer von Forced Entertainment mit Pappkronen und gewandet in rote Tücher auf, wollen aber keine Könige darstellen, sondern erzählen (reale?) Geschichten, wobei sie anders als Manager ihr Publikum verunsichern wollen. Die Semiotizität wird vermindert, aber nur anfangs, denn im Gegensatz zu Alltagsdarstellungen ermuntert die Theatersituation weitergehende Interpretationen: Die Pappkrone kann für auf eine einfache Verkleidung verweisen, oder auf Armut, dann wiederum wegen des Gegensatzes auf die eigentliche Armut eines Königs hindeuten, und so weiter. Die Situation ist nicht rein spektatorisch, sondern eine soziale Situation, die jeder Einzelne anders rezipiert und deutet. Der Betrachter muss eine neue, eigene Botschaft konstruieren und wird damit zum Mitschöpfer des Kunstwerks.

Abb. 1: Forced Entertainment im Stück And on the Thousandth Night

(Quelle: Forced Entertainment, Hugo Glendinning)

Die Stücke erzählen Zustände und keine Geschichten, die Zeit ist real, die Darsteller spielen nicht, sie *sind.* Und sie sind mehr als einfach nur da. Vielmehr sind Performer und ihre Charaktere, was Etchells als Möglichkeitsräume, »zones of possibility«[81], beschreibt. Seine Gruppe Forced Entertainment zeigt, wie es um die Halbwertszeit eines Subjektmodells bestellt ist, weil sich Identität zwangläufig ständig verändert. In Aufführungen von *Emanuelle Enchanted* experimentieren die Darsteller mit Äußerlichkeiten wie ihren Kleidungsstücken und Papierschildern, die sie ständig an- und ablegen. Darauf steht die eigene reale oder imaginäre Rolle, beispielsweise schlicht »Liar« oder »A good cop in a bad film« oder »Beauty Queen«, ein Etikett, welches auf die Wirkung eben solcher Äußerlichkeiten besonders anspielt. Die Personen auf der Bühne finden keine zufriedenstellende Lösung und machen deutlich, dass das Ich hinter allen Fassaden nicht zwangsläufig einen harten Kern besitzt. Tim Etchells beschreibt das mit dem Bild einer Zwiebel: Sie lässt sich Schicht für Schicht schälen bis kaum noch etwas übrig ist.[82]

Das Theater kann gesellschaftliche Rollenbilder bewusst machen, auch das hier diskutierte Rollenmodell des Menschen als Managers. Der Ruf nach Selbstverwirklichung, echter Anteilnahme und gut dargestellter Aufopferung, eine Hingabe, die neudeutsch »Commitment« genannt wird, hallt über die Bühne der Wirtschaft und Gesellschaft und findet auf der Theaterbühne sein Echo. Die Folgen beschreiben im postdramatischen Theater unter anderem die Figuren des Autors und Regisseurs René Pollesch. Sie sprechen nicht über eine Leistung aus Leidenschaft, sondern über eine Leistung, die Leiden schafft. Sie berichten, wie sie »authentische« Gefühle darstellen müssen, die sie nicht wirklich fühlen, und zum Emotionsarbeitsdienst verpflichtet werden. Im Stück *Insourcing des Zuhause. Menschen in Scheiß-Hotels* beschreiben die Darstellerinnen, wie sie Dienstleistung verkaufen müssen, die mit ihrer »echten« Wärme an ein Zuhause erinnert, und wie Leistungsforderungen innerste Lebensbereiche ökonomisieren:

»TINE: In dieser Fabrik, die Zuhause produziert, müssen bezahlte Tätigkeiten wie eine persönliche Anteilnahme wirken.
CLAUDIA: Und wer will das kontrollieren?
TINE: Der Bladerunner.
NINA: Irgendein Androidenjäger kontrolliert ob deine persönliche Anteilnahme hier in diesem Hotel und an deinen Gästen ECHT IST!

---

81 Etchells, »Some Trends in Recent Performance«, S. 108

82 Ebd., S. 116

CLAUDIA: Ja, gut, dann lass jetzt eben den Bladerunner oder Personalchef kommen, und dann werden wir ja sehen, ob die Emotionalität, die ich hier performe echt ist oder nicht.
NINA: Performe Emotionalität, die echt ist.
TINE: Formen von Arbeit, die Fähigkeiten einsetzen, die der Persönlichkeit und Subjektivität zugeordnet werden.
NINA: Und das ist doppelt produktiv: Zum einen erwirtschaften sie Profit zum andern zementieren sie gesellschaftliche Normen über Sexualität und Geschlecht.
TINE: Performe Zement!
NINA: Du performst hier Emotionalität und die zementiert gesellschaftliche Geschlechterdifferenzen.
TINE: Performe Emotionalität!«[83]

Die Suche nach der Echtheit der eigenen Empfindungen läuft ins Leere und so wächst zunächst die Verzweiflung über die fragliche Realität der eigenen Rolle, und dann der Unmut. Wie auch bei den Figuren im Stück *Stadt als Beute 2*. Sie formulieren Widerstand gegen den Zwang zu haltloser Selbstverwirklichung: »Und wenn ich versuche nicht wie ein Künstler zu leben, wenn ich so nicht arbeiten will als BEUTE UND SELBSTAUSBEUTERISCH! Und nicht daran denke mich selbständig zu verwirklichen WAS DANN?!«[84]

Wie andere Theaterhelden wissen auch die Figuren im Pollesch-Theater, dass sie »krank« sind und stellen dies im Gegensatz zu den maskenhaften Wirtschaftshelden auch dar. Sie zeigen Subjekte, die sich in den oft gegensätzlichen und fragwürdigen Modellen dieser Welt verlieren. Diese Helden spielen den Zweifel verunsichert aus. Sie schreien Sätze wie: »Dieses organische Kapital HIER [Performer zeigt auf sich] IST BEUTE!« und wenig später: »Das hier ist Müll! Die SCHEISSE! [Performerin zeigt auf sich.]«[85]

Wahrnehmungsrelevant ist hier auch wieder die Spielweise. An jene hat der Autor und Regisseur René Pollesch bestimmte Anforderungen und ermahnt seine Darsteller bei den Proben: »Zeige, was der Text mit dir zu tun hat! Du sollst nicht spielen!« Unpersönliches Herunterleiern will er

83 Pollesch, »Insourcing des Zuhause«, S. 46f

84 Pollesch/KulturanthropologInnen/Kanak/TFM-StudentInnen, *Stadt als Beute 2*, Frankfurt 2001. Die Autorin hat als Darstellerin und Textschreiberin mitgewirkt an diesem szenischen Projekt des Instituts für Theater-, Film- und Medienwissenschaft der Johann Wolfgang Goethe-Universität Frankfurt und Künstlerhaus Mousonturm, dort aufgeführt am 14. und 15.3.2002.

85 Ebd.

weder hören noch sehen, Deklamationsstil und Geziertheit noch weniger. Der schnelle Sprachfluss grenzt sich sowohl vom hohen Theaterton als auch von der Alltagssprache ab. Das Tempo offenbart ohne Luftholen die Schnelllebigkeit, Unbeständigkeit und Künstlichkeit der Gefühle. Die Figuren wechseln permanent ihre inauthentische Identität und drücken mit wiederum authentischen Schrei-Orgien ihre unsicheren Empfindungen aus. Ein Ausweg ist nicht in Sicht, selbst das Innerste ist »Beute«, der Mensch ist Müll, inflationsgeschädigtes Humankapital. In einer solchen Situation verändert sich auch das Verhältnis zum Zuschauer, der seine auf Authentizität gepolten Persönlichkeitsvorstellungen überdenken und seine falsche Sicherheit darüber verlieren kann, ob er der Arbeitskünstler seiner selbst ist oder wer er überhaupt ist.

II Der Held zwischen Theater und Management

Unternehmenskommunikation und Events

Es ist eine fortschreitende Theatralisierung und Ästhetisierung von Wirtschaft und ihren Kommunikationsprozessen und der Darstellung von Managern zu beobachten, die deutlich macht, wie stark Wertschöpfung und die Begriffe Reputation und Vertrauen mit immateriellen Faktoren zusammenhängen. Um diese Entwicklung einordnen zu können muss man verstehen, dass psychologische Faktoren und immaterielle Werte zunehmenden Einfluss gewinnen und die Unternehmen auch selbst den Anspruch erheben, sich möglichst gut darzustellen. Mit Blick auf das Finanzgeschehen kann man feststellen, dass die Bewertung von Unternehmen an der Börse offensichtlich zum Teil von der tatsächlichen Performance deutlich entkoppelt ist. Es sind logisch nicht erklärbare Kursgewinne und Kursverluste zu beobachten, wie sie stets mit verwunderter Besorgnis von involvierten Akteuren und Beobachtern als »Anomalien im Anlegerverhalten« oder »Spekulationsblasen« bezeichnet werden. Die verhaltensorientierte Kapitalmarktforschung Behavioral Finance berücksichtigt die Tatsache, dass sich Anleger, einschließlich professionell agierenden Analysten, nicht streng rational verhalten, sondern sich von individuellen Motiven und Bewertungen leiten lassen.[86] Vor diesem Hintergrund wird die Investorenkommunikation, die für eine aktuelle, stetige, zutreffende und einstimmige Verständigung zwischen Unternehmen und den Aktionären, potenziellen Investoren, den Analysten und der Wirtschaftspresse zuständig ist,[87] auch als »Inszenierungsstrategie« begriffen:

»Kommunikation spielt eine wichtige Rolle, wenn es darum geht, das Ansehens- und Imagekapital von Unternehmen zu erhöhen. [...] Kommunikation hilft, die

86 Vgl. von Nitzsch, »Behavioral Finance«, S. 144

87 Vgl. Kirchhoff, »Grundlagen der Investor Relations«, S. 36

zentrale Unternehmensidee zu profilieren und zu vermitteln und schafft Vertrauen. Mit Blick auf diese Funktionen sind Investor Relations kommunikative Prozesse aktiver Selbstdarstellung mit dem Ziel, den Unternehmens- und Aktienwert zu steigern.«[88]

Die Investorenkommunikation wird mit einem Begriff aus dem Theaterbereich bezeichnet, der einen Darstellungsanspruch deutlich macht und zwischen bloßem Informieren und anschaulichem Kommunizieren unterscheidet. Das ist nötig, denn neben der Veröffentlichung von Zahlen muss sie schwer quantifizierbare Bestimmungsfaktoren darstellen. Beispielsweise wird die zukünftige Leistungsfähigkeit vom so genannten »Humankapital« an qualifizierten und motivierten Mitarbeitern und vom »Organisationskapital« der Unternehmensführung beeinflusst. Das ist aus einer Bilanz nicht herauszulesen.[89] Hier werden auch andere immaterielle Vermögensgegenstände weitgehend nicht erfasst. Der Wert einer Marke beispielsweise soll fast 70 Prozent des Gesamtwerts eines Unternehmens ausmachen,[90] bei Markenartikel- und Dienstleistungsunternehmen weicht die Marktkapitalisierung anders als bei Industrieunternehmen mit hohem Bilanzvermögen an Produktionsanlagen besonders stark vom Buchwert ab.

Zentral sind bei der Unternehmenskommunikation im weiteren Sinne die Begriffe Vertrauen und Reputation. Im Großen wird PR als Reputationsmanagement verstanden.[91] Reputation fungiert als soziales Kapital und ermöglicht den Erhalt weiteren Vertrauens, indem sie Organisationen und ihre jeweilige Leistungsfähigkeit von anderen absetzt.[92] Hier zeigt sich die Wichtigkeit des emotionalen und symbolischen Inszenierungskonzepts, wenn es darum geht, den je besonderen und schwer fassbaren Wert eines Unternehmens auf vielerlei Weise durch Planung und Umsetzung geeigneter Maßnahmen in Prozessen gesellschaftlicher Anerkennung darzustellen und Reputation aufzubauen.

Der Begriff der Unternehmensinszenierung im engeren und wörtlichen Sinne trifft besonders auf die hier untersuchten Hauptversammlungen,

---

88 Piwinger, »Investor Relations als Inszenierungs- und Kommunikationsstrategie«, S. 3

89 Vgl. Maul, »Bewertung immaterieller Vermögenswerte«, S. 164

90 Vgl. PricewaterhouseCoopers/Sattler/GfK/Markenverband, *Markenbewertung*, S. 8

91 Vgl. Eisenegger/Imhof, »Reputationsrisiken«, S. 245

92 Ebd. Gemäß den Autoren ergibt sich der Zusammenhang zwischen Reputation und Image – das oftmals synonym gebraucht wird – dadurch, dass verschiedene Images eines Akteurs gegeneinander abgewogen und zu einer (Gesamt-)Reputation saldiert werden. Anders als der zunächst neutrale Imagebegriff beinhaltet und entfaltet Reputation auch stets eine evaluierende Rangordnung zwischen den Akteuren.

Bilanzpresse- und Analystenkonferenzen zu, bei denen spezielle Inszenierungstechniken verwendet werden, wie man sie aus dem Theater kennt. Die Veranstaltungen fallen unter die Bereiche Public Relations und Investor Relations. Eine Einordnung kategorisiert beispielsweise Pressekonferenzen und Hauptversammlungen unter die PR, die mit der breiten Öffentlichkeit und mit Journalisten kommuniziert, und Analystenkonferenzen unter die IR, welche ihre Bemühungen primär auf den Kapitalmarkt richtet.[93] Nun richten sich die hier in Rede stehenden Bilanzpressekonferenzen zwar an die Öffentlichkeit und die Presse, aber zuerst einmal an die Wirtschaftspresse und werden de facto auch nicht ohne die IR organisiert, welche die Geschäftszahlen herausgibt und auch die Vortragsfolien entwirft. Das gleiche gilt für die Hauptversammlung, die formal besehen als rechtlich vorgeschriebene Finanzveranstaltung zur IR gehört. Es hängt vom jeweiligen Unternehmen und seiner Organisation ab, in welchem Ausmaß die PR- und IR-Abteilungen kooperieren und gar noch externe Agenturen und PR-Berater hinzuziehen.

Der Aufwand für die Veranstaltungen ist groß, Hauptversammlungen, Bilanzpresse- und Analystenkonferenzen machen mit Roadshows schon mehr als die Hälfte des Budgets einer Investor-Relations-Abteilung aus.[94] Der Etat für eine Hauptversammlung kann einen zweistelligen Millionen-Betrag erreichen[95] und dahinter steht ein ganzer Markt von Agenturen, zuständig für Bühnenbild, Aufbau und Stimmerfassung.

Die Treffen ergänzen die unpersönlichen Kommunikationsinstrumente wie Geschäftsberichte, Pressemitteilungen und Internetauftritte in der weitgehend rechtlich regulierten Finanzmarktkommunikation. In Hinblick auf die eingangs ausführlich geschilderten Besonderheiten der Inszenierung und theatralen Kommunikation, die authentisch, vielschichtig, und besonders wirkt, ist davon auszugehen, dass solche Veranstaltungen der Finan-

---

93 Vgl. Nix, »Investor Relations«, S. 304

94 Vgl. Handelsblatt, *Investor Relations Monitor 2002*, S. 22. Der Geschäftsbericht kommt auf rund 16 Prozent, Internetinformationen auf 8 Prozent.

95 Das Budget variiert stark, abhängig davon, ob und welche externen Agenturen beauftragt werden. DaimlerChrysler gibt 2003 auf Nachfrage 10 Millionen Euro an, 50 Prozent entfallen auf den Versand der Unterlagen an zwei Millionen Aktionäre und Bearbeitung des Rücklaufs, den Versand von 30.000 Eintrittskarten, Druckkosten des Kurzberichts. Rest: Eventkosten, Miete, Gestaltung, Technik, Präsenz- und Abstimmungstechnologie. Die Deutsche Bank-Hauptversammlung 2005 kostete 4,6 Millionen Euro, einschließlich 150.000 Euro für Sicherheitsmaßnahmen (Auskunft des Vorstandsvorsitzenden während der Generaldebatte).

cial Community einen subjektiven Eindruck von der Qualität des Managements bieten können. Tatsächlich rangieren solche Treffen deshalb nicht nur bei Aktionären, sondern bei professionellen Teilnehmern der Financial Community hoch in der Wichtigkeit.[96] Befragungen geben an, 14 Prozent der Banker, Analysten und Journalisten bildeten sich über persönliche Kontakte ihre Meinung über den CEO,[97] und die Analystenkonferenz und die Faszination eines persönlichen Treffens vor Ort stehe bei dieser professionell agierenden Gruppe viel höher im Kurs als der Geschäftsbericht.[98]

Von Firmenseite werden solche Veranstaltungen als »missionary work« begriffen, die die Chance bieten, eine persönliche Beziehung aufzubauen.[99] Sie sollen gemäß dem Homogenitätsgrundsatz in punkto Design und Statements zu den Geschäftsberichten und Internetseiten passen:

> »Abweichungen vom gewohnten und bekannten Unternehmensauftritt werden von den Teilnehmern der Hauptversammlung als nicht authentisch empfunden und als unglaubwürdig ausgelegt. Absolut spartanisch gehaltene Hauptversammlungen, sogenannte Low-Budget-Hauptversammlungen, vermitteln das wohl zutreffende Gefühl, dass die Aktionäre nicht willkommen sind. Ebenso verleiten absolut übertriebene Show-Veranstaltungen ohne Inhalt oder greifbare Aussagen zur Annahme, dass das Unternehmen etwas zu verbergen sucht.«[100]

Im Allgemeinen wird der Begriff »Event« benutzt. Vom hier verfolgten Kunstbegriff ausgehend muss man allerdings anmerken, dass der Anspruch nach Ungewöhnlichem und Einmaligem, einer *event*-uellen Störung der Ordnung, strukturell missbraucht wird, wenn es darum geht, einen »positiven Erlebniswert«[101] zu schaffen.

96 Vgl. Bamber/Cheon, »Discretionary management earnings forecast disclosures«, S. 167–190

97 Vgl. Burson-Marsteller, *CEO Profilbildung*, S. 7

98 Vgl. Equinet, *Effiziente Investor Relations*, S. 3

99 Vgl. Gibbins et. al., »Management of corporate financial disclosure«, S. 121–143; Rogers, »CEO Presentations«, S. 427

100 Orlik/Graf, »Hauptversammlung«, S. 582

101 Ebd., S. 592

Personalisierung

Bei den Veranstaltungen können nun die Vertreter des Unternehmens und besonders der Vorstandsvorsitzende einmal persönlich erlebt werden. Seine Wirkung soll in vielerlei Hinsicht wichtig sein. Dazu schreibt eine Studie:

»Der Ruf eines Vorstandsvorsitzenden hat aber auch ganz konkrete Auswirkungen: So hängt es bei fallenden Aktienkursen zu 59 Prozent oder bei anhaltend kritischer Medienberichterstattung zu 53 Prozent von der Reputation des CEO ab, ob die Befragten ihr Vertrauen in das Unternehmen behalten. Sogar wenn es darum geht, ein Dax-Unternehmen als Arbeitgeber zu wählen, beeinflusst der Eindruck des CEO zu knapp 40 Prozent die Entscheidung der Befragten. Die Bereitschaft der Gewerkschaften, Veränderungen im Unternehmen mit zu tragen, hängt zu über 60 Prozent von der Person des CEO ab.«[102]

Auch eine Allensbach-Studie sagt, dass 28 Prozent der Befragten die Bedeutung der öffentlichen Wahrnehmung des CEO für den Unternehmenserfolg für »sehr groß« halten und 46 Prozent für »groß« – vor allem die Leiter der Unternehmenskommunikation aber auch die teilnehmenden Analysten.[103]

Wenn die Reputation des Chefs das Ansehen eines Unternehmens beeinflusst, müsste sie auch Einfluss auf Investitionsentscheidungen haben. Auch das geben Studien an: Gerade Kleinanleger wollten wissen, was für ein Mensch der Chef ist, und würden sich durch seine Bekanntheit verleiten lassen, Aktien eines Unternehmens zu halten.[104]

Diese Untersuchungen stammen zum großen Teil von involvierten Beratungsunternehmen und werden häufig nicht mit weit reichendem wissenschaftlichem Anspruch verfasst. Die Kernaussagen sind in diesem Falle aber durchaus nachvollziehbar, gerade wenn man sich den umgekehrten Fall vor Augen führt, denn der Ruf des CEO wird nicht nur zum Kapital-Magneten, sondern zum Kapital-Schreck. An der Börse wurde vom »Schrempp-Discount« gesprochen, ein Kursabschlag allein wegen des Vorstandsvorsitzenden: Als der Auto-Manager seinen Rücktritt ankündigte, stieg und stieg der Kurs und DaimlerChrysler war plötzlich rund 3,7 Milliarden Euro mehr wert.[105] Das bedeutet, Schrempps Präsenz war minus 3,7

---

102 Burson-Marsteller, *CEO Profilbildung*, S. 5

103 Vgl. Institut für Demoskopie Allensbach, *Kommunikationsverhalten deutscher CEOs*, S. 40

104 Vgl. güttler+klewes, *CEO-Studie*, S. 9

105 Vgl. o.V., »Investoren vertrauen dem Chrysler-Retter Zetsche«, S. 13

Milliarden Euro wert. Solche Kursbewegungen gehen nicht nur von Kleinanlegern, sondern von professionell handelnden Managern großer Fonds aus. Sie sind häufig zu beobachten, sobald das Ausscheiden oder der Einstieg eines CEO angekündigt werden.[106] Das weist stark darauf hin, welche Hoffnungen an die jeweiligen Köpfe der Unternehmen geknüpft werden.

Die CEO-Kommunikation ist in den letzten zehn Jahren nach Überzeugung fast aller Experten »wichtiger« geworden, Gründe sind das gestiegene öffentliche Interesse, die Börsengesetzgebung mit verstärkten Informationspflichten und die zunehmende Personalisierung.[107] Personalisierung ist nicht nur freiwillig, sondern wird von außen gefordert. Für Führungspersonen und ganze Unternehmen herrscht ein zunehmender Zwang zur öffentlichen Präsentation: Das Transparenz- und Publizitätsgesetz (TransPuG) fordert – nach dem Gesetz zur Kontrolle und Transparenz im Unternehmensbereich (KonTraG) – eine internationalen Standards entsprechende Unternehmensführung. Der Corporate Governance-Kodex[108] formuliert auf Basis gesetzlicher Vorschriften und anerkannter Standards

106 Vgl. Khurana, »The Curse of the Superstar CEO«, S. 64. Beispielsweise feuerte Kodak den stark kritisieren CEO Kay Whitmore im August 1993 und kündigte zwei Monate später den Nachfolger George Fisher, damals erfolgreicher Motorola-Chef, als Retter an. An diesem Tag stieg die Aktie von 4,87 auf 63,62 US-Dollar. Fast unnötig, darauf hinzuweisen, dass der Kurs bald fiel. Heute ist Kodak pleite.

107 Vgl. Institut für Demoskopie Allensbach, *Kommunikationsverhalten deutscher CEOs*, S. 19f

108 Börsennotierte Gesellschaften sind nach § 161 AktG verpflichtet, zu erklären, inwieweit den Empfehlungen der Regierungskommission Deutscher Corporate Governance Kodex entsprochen wurde. Der Corporate Governance-Kodex formuliert die wesentlichen gesetzlichen Vorschriften zur Leitung und Überwachung von Unternehmen. Es sind ca. 65 Empfehlungen und ca. 15 Anregungen rechtlich kodifiziert. Unter die mit »sollte« gekennzeichneten Regelungen fallen bspw. die Veröffentlichung des Konzernabschlusses binnen 90 Tagen, ein angemessener Selbstbehalt bei Haftpflichtversicherungen von Managern und die individuelle Veröffentlichung der Vorstands- und Aufsichtsratsgehälter inklusive Aktienoptionen, auch eine Auflistung alle Mandate. Zur »Kür« gehören die Übertragung der gesamten Hauptversammlung im Internet und dass sich die Aufsichtsratsvergütung auf den langfristigen Unternehmenserfolg beziehen sollte. Bei Verstößen droht allerdings keinerlei Strafe. Standhaft wehrten sich mehrere Konzerne wie Adidas, BASF und DaimlerChrysler gegen die Vergütungsoffenlegung. Deshalb hat die Bundesregierung mit dem Vorstandsvergütungsoffenlegungsgesetz (VorstOG) alle börsennotierten Gesellschaften dazu verpflichtet, ab dem Geschäftsjahr 2006 die Vorstandsbezüge detailliert offen zu legen. Das Gesetz beinhaltet aber eine Opting-Out-Regel, wonach sich das Management mit Zustimmung von 75 Prozent des stimmberechtigten Kapitals auf der Hauptversammlung von der Offenlegungspflicht entbinden lassen kann. Diese Mehrheit muss aber keine große Hürde sein, das zeigen die üblichen Abstimmungsergebnisse von rund 99 Prozent.

eine Rollen- und Verhaltensbeschreibung von Vorstand und Aufsichtsrat, die eine verantwortungsvolle Leitung und Überwachung von Unternehmen gewährleisten sollen. So genanntes »ethisches« Handeln wird mittlerweile als wichtiger Antriebsfaktor der CEO-Reputation betrachtet.[109] Die in der Allensbach-Studie befragten Zielgruppen bestätigen das, sie führen auf die Frage, was einen guten Kommunikator an der Unternehmensspitze auszeichne, Präsentationsgeschick und rhetorische Fähigkeiten an, gleichrangig mit »ethischen Anforderungen« wie Glaubwürdigkeit und Seriosität.[110] Die Wohlverhaltensregeln einzuhalten ist gut für das Geschäft: Der Aktienkurs soll steigen, weil das Interesse institutioneller Investoren steigen soll. Man geht davon aus, dass sie bereit sind, auf gute Unternehmensführung eine Prämie auf die Aktie zwischen 12 und 14 Prozent zu zahlen.[111] Eines ihrer Hauptanliegen ist, auf die Effizienz bestehender Corporate Governance-Systeme zu achten, weil ein vertrauenswürdiges Verhalten die Kapitalkosten senkt.[112]

Personalisierung ist aber eine zweischneidige Angelegenheit. Ein schlechter Ruf des Chefs kann, wie beim Kursabschlag gesehen, dem Unternehmen schaden. Negatives Potenzial ist durchaus vorhanden: Nach einer breit angelegten Studie des Deutschen Aktieninstituts misstraut die Gesamtheit der Investoren dem Management am meisten, mehr als den Banken.[113] Die Manager werden auch laut Media Tenor tendenziell kritischer bewertet als ihr Unternehmen.[114] CEOs wie Ackermann, dessen Bank nicht einfach ein Kreditinstitut ist, sondern den globalen Kapitalismus symbolisiert, wird nach Entlassungen zum Feindbild. Der Banker hat mehr als dreimal so viele kritische Berichte erhalten wie seine Kollegen.[115] Es ist häufig zu beobachten, dass Manager für Fehler und Wertverluste persönlich verantwortlich gemacht werden.[116] Auch arrogant wirkende

109 Vgl. Burson-Marsteller, *CEO Profilbildung*, S. 9

110 Vgl. Institut für Demoskopie Allensbach, *Kommunikationsverhalten deutscher CEOs*, S. 26

111 Vgl. McKinsey, *Investor Opinion Survey*, S. 2

112 Vgl. Bassen, *Institutionelle Investoren und Corporate Governance*, S. 52ff

113 Vgl. Ernst u.a. *Verhalten und Präferenzen deutscher Aktionäre*, S. 37

114 Vgl. o.V., »Manager als Sündenbocke«, S. 8

115 Vgl. Landau Media u.a., *Presseresonanz der Wirtschaftsführer*, S. 15

116 Das sieht man bei vielen Anlässen. Ein Beispiel: Die Konrad Adenauer-Stiftung kündigte an, Ex-Nestlé-Chef Helmut Maucher einen Preis zu verleihen und sofort brandeten Proteste auf: Unter anderem wird ihm von der Aktionsgruppe Babynahrung neben aggressiven Markttaktiken eine Mitverantwortung für Fehlernährung und Tod von Hunderttausenden von Kindern weltweit vorgeworfen. Vgl. Biehl, »Ehrung des Ex-Nestlé-Chefs scharf kritisiert«, S. 14

Auftritte färben nach dem Pars pro Toto-Prinzip »Wie der Chef, so die Firma« des Öfteren ab.[117] In solchen Fällen sind wieder die Aktionäre, wie für planerische und für andere Managementfehler auch, die Leidtragenden und besonders die Angestellten. Wenn alle Aufmerksamkeit auf dem CEO liegt, laufen diese zudem Gefahr, mit ihren Forderungen wenig Aufmerksamkeit zu erhalten, obwohl sie mit ihrer Leistung die Erträge des Unternehmens und den Wert für die Aktionäre erwirtschaften.

Misstrauen ist spätestens dann angebracht, wenn Personalisierung zum Personenkult wird. Ein Kult, der um so manchen Unternehmenslenker wabert und mittlerweile kritisch beäugt wird, selbst er gut ist.

Ich will gleich vorweg schicken, dass hierzulande kein Manager als wahr gewordener (amerikanischer) Aufsteiger-Traum so gefeiert wird wie ein Warren Buffett (Berkshire Hathaway), Jack Welch (General Electric), Lee Iacocca (Chrysler), Bill Gates (Microsoft), Steve Jobs (Apple) und Richard Branson (Virgin). Kommunikationsberatungen wittern, dass in Deutschland noch einiges getan werden könnte und in einer Studie wird das öffentliche Urteil über die Vorstandsvorsitzenden der im Dax notierten Unternehmen als »ernüchternd« bezeichnet: Nicht einmal jeder zweite Vorstandsvorsitzende hinterließe in der Öffentlichkeit ein klares Bild, nur jeder vierte unterscheide sich deutlich von seinen Kollegen.[118]

Aber Bekanntheit ist nicht gleich Erfolg. Zu den so genannten »Celebrity CEOs« in den USA gehören auch viele Verlierer wie Donald Trump, der Konkurs anmelden musste, und Kamera-Dauergast Carly Fiorina (Hewlett Packard), die gefeuert wurde.

Ein bescheidener Vorstandsvorsitzender, der mehr Zeit mit Kunden, Mitarbeitern und Zahlen verbringt als im Rampenlicht, soll besser für das Unternehmen sein. Das gibt der Wirtschaftswissenschaftler Rakesh Khurana zu bedenken. Ein allseits bewundertes Charisma ginge mit Ehrfurcht und Unterwerfung einher und der weit verbreitete quasi-religiöse Glaube an die Fähigkeiten von Managern mit Ausstrahlung sei aus mehreren

---

Hunderttausenden von Kindern weltweit vorgeworfen. Vgl. Biehl, »Ehrung des Ex-Nestlé-Chefs scharf kritisiert«, S. 14

117 Vgl. Strauss, »... sei behutsam im Reden«, S. 3. Beispielsweise musste sich nach einer lustlosen, arroganten Vorstellung auf der Pressekonferenz von SAP auf der Anwendermesse »SAPphire 2000« in den USA der Chef Hasso Plattner von einem Journalisten anhören: »Es liegt am Stil von SAP und von Ihnen, dass Sie eine so schlechte Presse haben. Und wenn Sie an diesem Stil nichts ändern, werden Sie auch künftig eine schlechte Presse bekommen.«

118 Vgl. Burson-Marsteller, *CEO Profilbildung*, S. 2

Gründen problematisch: Der tatsächliche Einfluss auf das Unternehmen werde überschätzt; aufgrund der Vorstellung, dass ein CEO Charisma haben müsste, würden bei der Personalauswahl unauffällige aber fachlich qualifizierte Kandidaten übergangen; und schließlich könnten charismatische Unternehmensführer ein Umfeld entstehen lassen, in dem Respekt und Achtung zur wichtigsten Währung würden – eine instabile Führungsmethode.[119]

Etymologisch ist der Begriff »Charisma« entlehnt von »Geschenk« und »Gnadengabe«, die moderne Verwendung richtet sich nach dem Religionssoziologen Weber, der unter Charisma die Begnadung bestimmter Persönlichkeiten mit besonderen, außeralltäglichen Fähigkeiten in den Augen einer verehrenden Gemeinde und Anhängerschaft versteht.[120] Es ist somit naiv zu glauben, Charisma sei einer Person inhärent und Ausdruck von besonderer Begnadung, Fähigkeiten oder Kompetenz. Das wird besonders aus der Perspektive der Theaterwissenschaft deutlich: Die Ausstrahlungskraft, die zur Reputation einer Person beiträgt, ist ein soziales Produkt als Resultat von Selbstinszenierungstechniken, die in dieser Untersuchung detailliert beschrieben werden. In der Politik, in der Kirche und in der Geschäftswelt unterstützen Symbole wie Kreuze, Krone und Zepter, Maßanzug, Laptop und Learjet die Wirkung der Häupter, bei Auftritten helfen grelle Beleuchtung, dynamisches Bühnenbild und prominentes Rednerpult. Charismatisch wirkt der Einsatz von Blickkontakt und gekonntem Humor, kleinen Witzeleien, erpresstem Applaus und souveränen höflichen Reaktionen bei den Antworten.

Weiteren Zweifel an »Lichtgestalten« aus der Führungsetage melden mehrere Studien an. Anders als Kommunikationsagenturen haben Forscher einen wenig schmeichelhaften Zusammenhang zwischen dem Ruf des Chefs und der Unternehmensperformance festgestellt.

Gemäß einer Untersuchung aus der Finanzwirtschaft haben Firmen von CEOs, die durch prestigeträchtige Ehrungen wie »Manager des Jahres« von der Wirtschaftspresse eine Art Superstar-Status erreicht hatten, beständig underperformt und blieben sowohl mit dem Kurs als auch mit der Rentabilität des eingesetzten Kapitals hinter der Branche zurück.[121] Zunächst einmal ist es verständlich, dass große Erfolge nicht so einfach zu wiederholen sind. Allerdings beweisen die Wissenschaftler, dass der Leis-

119 Vgl. Khurana, »The Curse of the Superstar CEO«, S. 60

120 Vgl. Kluge, *Etymologisches Lexikon*, S. 168

121 Vgl. Malmendier/Tate, »Superstar CEOs«, S. 1

tungsabfall mit einer Verhaltensveränderung einhergeht. Superstar-CEOs kosten Firmen signifikant mehr Geld als weniger prominente Kollegen, darüber hinaus konzentrieren sie sich nicht voll auf ihre Arbeit, sondern verbringen überdurchschnittlich viel Zeit mit außerunternehmerischen Aktivitäten wie dem Schreiben von Büchern oder Memoiren, die früher nicht gefragt gewesen wären, oder vereinen eine Vielzahl an Aufsichtsratsmandaten auf sich.[122] Dann erfüllen solche CEOs noch überdurchschnittlich oft die Analystenerwartungen zwanghaft genau, weil sie ihr Ansehen halten wollen, und dafür ist meist ein »earnings management« nötig, ein »Frisieren« von Zahlen.[123] In einer anderen Studie beweisen die Wissenschaftler, dass übertrieben selbstbewusste CEOs dazu tendieren, unrentable Investitionsentscheidungen zu treffen.[124]

Medienökonomen und Wirtschaftswissenschaftler haben herausgefunden, dass 20 Prozent der US-Manager 80 Prozent der Medien-Coverage auf sich ziehen. Die Leistung der bekannten CEOs übertrifft die der anderen hinsichtlich der erzielten Rendite jedoch nicht. Vielmehr wurden besonders CEOs, die »softe« Presseberichte mit Schlagworten wie »personality«, »married«, »divorced«, »smile«, »style« und »wife« bekamen, mit höherer Wahrscheinlichkeit als ihre unauffälligen Kollegen später des Regelbruchs und der Untreue bezichtigt.[125]

Medienberichte, welche die Unternehmenslenker und ihre Eigenschaften in den Mittelpunkt stellen, haben stetig zugenommen. Gemäß einer Studie hat sich die Anzahl der Presseberichte über CEOs in den USA seit 1990 verfünffacht.[126] Die am häufigsten thematisierten Schlüsseldimensionen der Führungspersonen sind dabei: die Kompetenz mit den Ausprägungen Erfahrung und Intelligenz, die persönliche Dimension wie Physis, Alter, Sozialisation, Hobbys und vorherige Beschäftigung, und das Charisma mit Facetten wie vertrauensvoll, humorvoll und geschickt im menschlichen Umgang.

Auch in Deutschland hat sich der Anteil jener Passagen in der Berichterstattung über die Dax-Unternehmen, in denen »gemenschelt« wird und hauptsächlich Manager oder ihre Eigenschaften dargestellt werden, nach Angaben des Media Tenors von August 2001 bis August 2002 auf 10 Pro-

---

122 Ebd., S. 23ff

123 Ebd., S. 29f

124 Vgl. Malmendier/Tate, »CEO Overconfidence Measures Revisited«, S. 649–659

125 Vgl. Zeckhauser/Hamilton, »Media Coverage of CEOs«

126 Vgl. Park/Berger, »Presentations of CEOs in the Press«, S. 109

zent verdoppelt.[127] Nicht alle CEOs dringen durch, über Ackermann beispielsweise wurde im Jahr 2003 mehr als fünfzehn Mal so viel berichtet wie über Altana-Boss Schweickart.[128] Im Jahr 2003 erhielten die Manager überwiegend neutrale Berichte, nur bei sechs überwog neben dem neutralen Teil der negative den positiven.[129] Im ersten Halbjahr 2005 stellt der Media Tenor aber eine deutlich negative Schlagseite fest, als Gründe werden die »Krise der Regierung Schröder«, die »Heuschreckendebatte« um Hedge-Fonds und die Kapitalismuskritik vermutet.[130] Der Trend hielt über das Gesamtjahr 2005 an. Nur Zetsche konnte punkten, Ackermann hingegen erhielt 40 Prozent negativ getönte Berichte.[131]

Anfang 2005 griffen besonders die Wochenmedien zur Darstellung der Nummer eins, danach folgen die Tageszeitungen und dann die TV-Nachrichten.[132] Personalisierung ist nicht per se gleichzusetzen mit nicht sachbezogener Berichterstattung. In der als seriös vermarkteten FAZ und im Spiegel werden deutlich mehr Passagen von und über Führungskräfte gedruckt als in der Bild-Zeitung.[133] Allerdings geht es auch in den Wirtschaftsmedien nicht ausschließlich ernst zu: Während beispielsweise Ackermanns Gesicht für geschasste Mitarbeiter oder Gewerkschaftsmitglieder den »hässlichen Kapitalisten« zeigen mag, wählten viele den Schweizer in einer von der Wirtschaftswoche in Auftrag gegebenen Emnid-Umfrage zu »Deutschlands schönstem Manager«: Der ehemalige Speerwerfer und Hobby-Tenor hätte durch Dynamik, Ausstrahlung und Charme beeindruckt.[134] Das ist unterhaltsam aber der Nutzwert ist gering, wenn der Leser etwas über die Qualität des Managements erfahren will.

In solchen Fällen von Personalisierung, die zu CEO-Soaps ausarten, kann jeder mitreden und das kann einen Vorteil für die Medien darstellen: Der Trend zur Person verschönt die Form des Materials und kann wie bei jeder Marke den Verkauf fördern. Was mit Persönlichkeit und Emotion aufgeladen ist erscheint leichter exklusiv, ohne dass der Inhalt tatsächlich erfolgreich recherchiert sein muss. Die Manager selbst meinen angeblich, dass Journalisten »nicht nur systemimmanent zur Oberflächlichkeit neigen,

---

127 Vgl. Schatz, »Spitzenmanager«, S. 39ff

128 Ebd.

129 Ebd.

130 Vgl. o.V., »Manager als Sündenbocke«, S. 8

131 Vgl. o. V. »Bewertung der 30 meistgenannten Manager im Jahr 2005«, S. 57

132 Vgl. Media Tenor, *Forschungsbericht Nr. 150*, S. 44

133 Ebd.

134 Vgl. o.V., »Attraktive Manager«, S. 111

sondern aufgrund ihrer Ausbildung und ihres begrenzten Fachwissens kaum in der Lage [sind], die Komplexität des Unternehmensalltags zu erfassen.«[135] Zudem wünschten sie sich gemäß dieser Quelle aus Neid nichts sehnlicher, als eine öffentliche Person zur Strecke zu bringen.

Die Vorstandsvorsitzenden bieten selbst aber auch so manchen Anlass zu wenig komplexen Ausführungen. Ob die Informationen über den Speer werfenden Hobby-Tenor aus der Pressestelle der Bank stammt, ist nicht bekannt, aber Post-Chef Zumwinkel lässt sich bei einer Abendveranstaltung[136] vorstellen als »passionierter Bergsteiger«, verbunden mit dem Eigenschaftswort »hartnäckig«. Auch Politiker bieten oft einen Blick in das vermeintlich geheime Privatleben des Tierschützers, des nachdenklichen Lesers oder des sorgenden Familienmitglieds als eine Art Vorrolle, die hilft, sich noch besser auf der politischen Bühne zu behaupten. Je stärker aber Privates strategisch visualisiert wird, desto häufiger wird die Offenlegung des Intimlebens zur Gegenstrategie: »Weil nämlich das Publikum nun einmal weiß, daß das, was es zu sehen bekommt, eine Inszenierung ist und daß das eigentliche politische Geschehen seinen Blicken entzogen bleibt, muß ihm ein gelegentlicher Blick auf gewisse Hinterbühnen gewährt werden, wo es seine Schaulust befriedigen kann.«[137] Man kann davon ausgehen, dass hiermit die Personalisierungsschraube noch weiter gedreht wird.

Die CEOs sind verglichen mit einem Politiker zurückhaltend. Auch die amerikanische Studie von Berger und Park gibt zu bedenken, dass die Manager zuerst über strategische Ziele sprechen, dann über die Performance des Unternehmens und an dritter Stelle über Persönliches, welches wiederum bei der Presse an zweiter Stelle steht.[138] Auch bei Auftritten versuchen sie häufig, zu entpersonalisieren, was im Laufe der Untersuchung beschrieben wird.

Ein weiterer Grund für das zunehmende Medien-Interesse an den CEOs ist, dass sie stärker nach sozialen Kriterien beurteilt werden. Unternehmen finden sich nicht mehr nur auf den Wirtschaftsseiten wieder, sondern auch im Politikressort. Ausschlaggebend für ihre Bewertung ist dort nicht ausschließlich der geschäftliche Erfolg, denn Journalisten fragen beispielsweise nach der »sozialen Kompetenz«. Gemäß einer Studie ist

135 Schatz, »Spitzenmanager«, S. 37
136 Beim Deutschen PR-Preis am 9.10.2004 im Kurhaus Wiesbaden, Mitschrift
137 Münkler, »Theatralisierung der Politik«, S. 158
138 Vgl. Park/Berger, »Presentations of CEOs in the Press«, S. 107

diese mit 55 Prozent das wichtigste Kriterium für die politische Öffentlichkeit, in der Finanzwelt interessiert sie nur 13 Prozent der Befragten.[139]

Beispielsweise attestieren 95 Prozent der befragten Politikjournalisten allen Chefs der Deutschen Bank einen unsensiblen Umgang mit der Öffentlichkeit. Sie nennen ausdrücklich Hilmar Koppers »Peanuts«-Vergleich – so hatte der Manager unbezahlte Handwerksrechnungen im Zusammenhang mit der Pleite des Baulöwen Jürgen Schneider bezeichnet – und Rolf-E. Breuers unbedachte Aussagen über die Kreditwürdigkeit der Kirch-Gruppe, welche diese in die Pleite getrieben hatten, sowie Ackermanns Stil der Mitteilung von Personalmaßnahmen einschließlich Victory-Zeichen vor einem Düsseldorfer Gericht; von den Wirtschaftsjournalisten denken immerhin 79 Prozent so.[140] Auch das Kommunikationsverhalten von Ron Sommer (ehemals Telekom) und Hartmut Mehdorn (Deutsche Bahn) wird von vergleichsweise vielen kritisiert. 43 Prozent der Journalisten fordern, dass die Kommunikationsagenda deutscher CEOs aufgrund der »Kapitalismusdebatte« neu definiert werden muss, während 80 Prozent der Leiter der Unternehmenskommunikation das nicht für nötig halten. Zwischenfazit der Studie: »Möglicherweise ist ihnen – anders als vielen Journalisten – die gesellschaftspolitische Bedeutung der CEO-Kommunikation noch nicht hinreichend bewusst. Sie unterschätzen den gesellschaftspolitischen Rahmen in dem CEO-Kommunikation heute stattfindet.«[141] Hier deutet sich an, dass die Manager generell mit ihren Aussagen und im engeren Sinne bei ihren Auftritten verschiedene Publikumsgruppen ansprechen müssen, ohne eine andere zu brüskieren. Das macht Personalisierung und Profilbildung noch einmal schwerer.

Publikumsgruppen

Aktionäre

Für private Investoren sind Hauptversammlungen die einzige Möglichkeit, Vorstände persönlich zu treffen und zu befragen. Dax-Unternehmen sehen die Hauptmotivation des Besuchs für Aktionäre im »persönlichen Kontakt

139 Vgl. Institut für Demoskopie Allensbach, *Kommunikationsverhalten deutscher CEOs*, S. 30
140 Ebd., S. 23
141 Ebd., S. 24

zum Management«, sie sind die Hauptzielgruppe neben den Wirtschaftsmedien und institutionellen Anlegern.[142]

Investor Relations-Abteilungen deutscher Unternehmen sind in der Regel gut über die Interessen und Einstellungen der institutionellen Großinvestoren informiert, besitzen aber, wie eine Studie des Deutschen Aktieninstituts zu bedenken gibt, kaum fundierte Informationen über den Privatanleger und seine Informationsbedürfnisse.[143] Statt qualifizierter IR-Arbeit machten manche simple Werbung für den Kleinanleger, obwohl er aussagefähige Prognosen über das lang- bis mittelfristige Kurspotenzial wünscht, kritisiert der Geschäftsführer der Deutschen Schutzgemeinschaft für Wertpapierbesitz, Ulrich Hocker.[144] In Geschäftsberichten seien Aussagen zu finden, deren Informationsgehalt gegen Null ginge, beispielsweise könne der Investor nachlesen, dass die Unternehmensleitung erwarte, auch im laufenden Jahr wieder eine Dividende ausschütten zu können – bei einer Analystenkonferenz würde so etwas »lautes Gelächter« provozieren. Der Autor fühlt sich hier an das alte Fürstenbergische Bonmot erinnert: Der Aktionär sei dumm und frech, dumm, weil er anderen Leuten ohne ausreichende Kontrolle sein Geld anvertraue, und frech, weil er dafür eine Dividende fordere, also für seine Dummheit auch noch belohnt werden wolle.

Kleinanleger haben ernste Absichten, drei von vier investieren in Aktien um langfristig Vermögen aufzubauen, mehr als zwei Drittel halten ihre Titel länger als fünf Jahre, nur 7 Prozent wollen kurzfristig Gewinne erzielen.[145] Sie sind allerdings tatsächlich meist nicht in der Lage, die propagierten Geschäftsideen und Gewinnprognosen auf ihre Tauglichkeit hin zu beurteilen. In einer Analyse der Bertelsmann-Stiftung mit dem provozierenden Titel *Finanzieller Analphabetismus* heißt es, dass jeder vierte zu Unrecht davon ausginge, dass die risikobehaftete Kapitalanlage Aktie eine besonders sichere Geldanlage gegen Wertverlust sei, Begriffe wie »Aktienindex« seien Fremdwörter.[146] Die Ökonomen Porák und Fieseler gehen davon aus, dass Anlageentscheidungen privater Aktionäre nicht auf komplexen analytischen Modellen basieren, sondern von der persönlichen

---

142 Vgl. SdK/Haubrok, *Hauptversammlungsumfrage*, S. 3

143 Vgl. Ernst u.a., *Verhalten und Präferenzen deutscher Aktionäre*, S. 8

144 Vgl. Hocker, »Die Erwartungen der Kleinanleger an Investor Relations«, S. 426

145 Vgl. Ernst u.a., *Verhalten und Präferenzen deutscher Aktionäre*, S. 17

146 Vgl. Bertelsmann Stiftung, *Finanzieller Analphabetismus*, S. 7

Bindung zum Unternehmen, einer Sympathie oder Antipathie oder der generellen Unternehmensreputation beeinflusst werden.[147]

Der private Investor nutzt nicht die Banken als Informationsintermediär oder den Geschäftsbericht mit dem Jahresabschluss, sondern die öffentlichen Medien als zentralen Informationskanal.[148] Das lässt erwarten, so Ernst, dass Rechnungslegungsdaten »durch die Brille der Wirtschaftspresse« wahrgenommen werden. Und nicht nur das. Der Journalist Thomas Schuster spricht von »Marktmanipulation« und »Desorientierung« durch die Medien, sie würden das Interesse an der Wirtschaft nicht befriedigen, sondern weckten es erst, dem Anleger werde mit einer Idealisierung des Aktienmarktes das Geld aus der Tasche gezogen.[149] Offensichtlich können Unternehmen von diesem Spektakel und einer Pflege der so genannten Anlagekultur profitieren, wenn sie neue Kapitalgeber finden. Zudem brauchen private Anleger auch die Aktie, wenn und da sie vom Bürger zum Shareholder (gemacht) werden, Stichwort private Altersvorsorge.

Die großen deutschen Unternehmen befinden sich im Besitz eines wechselnden Publikums und der Anteil an Privatanlegern ist kleiner und weniger euphorisch als noch vor wenigen Jahren zu Börsenhochzeiten. Im Jahr 2005 besaßen nach einer Infratest-Umfrage des Deutschen Aktieninstituts 10,8 Millionen Deutsche Aktien oder Anteile an Aktienfonds. Dies entspricht 16,7 Prozent der Bevölkerung über 14 Jahren.[150] Gegenüber 1997 hat sich die Gesamtzahl der Aktienanleger trotz der Kursrückgänge nach dem Höchststand 2001 mit 13,4 Millionen Aktienbesitzern[151] nahezu verdoppelt. Es gibt im Jahr 2005 4,7 Millionen Anleger, die direkt Anteilsscheine von Unternehmen besitzen und an den Hauptversammlungen deutscher Unternehmen teilnehmen können. Rund 12 Prozent der Anteilseigner geben an, bereits an einer Hauptversammlung teilgenommen zu haben.[152]

Die Präsenz auf Hauptversammlungen geht allerdings zurück: Waren 1998 noch 61 Prozent des stimmberechtigten Kapitals anwesend, so sank

147 Vgl. Porák/Fieseler, *Investor Relations*, S. 26

148 Vgl. Ernst u.a., *Verhalten und Präferenzen deutscher Aktionäre*, S. 21

149 Vgl. Schuster, *Die Geldfalle*, S. 29

150 Vgl. Deutsches Aktieninstitut, *Vertrauen in die Aktie stabilisiert sich*, S. 1

151 Vgl. Deutsches Aktieninstitut, *Stabilisierung der Aktionärszahlen – aber Nervosität*, S. 1

152 Vgl. Ernst u.a., *Verhalten und Präferenzen deutscher Aktionäre*, S. 28

der Wert im Jahr 2005 auf 46 Prozent.[153] Das liegt daran, dass Sparkassen und Volksbanken die Stimmrechte ihrer Kunden nicht mehr wahrnehmen und Broker auch nicht, weitere Gründe sind die zunehmend internationalen Anlegerstrukturen und vielen Privatanlegern ist ihr geringes Stimmgewicht unwichtig.[154] Um bei niedriger Präsenz das Risiko von Zufallsmehrheiten zu vermeiden, können Investoren mittlerweile häufig mit Passwort und Zugangsnummer über das Internet abstimmen.[155]

Die Stimmung der deutschen Anleger hat sich in den letzten Jahren nach hohen Wertverlusten und gescheiterten Börsengängen verschlechtert. Etwas über die Hälfte der Aktionäre hält die Wahrscheinlichkeit für groß oder sehr groß, dass sich die Konzernlenker auf ihre Kosten bereichern.[156] Eine starke Anlegerlobby, die Möglichkeiten wie Klagen oder Mitsprache bei Gesetzesentwürfen – wie Gesetze zur persönlichen finanziellen Haftung von Managern – besser ausschöpfen könnte, existiert aber nicht, von den 4,6 Millionen Aktionären war Ende 2004 lediglich 1 Prozent in den großen Aktionärsschutzvereinigungen organisiert.[157]

Auch bei den Hauptversammlungen ist es mit der »Aktionärsdemokratie« nicht weit her und ich setze den Begriff in Anführungszeichen, wie Aktionärsschützer und Kritiker auch. Die Rechenschaftspflicht des Vorstands ist formal, selbst ein Mehrheitsergebnis gegen Entlastung bleibt ohne unmittelbare rechtliche Folgen für Amtsstellung von Vorstand und Aufsichtsrat.[158] Das Stimmgewicht der einzelnen Investoren richtet sich nach der Summe ihrer Kapitalanteile und die Macht liegt bei Fondsgesellschaften, anderen Großkonzernen oder Mehrheitsaktionären, und das

153 Vgl. Deutsche Schutzgemeinschaft für Wertpapierbesitz, *HV-Präsenzen 2005*, http://www.dsw-info.de/uploads/media/HV-Praesenz_2005.pdf (Abruf: März 2006). Statistiken werden über die Präsenz geführt, nicht über die Besucherzahlen.

154 Vgl. Ernst u.a., *Verhalten und Präferenzen deutscher Aktionäre*, S. 9

155 Das so genannte »Internet Proxy Voting« ermöglichten im Jahr 2005 bereits 25 der 30 Dax-Werte, nachdem es zwei Jahre zuvor gerade einmal 14 waren; Ausnahmen: BMW, Fresenius Medical Care, Schering, TUI und Volkswagen.

156 Vgl. Ernst u.a., *Verhalten und Präferenzen deutscher Aktionäre*, S. 37

157 Vgl. Schneider, »Wozu brauchen wir Aktionärsschützer«, S. 1

158 Vorstandsmitglieder können nur vom Kontrollgremium abberufen werden und Aufsichtsratsmitglieder sind von der Hauptversammlung auf fünf Jahre gewählt. »In Entlastungsverweigerung kann Vertrauensentzug liegen, doch kommt dem HV-Beschluß diese Bedeutung nach richtiger Ansicht nicht notwendig zu.« (Hüffer, *Aktiengesetz*, § 120 II AktG Rn. 16). Beispielsweise hatten Investoren Frank Bsirske 2003 aufgrund seiner Unterstützung des Streiks die Entlastung verweigert, der Gewerkschafter wurde aber von den Arbeitnehmern wieder in den Lufthansa-Aufsichtsrat gewählt. Solche Fälle gibt es natürlich auch auf Kapitalseite.

Treffen zur Mitbestimmung ist in diesem Sinne zur Showveranstaltung herabgesunken.

Eine wichtige Institution der »Aktionärsdemokratie« ist aber das Rederecht auf der Hauptversammlung. Ärgerlich für Aktionärsschutzvereinigungen, Kleinanleger und Belegschaftsaktionäre ist das Ende 2005 in Kraft getretene Gesetz zur Unternehmensintegrität und Modernisierung des Anfechtungsrechts (UMAG), welches unter anderem die Möglichkeit bietet, das Rede- und Fragerecht in der Generaldebatte »angemessen« zu beschränken. Aktionärsvertreter werten das als Niederlage, sprechen von einem »Einknicken des Gesetzgebers vor der Industrie«[159].

Den Hauptversammlungsauftritt brauchen gerade Schutzvereinigungen und die dort aktiven Anlegeranwälte, wie von der Deutschen Schutzvereinigung für Wertpapierbesitz (DSW) und der Schutzgemeinschaft der Kapitalanleger (SdK), um neben der Öffentlichkeitsarbeit mit Pressemitteilungen, Sachverständigenarbeit und Klagen die Presse aufmerksam zu machen und Anwesende als mögliche Mitglieder oder Mandanten anzusprechen. Auch Henry Mathews, damals Geschäftsführer des Dachverbands der Kritischen Aktionäre, betont die öffentliche Aufmerksamkeit: »Wir haben die sozialen und umweltpolitischen Probleme, Rüstungsproduktion, Atomenergie und umweltschädliche Geschäfte auf die Hauptversammlungen getragen.«[160]

Journalisten

Journalisten treffen die Firmenchefs auf Bilanzpressekonferenzen und den Berichten zum Quartal mit durchschnittlich 100 Teilnehmern und sind ebenso die zweitwichtigste Zielgruppe bei Hauptversammlungen.[161] Die Motivation zum Besuch von Presse- und Hauptversammlungen ist bei Tageszeitungen die Chronistenpflicht, sie müssen ihren Lesern die Neuigkeiten am nächsten Tag bieten. Besonders die Agentur-Journalisten warten auf Informationen wie Standortschließungen oder Entlassungen und verschicken sie Sekunden nach der Rede-Sperrfrist, damit sie schnell auf dem

159 Klaus Nieding (DSW), zit. n. Biehl, »›Keine Kungelei‹«, S. 27

160 Henry Mathews im persönlichen Gespräch, Telekom-Hauptversammlung 20.5.2003, Köln. (Seit Mitte 2006 ist Markus Dufner Geschäftsführer des Dachverbands.)

161 Vgl. SdK/Haubrok, *Hauptversammlungsumfrage*, S. 3

Ticker landen. Schreiber für Wochenmagazine besuchen die Veranstaltungen nicht oder nur, wenn sie gerade an einer Geschichte »dran« sind.

Der »seriöse Finanzjournalist« gibt an, er wolle hier aktuelle und sachdienliche Informationen erhalten, denn er finde nichts geschmackloser als »Öffentlichkeitsarbeit, die aus Werbegags besteht und hohlen Phrasen«.[162]

Journalisten wollten wissen: Was steckt hinter den Zahlen, wie geht es dem Unternehmen und seinen Produkten, was für Aussichten haben sie und warum, wer ist im Unternehmen die treibende Kraft. Kommunikation soll Inhalt besitzen und auch niemanden benachteiligen:

> »Idealerweise sollte die Informationsstrategie für die Finanzgemeinde so gut wie identisch sein mit der Informationsstrategie für eine größere Öffentlichkeit – beispielsweise die Finanzpresse. Andernfalls könnte der Eindruck entstehen, dass einige Marktgrößen bevorzugt Informationen erhalten, die Deutschlands wachsender Armee von Privataktionären vorenthalten werden. [...] Es gibt bereits einen lebhaften Austausch zwischen Journalisten und Anlage-Experten, der soweit geht, dass Bemerkungen eines Vorstandschefs in geschlossener Runde sehr oft am nächsten Tag eben doch in der Zeitung stehen.«[163]

Bei der Inszenierung der Wirtschaft und ihrer Wirklichkeit spielen nicht nur Unternehmen, sondern auch die Journalisten eine wesentliche Rolle.[164] Auch beim Blick auf die Veranstaltungen zeigt sich, dass in der Finanzwelt verschiedene Realitäten existieren – oder zumindest mehrere parallel ablaufende Jahreshauptversammlungen ein und desselben Unternehmens am gleichen Tag. Wer die Berichte in Tageszeitungen nachliest, kann durchaus diesen Eindruck erhalten.

Die Berichterstattung über die DaimlerChrysler-Hauptversammlung 2004 ist ein Beispiel für Schleusenwärtertum, das so genannte Gatekeeping durch Medien. Eduardo Fachal, ehemals Betriebsrat bei Mercedes-Benz in Argentinien, war für die Versammlung aus Südamerika eingeflogen und prangerte mit mehreren Sprechern des Dachverbands der Kritischen Aktionäre im Einklang mit Amnesty International den umstrittenen Versuch des Konzerns aus dem Jahr 2003 an, eine Verstrickung des Unternehmens in die argentinische Militärdiktatur in den Jahren 1976/77 und das Ver-

162 Gowers, »Investor Relations aus Sicht eines Finanzjournalisten«, S. 382

163 Ebd., S. 383

164 Für einen Überblick über verschiedene Ansätze zur Konstruktion von Medienrealität vgl. Scholl/Weischenberg, *Journalismus in der Gesellschaft*, S. 181f. Zur vielschichtigen Beziehung zwischen Journalismus und Öffentlichkeitsarbeit vgl. bspw. Bentele/Nothhaft, »Das Intereffikationsmodell«, S. 67–104

schwinden von 15 Betriebsräten aus der Mercedes-Benz-Fabrik in dem lateinamerikanischen Land aufzuklären, beziehungsweise zu verschleiern.[165] Thematisiert wird dies in der Frankfurter Rundschau, der taz und der Jungen Welt. Blätter wie die FTD, die allein drei Berichte zur Hauptversammlung veröffentlicht, und Handelsblatt ignorieren diese Auftritte komplett. Die FAZ erwähnt lediglich in einem einzigen von mehreren Berichten: »Auch hat er [Kopper] wenig Erfolg damit, die Redner zur Disziplin zu mahnen oder ihnen den Wind bei bekannten Vorwürfen aus den Segeln zu nehmen – wie dem, daß das Unternehmen mit Waffen Geld verdiene oder mit der argentinischen Militärjunta Geschäfte gemacht habe.«[166] Der Verdacht liegt nahe, dass dieses vermeintlich schon ausreichend bekannte Thema nicht das einzige ist, das von manchen Medien nicht verbreitet wird.

Die Unternehmen versuchen, auch mit der Dramaturgie der Hauptversammlungen die Medienberichterstattung zu beeinflussen. Gewerkschaften, Nichtregierungsorganisationen, Einzelinvestoren, Fondsmanager und kritische Aktionäre setzen die Handlungen der Unternehmen hier in einen anderen wirtschaftlichen und politischen Kontext und die aktienrechtlich garantierte Aussprache folgt nicht dem Eingang der Wortmeldungen, sondern wird vom Versammlungsleiter festgelegt. Das Rederecht wird häufig zuerst den großen Publikumsfonds wie DWS, Deka und Union Investment erteilt. Danach kommen meist Aktionärsvertreter von DSW und SdK zu Wort, gefolgt von unbekannten Privatanlegern. Dann erst dürfen, knapp vor Redaktionsschluss von überregionalen Tageszeitungen, bekannte Hauptversammlungsaktivisten vom Dachverband der Kritischen Aktionäre ans Pult.[167] Zudem verbannen gerade Deutsche Unternehmen trotz anders lautender Anregung des Corporate Governance-Kodex und Erlaubnis des Aktiengesetzes Kamerateams, Fotografen und Rundfunkreporter aus dem Saal. »Licht aus, Spot an, Kameras raus: Wir müssen leider draußen bleiben. Bedauere vielmals«, beschweren sich die Journalisten, die auch mit dem Bayerischen Journalistenverband seit Jahren verlangen, Foto- und Fernsehberichterstattung während der gesamten Dauer zuzulassen,[168] was auch Aktionäre und deren Vertreter befürworten. Fast alle Internetübertragungen – zu den Ausnahmen zählen 2005 MAN, RWE und Thyssen-

165 Vgl. Biehl, »Aktionäre greifen Strategie von DaimlerChrysler-Chef Schrempp an«, S. 13
166 o.V., »DaimlerChrysler-Aktionäre machen ihrem Ärger Luft«, S. 21
167 Vgl. Biehl, »Großes Kino«, S. 26f
168 Vgl. Biehl/Fechtner, »Licht aus, Spot an, Kameras raus«, S. 13

Krupp – brechen an dieser Stelle ab oder sind nur angemeldeten Aktionären vorbehalten.

Analysten und institutionelle Investoren

Zu den Analystenkonferenzen kommen zwischen 50 und 100 Teilnehmer. Manche aus diesem Kreis besuchen auch Hauptversammlungen. Finanzanalysten und institutionelle Investoren, die bereits in das Unternehmen investiert haben und als zahlenmäßig kleinste Gruppe über ein hohes Anlagekapital verfügen, sind der wichtigste Adressat von Investor Relations-Bemühungen.[169] Institutionelle Anleger sind juristische Personen, die für Dritte gegen Entgelt Vermögen verwalten. Dazu gehören vor allem Kapitalanlagegesellschaften sowie Versicherungen, Fondsgesellschaften und Banken, die häufig nicht nach unternehmensspezifischen Besonderheiten suchen, sondern ein hohes Kapitalanlagevolumen in Aktien investieren, die am besten zur momentanen Börsenverfassung passen und versprechen, sich besser als der Benchmark zu entwickeln.[170] Diese Käuferseite beschäftigt so genannte Buy-Side-Analysten, die Marktuntersuchungen für den internen Gebrauch und nicht zur Veröffentlichung erarbeiten. Sie haben ein bis zu 100 Titel umfassendes Universum, verlangen deshalb keine Detailinformationen, sondern gehen auf von Fonds- und Portfolio-Managern gefragte Informationen ein und wollen über die Unternehmensstrategie und das Management Bescheid wissen, sie beziehen Informationen für ihre Bewertungsansätze aus der Presse und nutzen vor allem die Recherchen der Finanzanalysten.[171]

Diese arbeiten als Sell-Side-Analysten auf der Verkäuferseite für Investmentbanken, Universalbanken und Brokerhäuser. Sie besitzen meist Expertenwissen über einen speziellen Sektor wie die Automobilbranche und betreuen rund 15 Titel. Ihre Aufgabe ist das so genannte Research, was bedeutet, eine langfristige Unternehmensentwicklung und ein Kursziel für die Aktie zu prognostizieren und Bewertungen wie Kauf- oder Ver-

---

169 Gefolgt von potenziellen institutionellen Investoren, eigenen privaten Aktionären, eigenen Mitarbeitern, potenziellen privaten Aktionären, Vermögensverwaltern, Vertretern der Wirtschafts-/Finanzpresse, Geschäftspartnern und Politikern. Vgl. Handelsblatt, *Investor Relations Monitor 2002*, S. 17

170 Vgl. Wendt, »Investor Relations für institutionelle Anleger«, S. 417f

171 Ebd., S. 419ff

kaufsempfehlungen zur Beratung anderer Investoren zu veröffentlichen. Damit wird das Ziel verfolgt, Investitionsmeinungen zu beeinflussen und Verkaufsbewegungen des Papiers anzukurbeln.

Der Auftritt vor Analysten wird häufig mit den Worten »im Kreuzfeuer« beschrieben, einige sprechen davon, dass das Management »gegrillt« wird. Das erledigen so genannte Excel-Freaks, die mit ihrem Laptop am Tisch sitzen und nach Zahlen verlangen, die sie dann engagiert in ihre Modelle tippen. So ein trockener Ansatz kann den wünschenswerten Vorstandsvisionen auch ein Ende bereiten:

»Analysten versuchen häufig, die strategischen Visionen des Managements in Zahlen abzubilden. Hin und wieder führt das zu skurrilen Ergebnissen. Man konnte Ende der neunziger Jahre beispielsweise die erwarteten Marktanteile der Mobiltelefonbetreiber auf über 200 Prozent addieren [...]. Es gibt unzählige Beispiele, wo große Visionen mit einfachen Rechnungen als Fehleinschätzung aufgedeckt werden.«[172]

Die Finanzszene ist nicht unbedingt voll von solchen Beispielen schlagkräftiger Enthüllungsrechnungen. Analysten mit ihren »unabhängigen Experteneinschätzungen« sind oft weit davon entfernt, neutrale Begutachter im Dienste der Anleger zu sein. Zwar müssen die Finanzanalysten sich an die Vorschriften des Wertpapierhandelsgesetzes halten, welches beispielsweise Insidergeschäfte verbietet, und sind zudem an Kodices der großen Berufsverbände für Finanzanalyse gebunden, die fordern, den »Beruf unabhängig, integer und ethisch einwandfrei«[173] auszuüben. Aber auch hier bestehen gegenseitige Abhängigkeitsverhältnisse. Die Universalbanken betreiben oft Wertpapieranalyse und Investmentbanking gleichzeitig. Sie bewerten Unternehmen, die gleichzeitig auch Kunden bei ihnen sind, und die sie beispielsweise beim Börsengang begleiten. Es gibt die Metapher der »Chinese Wall«, die in der Bank eigentlich beide Bereiche trennen und Interessenskonflikte verhindern sollte. Aber mehr als einmal standen Analysten vor Gericht, weil sie Aktien wider besseren Wissens mit »Jubel-Kommentaren« zum Kauf empfohlen hatten, ihrem Arbeitgeber zu lukrativen Mandaten verholfen und ihren erfolgsabhängigen Bonus einkassiert hatten.[174]

---

172 Ebd., S. 418

173 Kodex der DVFA in der Fassung vom 25.02.2003, II.1, http://www.dvfa.de/standard_kodex.htm (Abruf: Mai 2006)

174 Vgl. Moerschen, »Analysen und mehr«, S. 40

Die Bedeutung von persönlichen Veranstaltungen als Informationsquelle bewerten 80 Prozent der angloamerikanischen institutionellen Investoren als hoch bis sehr hoch, viel höher als die deutschen Investoren.[175] Sie erhalten hier qualitative Eindrücke, auch von der Management-Qualität, die neben der Ertragslage zu den beiden meist genannten Kriterien für Kauf- und Verkaufsentscheidungen bei institutionellen Anlegern gehört.[176] Wissenschaftliche Untersuchungen haben auch ergeben, dass bei Analystenkonferenzen neben der lediglich informierenden Komponente und der Korrektheit der Zahlen auch die Beziehungsebene mit Eindrücken wie »ehrlich« und »offen« für die Wirkung entscheidend ist, mehr noch als Faktoren wie »visionär« oder »interessant«.[177]

Bei Hauptversammlungen geht es für institutionelle Anleger wie Fonds, Banken und Versicherungen mittlerweile verstärkt darum, sich selbst zu Wort zu melden. Zeitungen sprechen von einer »Ära der Einmischung«[178]. Fondsmanager kritisieren öffentlich Managementfehler und Kursverluste, drohen auch mit Verweigerung der Entlastung. Nach Investmentgesetz und Corporate Governance-Kodex sind die Kapitalsammelstellen als Treuhänder ihrer Kunden verpflichtet, auf Hauptversammlungen ihre Stimmrechte auszuüben und Missstände aufzuzeigen. Kritiker sehen diese Auftritte aber als bloße Eigenwerbung, die Fonds stehen im Verdacht, bei der Abstimmung doch nur wieder aufgrund von Interessenskonflikten (beispielsweise ist die DWS eine Tochter der Deutschen Bank) für eine Entlastung des Vorstands zu stimmen.[179] Jedoch machen viele Fonds ihr Abstimmungsverhalten mittlerweile öffentlich, was jener Verpflichtung zur Transparenz entspricht, die sie auch von den Unternehmen fordern.

---

175 Vgl. Ernst u.a., *Verhalten und Präferenzen deutscher Aktionäre*, S. 34

176 Ebd., S. 33

177 Vgl. Rogers, »A Communicative Perspective for Investor Relations«, S. 14

178 Kramer/Schreiber, »Aufstand der Anleger«, S. 25

179 Vgl. Biehl, »Auftritt der Großen«, S. 26

III Inszenierungsanalyse

»Spielweise« – Wie treten Manager auf

Personalisierung und Kompromissbildung

Die Art und Weise des Auftretens entscheidet darüber, welchen Eindruck sich das Publikum von einem Manager und seiner Persönlichkeit macht. Das Verhalten deutscher Manager fasziniert allerdings nicht besonders. Gelangweilte Stimmen aus der Branche vom Pressesprecher über den Journalisten bis hin zum Analysten wünschen sich in einer Umfrage, lockerer und ungezwungener, auch stilsicher und begeisterungsfähiger solle es zugehen.[180] Auch Zeitungsreporter sind vom Auftritt der Vorstände nicht gerade hingerissen. Aber im Dunkel des Saales in gewissem Maße beeindruckt, zumindest vom Gestus eines Rolf-E. Breuer:

»Es wäre leicht, Breuers Auftritt als theatralisches Fiasko zu kritisieren. Als der Mann, dem der Ruf des rhetorisch Hochbegabten vorauseilt, ans Mikrofon tritt, kann er kein Feuer entfachen: ›Es fällt uns nicht leicht, uns von Mitarbeitern trennen zu müssen. Doch sind wir auf Grund der Herausforderungen gezwungen, uns im internationalen Wettbewerb nicht nur zu behaupten, sondern unsere Stellung zu festigen.‹ Die Sprache staubtrocken, der Vortrag hölzern. Gestik? Fehlanzeige.

Einziger Tupfer bleibt die um eine winzige Nuance nach links verrutschte rote Krawatte. Doch es ist gerade die Nüchternheit, die absolute Contenance, die dem Rezensenten Respekt abringt. Bei der Anlage seiner Rolle scheint sich Breuer am späten Helmut Kohl zu orientieren, an der imponierenden Statur gleitet jeder Angriff ab. Gerade erst haben ihn rebellische Investoren als Aufsichtsrat der Deutschen Börse zum Jahresende aus dem Amt gejagt, doch der Manager mit dem weißen Haar und der gesunden Gesichtsfarbe lässt sich nicht beirren, business as usual – stabil, stoisch, stur.

---

180 Vgl. Institut für Demoskopie Allensbach, *Kommunikationsverhalten deutscher CEOs*, S. 43

Das Rollenmodell Kohl ist nicht willkürlich gewählt. Mit seiner Rede hat Breuer den Ton für den gesamten ersten Akt gesetzt: Patriotisch, staatsmännisch, ja staatstragend geht es weiter.«[181]

Der Deutschbänker, in der Branche auch als »Mister Finanzplatz« bezeichnet, agiert als unauffälliges Persönlichkeitsideal, bietet zunächst wenig Angriffsfläche und orientiert sich am Bildentwurf noch größerer Politiker. Hierbei verkörpert er ein kulturelles Prinzip, denn in Deutschland wird im Allgemeinen der positive Wert der absoluten Sachlichkeit und die Stilisierung zur Rationalität groß geschrieben. Sein Auftritt erfüllt zwar eine spezielle Idealvorstellung, aber diese wirkt weder besonders einmalig noch mitreißend auf das Publikum und passt auch nicht zum eigenen Anspruch einer Leistung aus Leidenschaft.

Um hohe Sympathie- und Vertrauenswerte zu erlangen, müsste ein Firmenchef ein klares Bild entwerfen und sich deutlich von anderen unterscheiden, sagt eine PR-Beratung.[182] Es stellt sich nun die Frage, ob es gut ist, möglichst viel Profil zu zeigen, oder inwiefern ein wenig Zurückhaltung im Stile des ehemaligen Deutsche Bank-Chefs sinnvoll sein kann.

Für ein umfassenderes Verständnis lohnt es sich, zunächst einen Blick auf andere Rollenmodelle zu werfen. Angefangen bei einer Ausnahmeerscheinung der internationalen Finanzszene: Warren Buffett, CEO der amerikanischen Versicherungs- und Anlagegesellschaft Berkshire Hathaway. Er ist einer der reichsten Menschen der Welt, arbeitete sich vom Zeitungsjungen hoch und machte sein Geld an der Börse, gilt trotz so manchem nicht ganz durchsichtigen Deal als »kultisch verehrte Anlegerlegende«[183]. Seine Hauptversammlungsauftritte sind ein besonderes Ereignis:

»Buffett nennt die Hauptversammlung ein ›Woodstock für Kapitalisten‹. Und so war es auch. Als sich um sieben Uhr die Pforten des Qwest-Centers in Omaha öffneten, standen bereits mehr als tausend Leute in der Schlange, um sich einen der begehrten Plätze an den Saalmikrofonen zu sichern. Einige waren schon um Mitternacht gekommen. [...] Als sich die Tore öffneten, ging eine Stampede sondergleichen los: tausende strömten in die Versammlungsarena. Bedenken Sie, dass es sich hierbei nicht um Schulkinder oder Rockfans handelt, sondern dass jeder dieser 19.500 Teilnehmer mindestens eine Berkshire-Aktie im Wert von 92.000 Dollar (Class A) oder 3.000 Dollar (Class B) hält!

181 Maisch/Teschler, »Großes Theater. Inszenierte Aktionärsdemokratie«, S. 12
182 Vgl. Burson-Marsteller, *CEO Profilbildung*, S. 4
183 Hetzer, »Legendenbildung«, S. 190

Buffett (74) und sein Partner Charlie Munger (79) waren in Hochform. Zunächst lief ein Berkshire-Movie mit dem Terminator-Thema: Buffet und Munger sollten in einem Comic die Gegenwart vor der Zukunft retten und die Fusion von Microsoft, Wal-Mart und Starbucks zu MicroWalBucks verhindern. Daneben Filmeinlagen mit dem echten Arnold Schwarzenegger (der von Buffett beraten wird) sowie Buffett und Bill Gates in einer Gerichtsshow bei Judge Judy (auch echt), weil sie sich um 2 Dollar gestritten hatten.

Zu guter Letzt gab Buffett im Film auch noch ein Lied auf der Ukulele zum besten. Der Mann ist durchaus musikalisch. Stellen Sie sich das auf einer deutschen Hauptversammlung vor!«184

Buffett beantwortet geschlagene fünf Stunden lang Fragen: frei, auf Zuruf, kein Redemanuskript, keine langweiligen Ansprachen, kein Back-Office hoch bezahlter Experten. Er braucht keine Notizzettel, wenn er über die Coca-Cola-Absatzzahlen in Indien seit 2001 oder über die Dollar-Schwankungen seit 1990 spricht und für seine Kapitalmarkt-Prognosen mit Sprachbildern wie »Auf jede Blase wartet eine Nadel«[185] wird Buffett das »Orakel von Omaha«[186] genannt. Mit Personalisierung kennt sich der Investor aus, zu seinen Sprüchen soll auch gehören: »It's the artist, not the painting.«[187] Wie er selbst wirklich ist, weiß man aber nicht. Das »Orakel« lebt äußerst zurückgezogen.

Der Manager gibt sich sehr individuell mit seinem Humor, seinen Sentenzen und den Musikeinlagen auf der Ukulele, und inszeniert sich vor allem mit seiner persönlichen Macke, seiner Sparsamkeit. Er wirkt als »Person mit Charakter«, davon wird landläufig gesprochen, wenn jemand wiederkehrende Eigenarten, Ecken und Kanten zeigt und sich von anderen unterscheidet. Der Auftritt orientiert sich an einem Menschenschlag, der in der europäischen Kulturgeschichte wohlbekannt ist. Aristoteles hatte den Begriff Charakter in die Poetik eingeführt, sein Schüler Theophrast erstellte einen Katalog von Typen wie der Kleinliche, der Schwätzer, der Prahler, der Übereifrige. Solche Gestalten sind immer wieder auf den Bühnen aufgetaucht, der hier geschilderte beispielsweise in Molières Charakterkomödie *Der Geizige*.

In Deutschland würde ein solcher Auftritt die Finanzbühne zum Beben bringen. Auf der hiesigen Plattform agieren keine extravaganten Karikatu-

184 Otte, »Wieviel ist Berkshire Hathaway wert?«, http://www.finanzen.net/news/news_detail.asp?NewsNr=182210 (Abruf: März 2006)

185 Zit. n. Caspar, »Der Spekulant«, S. 23

186 o.V., »Dem ›Orakel von Omaha‹ gehen die Investmentideen aus«, S. 20

187 Vgl. Park/Berger, »Presentations of CEOs in the Press«, S. 96

ren, sondern die Manager versuchen, nur stabile Grundsätze und gezügelte Leidenschaften zu verkörpern. Topmanager verstehen sich als Leit-, nicht Leid-Figuren und negative Einseitigkeiten des Temperaments sind nach außen zurückgetrimmt auf ökonomisch kompatible Wiederholbarkeit. Das ist ein Muster, welches übrigens stark an Vorstellungen erinnert, die gewisse Phasen der Schauspieltheorie dominierten. Anders als soziale Selbstdarstellung ist die dramatische Schauspielkunst die fiktive Nachahmung des Menschen durch den Menschen, aber beiden gemeinsam ist, dass sie sich an Vorbildern orientieren. Diese fanden sich beispielsweise im 19. Jahrhundert nicht in skurrilen Charakteren, sondern sahen anders aus, wie Friedrich Wilhelm Ziegler beschreibt: »Nicht das unbestimmte Leichte, nicht das Weiche und Wankende, sondern das Feste und Kräftige, sind die Basis eines Charakters, der aber erst durch unerschütterliche, feste, und oft sauer erworbene Grundsätze, sich zum menschlichen Charakter erhebt.«[188] Auf der damaligen Schaubühne wie auf der gegenwärtigen Event-Bühne verbergen sich in der Darstellung des Menschen Persönlichkeitsideale, die zu Inszenierungskonzepten des (Berufs-)Alltags werden. Allerdings sind jene auf der Wirtschaftsbühne in gewissem Sinne paradox, wenn einerseits Leistung, Leidenschaft und Konzepte vom Einzelnen als Manager seiner selbst propagiert werden, die auftretenden Gestalten aber von leistungslosem Erfolg profitieren und zudem noch wenig individuell und engagiert erscheinen.

Unter den verschiedenen Typen, die sich auf der globalen Finanzbühne tummeln, ist auch Res Ingold, Vorstand der Fluglinie Ingold Airlines. Der geschäftstüchtige Schweizer hat seine Airline im Jahr 1982 gegründet und so erfolgreich geführt, dass er stetige Medienpräsenz genoss. Die jüngste Anerkennung: Vom Bundesverband junger Unternehmer Regionalkreis Nordbayern wurde er zum Manager der Jahres 2005 gekürt.

Das ist durchaus bemerkenswert, denn Ingold Airlines besitzt kein einziges Flugzeug und hat noch nie einen einzigen Gast befördert. Die Firma besteht ausschließlich aus Logos, Internetseiten,[189] Werbe- und Präsentationsmaterial. Res Ingold ist eigentlich Künstler und lehrt an der Akademie der Bildenden Künste in München. Der Schweizer hat die Airline mit Unterstützung von Helfern als Kunstprojekt beziehungsweise Langzeit-Performance gegründet und zuerst aus eigenen Mitteln finanziert, dann mit Hilfe staatlicher und privater Kunstförderungen, seit einigen Jahren kaufen

188 Ziegler, *Systematische Schauspielkunst in ihrem ganzen Umfange*, S. 162

189 Siehe http://www.ingoldairlines.com

Institutionen wie Museen Ausstellungen, Vorführungen, Veranstaltungen und Kunstwerke wie Videos ein und Ingold war auch Gast der Documenta in Kassel 1992.

Ingold Airlines ist ein Paradigma für den Darstellungscharakter des Wirtschaftsgeschehens und beweist, wie Realität durch Darstellung entsteht. Die Fluggesellschaft ist keine Simulation, die auf Imitation beruht, also Ähnlichkeit vorgibt, sondern Ingold ist an einer Appropriation interessiert, welche auf eine direkte Entnahme oder das Ausleihen von Elementen und Symbolen hinaus läuft, die in einen fremden Zusammenhang, in den Kunstbetrieb, platziert werden.[190] Die Airline existiert mittlerweile in ihrer eigenen Form und hat reale Auswirkungen gehabt. Potenzielle Kunden haben angefragt, Piloten haben sich beworben und Journalisten sowie die Öffentlichkeit haben in mehreren Fällen professionell aufgemachtes PR-Material für bare Münze genommen und gegen vermeintlich geplante Flughafenprojekte protestiert.[191]

Der Vorstand der Airline hat schon drei Hauptversammlungen aufgeführt. Ingold hat für diese postdramatischen Performances einige besonders in Rollenauftritten geübte Ensemblemitglieder gewinnen können: Der Schweizer Generalkonsul Rolf Schaufelbühl eröffnete die Gründungsversammlung und auch Lufthansa-Finanzvorstand Karl-Ludwig Kley stand als Stargast einmal freiwillig mit auf der Bühne.

Der *Kunst*-Flieger gibt an, sich für seine Live-Auftritte als CEO Res Ingold an einem konservativen Rollenmodell orientiert zu haben: Moritz Suter, Gründer der schweizerischen Regionalfluggesellschaft Crossair. »Ich habe Sprache, Gestik und Outfit studiert«, sagt Ingold.[192] Einige Anleihen hat er an Virgin-Chef Richard Branson genommen, der ihm aber im All-

---

190 Vgl. Goodrow, »Kunst-Flug mit Ingold Airlines«, S. 94f

191 Die »Flug Revue« hatte eine Pressemitteilung veröffentlicht, die die Aufnahme eines Liniendienstes zwischen Köln-Bonn und Lappland mit einer werksneuen Boeing 747-400 ankündigte. Vgl. o.V., »Meldungen«, S. 8. Der abgelegene Flughafen Pajala hatte dadurch aber genug Aufmerksamkeit erhalten, um Investitionen einzuholen und schließlich einen wirklichen Flugbetrieb aufnehmen zu können. Weitere Hochglanzprospekte über einen Zubringerdienst, der ein verlassenes Nest im Sauerland mit dem internationalen Verkehrnetz verbinden sollte, hatten für hitzige Debatten bei Behörden, Anwohnern und Umweltschützern gesorgt. Auch die großstädtischen Hanseaten gerieten in Aufruhr, als über Nacht Baustellenschilder an der Hamburger Außenalster auftauchten, die einen »City Terminal Alsterport« ankündigten, von dem aus Amphibienflugzeuge starten sollten. Vgl. Krüger, »Quatsch-Fluglinie sorgt für Wirbel«, S. 24f

192 Res Ingold im Interview mit der Autorin am 18.10.2005. Im Folgenden zitiert.

gemeinen schon »zu komödiantisch« war.[193] »Ich wollte über das konservative Bild die Wahrnehmung des Publikums erschüttern und neben allem Todernst die Situation lächerlich machen«, erklärt Ingold seine Absicht. Im Verlauf der Veranstaltungen kamen alle mehr oder minder dahinter, dass (nur) gespielt wurde. Der vermeintliche Vorstand sei mit weltmännischem Gebaren »sanft gestartet mit der richtigen Terminologie« und habe dann langsam »drastische Aussagen lanciert«. Angefangen bei übertriebenem Mitarbeiterlob, persiflierten Formulierungen und durch Übersteigern von kapitalistischen Maximen, bis hin zu Frechheiten, beispielsweise dass man ein Mittel gefunden habe, die Dividenden nicht mehr ausbezahlen zu müssen. Um auf Fehlleistungen wie die »Peanuts« von Deutsche Bank-Ex-Chef Kopper anzuspielen war Ingold mit Kokosnüssen aufgetreten.

Abb. 2: Der Vorstand von Ingold Airlines bei der Aufführung der Hauptversammlung
(Quelle: Res Ingold)

193 Der milliardenschwere Unternehmer Richard Branson (Virgin) gilt als sehr exzentrisch. Er verkleidete sich bspw. zur Eröffnung des Virgin Mega-Store in Los Angeles als Axl Rose, Frontman von Guns N'Roses, und trat mit Schottenrock, Tuch auf dem Kopf und Whiskyflasche auf. Er scheut sich nicht, »sich zum Clown zu machen und in den ulkigsten Verkleidungen aufzutreten«. Vgl. Siering, »Der Boss muss Vorbild sein«, S. 6

Alle Aktionen von Ingold sind bei genauem Hinsehen in bestimmten Momenten auffällig überzogen und es gingen auch keinerlei Beschwerden von getäuschten Zuschauern oder Journalisten ein. »Sie hätten sich selbst als unmündige Rezipienten deklassiert«, sagt Ingold. Er wolle mit seinen Aktionen den Menschen die Augen öffnen für die oftmals nur vorgetäuschte Wirklichkeit im Alltag, an der zu oft keiner wage, zu zweifeln.

Res Ingold fügt sich für seine Auftritte als Manager in existierende Muster und Rollenerwartungen ein und eckt solange nicht an, bis er aus künstlerischer Absicht sein Publikum zum Staunen bringen will. Dieses Beispiel macht deutlich, dass Zurückhaltung und das Anpassen an Rollenmuster erstmal kein Misstrauen erweckt. Je mehr Profil gezeigt wird, desto leichter können Unstimmigkeiten wahrgenommen werden.

Das gilt auch für das Finanzmarktpublikum. Viel Profil zu zeigen bedeutet nicht automatisch, viel Vertrauen zu gewinnen. Aufplustern, Personalisierung um jeden Preis, einschließlich Einschüchterung des Gegners wie in der Politik gilt in der Geschäftswelt nicht oder nicht mehr als unbedingtes Plus. Der Abgang von DaimlerChrysler-Chef Schrempp wird beispielsweise so interpretiert, dass der »letzte große Egomane unter den Dax-Managern«[194] aus dem Amt geschieden sei, ähnlich selbstbezogene »Sonnenkönige« seien Jahre zuvor aus ihren Chefbüros verjagt worden. Zu den Reizfiguren gehörten Ron Sommer (Telekom), dessen Kauf eines Firmenjets schlecht ankam, und Ulrich Schumacher (Infineon), der zum Börsengang des Unternehmens mit Sportwagen in Rennfahrerkleidung neben Bulle und Bär in Frankfurt vorfuhr. Der Hobby-Rennfahrer suchte das Scheinwerferlicht, machte Ideen öffentlich, bevor er sie mit dem Aufsichtsrat besprochen hatte, und schließlich führte ein Aufstand seiner Vorstandskollegen gegen seinen autokratischen Führungsstil zum Rauswurf.[195]

Beobachter des Finanzgeschehens stellen fest, dass der neue Typ Manager eher durch »unauffällige Zahlenarbeiter«[196] wie Michael Diekmann

194 Streitz, »Management-Veteranen«, 5.8.2005, http://www.spiegel.de/wirtschaft/0,1518,368358,00.html (Abruf März 2006). Nur noch sieben Dax-Unternehmen werden von Managern geführt, die schon in den Neunzigern im Amt waren: Nikolaus Schweickart, Altana (seit 1990), Michael Frenzel, TUI (seit 1994), Klaus Zumwinkel, Deutsche Post (seit 1995), Ekkehard Schulz, ThyssenKrupp (seit 1998), Henning Kagermann, SAP (seit 1998), Hans-Joachim Körber, Metro (seit 1999), Ben Lipps, Fresenius Medical Care (seit 1999).

195 Vgl. Hofer, »Warten auf den Befreiungsschlag«, S. 18

196 Streitz, »Management-Veteranen«, 5.8.2005, http://www.spiegel.de/wirtschaft/0,1518,368358,00.html (Abruf März 2006)

(Allianz), Kai-Uwe Ricke (Telekom) und Klaus Kleinfeld (Siemens) verkörpert werde. Und durch Dieter Zetsche, der gleich bei seiner ersten Hauptversammlung anders als sein Vorgänger Schrempp sein Gehalt offen legte und leise Töne anschlug. Das beschreibt auch der Spiegel:

»Dem neuen DaimlerChrysler-Chef Dieter Zetsche genügte ein zurückhaltender Auftritt und der Verzicht auf großspurige Visionen, um die Mehrheit auf seine Seite zu ziehen. Einige Redner dankten dem neuen Chef sogar ausdrücklich für dessen Rede, den moderaten Ton und den neuen Stil, mit dem er sein Amt verstehe.«[197]

Die positive Wirkung von Zurückhaltung unterstreichen auch Ergebnisse aus der bereits erwähnten Expertenbefragung. Nur 1 Prozent der Analysten, Pressereferenten und Journalisten findet hier, dass ein »Abweichen vom Mainstream«, einen guten Kommunikator an der Unternehmensspitze auszeichnen würde, dafür sagen 43 Prozent, dass Präsentationsgeschick und rhetorische Fähigkeiten Kennzeichen eines guten Kommunikators wären.[198] Ein Vorstandsvorsitzender, so lässt sich folgern, muss sich gut darstellen und kommunizieren können, aber innerhalb gewisser Grenzen bleiben. Besonders Politik- und Wirtschaftsjournalisten scheinen sanfte Töne zu bevorzugen, sie stehen den Kommunikationspannen der Vorstände besonders kritisch gegenüber und auch jeder fünfte Analyst moniert ganz allgemein nicht nur alltägliche Ärgerlichkeiten wie »Widersprüche zwischen Worten und Taten«, sondern explizit ein »arrogantes Auftreten«.[199] Arroganz und Ignoranz unterstellen den CEOs besonders Arbeitnehmervertreter in Aufsichtsräten, diese Einordnung erteilt jeder Fünfte, bei den Politik-Journalisten sind fast genauso viele. Es fallen dort Begriffe wie »Schauspieler« und »Medienstar«.[200]

Nicht zufällig wimmelt die Geschäftswelt trotz aller postulierten »Kreativität«, »Nonkonformität« und »Kommunikationsfreude« von risiko- und konfliktscheuen Anpassern, einem Menschenschlag mit geringer Angriffsfläche. Ein Typ wie ein Unternehmensberater, der – wie es der Regisseur Falk Richter nach seiner Beschäftigung mit dieser Branche und seinem Stück *Unter Eis* beschreibt – in seiner Uniformität menschen- und selbstverachtend nur mit Wissen aber ohne Verständnis von Dingen spricht, die

---

197 Kröger, »Aktionäre fleddern Schrempps Erbe«, 12.4.2006, http://www.spiegel.de/wirtschaft/0,1518,411140,00.html (Abruf März 2006)

198 Vgl. Institut für Demoskopie Allensbach, *Kommunikationsverhalten deutscher CEOs*, S. 28

199 Ebd., S. 23

200 Ebd., S. 8

Arbeitsplätze und Umweltschäden bedeuten können.[201] Dem die schlichte Angst um die Karriere und die Furcht vor personalpolitischen Droh-Instrumenten wie willkürlichen Verhaltensbeurteilungen, ein unverständlicher Branchenslang, Dresscodes, Begrüßungsfloskeln und Benimmregeln alle Ecken und Kanten abgeschliffen haben. Solche Menschen versuchen zwar, vorgegebene Muster voll auszufüllen oder gar zu übertreffen, von etwas Persönlichem im Sinne einer Individuierung kann aber nicht die Rede sein. Auch Breuer tritt in dem Beispiel sehr glatt und unpersönlich auf, als würde er unbewusst auf eine ihm entgegenschlagende Form von Aggression reagieren, indem er die Angriffsfläche verkleinert.

Wenig Angriffsfläche zu zeigen scheint notwendig, denn auf einen Vorstandsvorsitzenden kommen beträchtliche Ansprüche von außen zu. Diese sind aber nicht einfach nur streng, sondern vielfältig bis paradox. Ein CEO muss vor der Presse und der politischen Öffentlichkeit eine soziale Verpflichtung betonen, den Mitarbeitern verlässliches Vorbild sein, den Aktionären zeigen, dass er sich dem Shareholder Value verpflichtet hat, wozu auch Rationalisierung und Outsourcing gehört, dabei die Corporate Governance-Standards erfüllen und oftmals sein von vielen als überzogen bezeichnetes Gehalt verteidigen. Das ist ein fortwährendes Balancieren von eigentlich unvereinbaren Widersprüchen. Vor diesem Hintergrund und den angestellten Beobachtungen lässt sich die These vertreten, dass die Darstellung und die Art des Auftretens in Form einer Kompromissbildung funktioniert, um viele unterschiedliche Identifikationspotentiale eröffnen zu können.

Die Manager treten als Widerspruchskünstler auf und zeigen nicht auf scharfe Weise Profil, sondern sprechen diplomatisch, finden Kompromisse, die einerseits die Wünsche der einen Rezipienten befriedigen und dabei keine andere Gruppe direkt vor den Kopf stoßen und so deren Abwehrhaltung umgehen. Der CEO muss eine Vielzahl verschiedener Rollen spielen, einen Kompromiss finden zwischen der eigenen realen Person und dem, was erwartet wird, dem Supermanager und Symbol des Unternehmens. Er präsentiert abhängig von der Art der Veranstaltung ein spezielles Gesicht, passt sich in das Korsett spezieller Konventionen ein, wozu spezifische Kleidung, leicht verschiedene Gesten und Sprachhaltung gehören.

Ein Bild, das widersprüchliche Züge in einem Kompromiss vereint, bezeichnet die Psychologie als überdeterminiert. Freud hat in der Traumtheo-

---

201 Vgl. Richter, *Das System*, S. 60

rie dargelegt, dass im Traum auftauchende Elemente nicht nur einen einzigen Sinn besitzen, sondern überdeterminiert sind und in verdichteter Form unterschiedliche Ideen zusammenführen.[202] Wie ein Traumbild muss die Selbstdarstellung mehr als eine Sache bedeuten können.

Überdeterminierung hat hier ihre natürlichen Grenzen und der Auftritt ist keiner unbegrenzten Anzahl von Deutungen zugänglich. Dies ist möglich bei künstlerischer Kommunikation, zum Beispiel besonders in einer postdramatischen non-hierarchischen Theaterästhetik, die mit einer Montage von Bildern und Worten arbeitet und freie Assoziationen auslösen will. Bei den Investoren-Events wird Vieldeutigkeit automatisch durch den Kontext der Situation aufgehoben, die CEOs wollen schlüssig kommunizieren und das Publikum wartet fast schon darauf, dass in die Klaviatur der Klischees gegriffen wird. Der Aktionär merkt beim Blick auf den Depotauszug, wann der Redner mit Durchhalteparolen entgegen kommt, auch der Journalist zweifelt mal an der ach so »bedauerlichen« Personalmaßnahme. Dennoch wird gute Miene zum Spiel gemacht, Theatralität wird vertieft und undurchdringlicher, die Wirtschaftswelt mit der Wichtigkeit von Hoffnung, Eindruck und Inszenierungswert kann ohne Mittel des Theaters wie Spiel und Ästhetik nicht mehr funktionieren.

Techniken der Eindrucksteuerung und die Authentizitätsfrage

In der Situation des Auftritts selbst, im grellen Scheinwerferlicht und Augen in Auge mit lauernden Journalisten, misstrauischen Investoren und einflussreichen Analysten, die Anspannung im Rücken und das Redemanuskript in der Hand, da will ein Topmanager vor allem eines sein und zwar: ganz er selbst. Authentisch. Ehrlich. Sagt er selbst. Sagt die Investor Relations. Erwartet das Publikum.

Der Anspruch an die eigene Echtheit geht selten so weit wie bei Hartmut Mehdorn, dem Vorstandsvorsitzenden der Deutschen Bahn. Zu seinem Verhandlungsrepertoire gehören Manöver wie Kunden beschimpfen, Bauern opfern, Recht haben, und seine bisweilen forsch und arrogant wirkenden Auftritte begründete er höchstselbst in einer ARD-Sendung mit den Worten: »Ich bin kein Industrieschauspieler. Ich bin Mehdorn.«[203]

202 Vgl. Laplanche/Pontalis, *Das Vokabular der Psychoanalyse*, S. 544
203 Zit. n. Kaiser, »König Kunde«, S. 25

Mit einem Plädoyer für »Natürlichkeit« kann sich jeder rechtfertigen, der entweder nicht an sich arbeiten will oder von fragwürdigen Auftrittstrainings, wie sie zahlreiche Hoch- und Unterjubler aus dem breiten Coachingbereich anbieten, abgeschreckt worden ist. Zu schade, dass das Echte nicht immer das Professionellste ist. Wer sich umsieht weiß, dass die natürliche Unbefangenheit so mancher Mitmenschen, Manager und Mehdorns kaum zu ertragen ist. Seine Argumentation bedient zumindest das verbreitete Missverständnis von Inszenierung als bloßem Vorspielen falscher Tatsachen.

Auch kein Dax-Manager will zugeben, dass er seinen Auftritt probt, und einschlägige PR-Beratungen weigern sich standhaft, selbst im Vier-Augen-Gespräch, die Namen ihrer Klienten preiszugeben. Einen persönlichen Redenschreiber, der von Vorteil wäre, was ich im Rhetorik-Kapitel bespreche, hat beileibe nicht jeder. Bei Siemens arbeitet ein ganzes Team an den Reden, die Manuskripte des Deutsche Bank-Chefs hingegen werden im Bausteinverfahren zusammengesetzt, gar von Assistenten, was eine telefonische Nachfrage ergab. Ein weiterer Pressesprecher, der hier nicht namentlich zitiert werden soll, hält trotz offensichtlich trockener Auftritte, die auch vor Ort befragte Journalisten als solche wahrnehmen, seinen obersten Chef, DaimlerChrysler-CEO Zetsche, für »total gut«. Ein äußerst höflicher, aalglatter und gesichtsloser junger Assistent, der seinen Namen keinesfalls nennen mag (»Mein Job ist, eigentlich gar nicht da zu sein!«) lobt Zetsche noch als »eine Person, die sehr gut mit Anregungen von anderen umgehen kann«. In all dieser korrekten und hierarchischen Förmlichkeit scheint aber keiner zu wagen, den Vorständen irgendwelche Anregungen zu unterbreiten. Auch Manager wie der Ex-Lufthansa-Chef Weber und sein Nachfolger Mayrhuber sollen Übung ablehnen, aber zumindest Hinweise ihrer Redenschreiber befolgen, wo Betonungen und Atempausen zu setzen sind. Der Vorstand wolle, so ein Redenschreiber, sich »nicht verbiegen« lassen, sondern als Ingenieur, als Pragmatiker mit seiner »natürlichen« Art erscheinen.

Das Verständnis für eine Arbeit am Ausdruck wird demnach in diesen Kreisen als »unnatürlich« abgelehnt. Doch gerade beim Vertrauensaufbau zur Financial Community kann es schon auf den ersten Blick nicht darum gehen, wirklich authentisch zu sein und mit völlig menschlichen Unzulänglichkeiten alle zu verunsichern. Der Auftritt ist eine soziale Performance und das bedeutet nicht, man selbst zu *sein*, sondern sich selbst zu *zeigen*, was nach Schechner zu unterscheiden ist und mit dem Begriff »to perform myself«[204] beschrieben wird. Spitzenmanager spielen viele Rollen und müssen, wie mit dem Begriff Kompromissbildung beschrieben, verschiedene Erwartungen bestätigen und in einem gewissen Rahmen bleiben, nicht etwa aus vollem Herzen die nervende Presse beschimpfen. Das ließe sich auf die Formel bringen: »Wer nur authentisch ist, fällt durch«[205]. Sie stehen nicht als Privatpersonen, sondern als Rollenträger vor ihrem Publikum. Das Selbst, das in dessen Augen entsteht, ist das Produkt einer erfolgreich gespielten Szene, nicht die Ursache, wie auch Goffman beschreibt.[206]

Der Begriff der Rolle kommt aus dem Theater und diese Metapher[207] bedeutet immer eine Einübung in das Vorgeschriebene, im klassischen Theater ist das der Text, im Alltag sind es die Rollen-Konventionen. Diese sozialen Skripte hängen immer von gewissen Typisierungen und Positionen ab, weniger von den individuellen Spielern, die sie rezitieren. Die Verhaltensnormen wie spezielle Kleidung, vorgeschriebene Stimmlage und professionelles Vokabular sind für praktischen jeden Berufsstand und jede soziale Gruppe traditionell gewachsen und legen fest, welche Handlungen jeder einzelne und auch der Vorstandsvorsitzende ausführen muss, soll und kann.

Diese Regeln schränken ein, geben dem Einzelnen aber zumindest eine Gewissheit um die Konsequenzen, wenn er sie einhält oder nicht. Die Geschäftswelt ist gespickt mit Fallen, Sticheleien und der Angst, etwas Falsches zu sagen und im Moment der Schwäche erledigt zu werden. Allzu leicht ersetzen Floskeln persönliche Mitteilungen, vertrauensvolle und offene Kommunikation ist der menschliche Idealfall und hat hier nicht immer ihren Platz. Auch für mächtige Manager gilt, was Bourdieu als die paradoxe Dimension der symbolischen Herrschaft beschreibt, das »Beherrschtwerden des Herrschenden von der eigenen Herrschaft, [...] die verzweifelte und recht pathetische Anstrengung, die jeder Mann in seinem triumphierenden Unbewußten unternehmen muß, um zu versuchen, der herrschenden Darstellung des Mannes zu entsprechen.«[208] Bei geschäftlichen Auftritten tauschen sich keine schwankenden Subjekte aus, sondern

---

204 Schechner, *Performance Studies*, S. 146

205 Biehl, »Wer nur authentisch ist, fällt durch«, S. 27

206 Vgl. Goffman, *Wir alle spielen Theater*, S. 231

207 Der Begriff »Rolle«, welcher den Text und die Handlung eines Schauspielers bezeichnet, kommt von der Papierrolle, auf der die Worte standen. Es war nicht unbedingt so, dass ein Darsteller den Text des anderen und den Ausgang des Stücks überhaupt kannte, denn er hatte ihn nicht notwendigerweise »auf der Rolle«.

208 Bourdieu/Wacquant, *Reflexive Anthropologie*, S. 210

scheinbar selbstidentische Positionen, die alles unter Kontrolle haben. Auch der Held der Wirtschaft sitzt in Helden-Haft, er befindet sich in der Haft seiner Rolle, darf nicht »aus der Rolle fallen«, wie es so schön heißt.

Auch für die Wirkung auf das Publikum ist Authentizität nicht maßgeblich. Es ist nicht wichtig, ob der Auftritt authentisch *ist*, sondern ob er authentisch *wirkt*. Für den Zuschauer zählt nicht die Wahrheit, sondern etwas wie die »Wahr-Schein-lichkeit«. Das ist das Theaterparadox: Authentizität muss glaubhaft gefälscht werden.[209] Guten Rollenspielern merkt man nicht an, dass sie eine Rolle spielen. Auch in der Rhetorik sollte die Kunst die Kunst verbergen. Der Alltagsdarsteller wird als echt oder authentisch wahrgenommen, wenn er keinen Zweifel am Dargestellten aufkommen lässt, er muss Erscheinung, Verhalten und Umgebung in Einklang bringen und einer konsistenten und durchgängigen Linie folgen.[210]

Keine Widersprüche zu zeigen reicht aber noch nicht aus, um das Publikum auch wirklich für sich einzunehmen. Dafür ist seit Aristoteles das Erzeugen von Affekten das wirkungsmächtigste Mittel, ohne das keine noch so ausgefeilte Rede überzeugen kann. Dass der Redner dafür auch selbst in gewissen Maße erregt sein müsse, ist ein Gemeinplatz der Rhetorik. Allerdings darf er keine wirkliche Rede-»Leistung aus Leidenschaft« auf die Bühne bringen, sondern muss seine individuellen Gefühle stets unterdrücken und kontrollieren. Das beschreibt auch Gracián: »*Nie handle man im leidenschaftlichen Zustande*, sonst wird man alles verderben. Der kann nicht für sich handeln, der nicht bei sich ist; stets aber verbannt die Leidenschaft die Vernunft. [...] Stets sehen die Zuschauer mehr als die Spieler, weil sie leidenschaftslos sind.«[211] Die Kunst, strategisch Maß zu halten, kennt man von Auftritten von Politikern, die gelegentlich als »Emotainment« bezeichnet werden: Selbst bei Wahlniederlagen wird für das Publikum demonstrativ gute Laune ausgestrahlt und bei Sex-Beichten im Fernsehen geschickt geweint.

Wie der Auftretende kontrolliert Gefühle wiedergibt, erklären auch verschiedene Schauspieltechniken und Theorien, die hier aber nicht weiter relevant sind, da sie für das Illusionstheater gelten, in dem alle wissen, dass

---

209 Theatertheoretiker Michael Kirby beschreibt das Prinzip in einem Dialog zwischen zwei Schauspielern. Der erfolgreiche Darsteller erklärt sein Geheimnis folgendermaßen: »There's only one thing you need. Sincerity. Once you learn how to fake that, you've got it made.« Kirby, *A formalist theatre*, S. 14

210 Vgl. Goffman, »On Face-Work«, S. 11

211 Gracián, *Handorakel*, S. 161

nur gespielt wird.[212] Eine Selbstdarstellung mit Realitätsanspruch in einer Bühnensituation und mit emotionaler Beteiligung lässt sich aber in das Darstellungskontinuum von Michael Kirby als einfaches Schauspielen, *simple acting*, einordnen, bei dem der Auftretende sich selbst spielt und für das Publikum eigene Gefühle und Überzeugungen ein wenig verstärkt.[213] Das wirkt für das Publikum authentisch, solange der Redner nicht übertreibt und sich nicht hinreißen lässt.

Auch Denis Diderots *Paradox über den Schauspieler* lässt sich hier anwenden. Der Essay beschreibt, wie Emotionen der Zuschauer durch unemotionale Imitation des Schauspielers stimuliert werden. Der Schauspieler inszeniert die Symptome, er rührt das Publikum mit seinen Tränen, ohne selbst Traurigkeit zu empfinden. »Die Tränen des Schauspielers stammen aus seinem Gehirn, die des empfindsamen Menschen steigen aus seinem Herzen auf«[214], schreibt Diderot in dem Plädoyer für den kontrollierten »Verstandesschauspieler« im Unterschied zum »Gefühlsschauspieler«. Bedingung ist eine reflektierte und technisch perfektionierte Körpersprache in Gestik und Wortwahl und damit die bewusste selbstbeherrschte Distanz zu den repräsentierten Affekten. Der Essay behandelt nicht nur die Schauspieltechnik, sondern gleichzeitig die im Alltag, in der *comédie du monde*, relevante Frage, wie Menschen mit ihren spontanen Empfindungen umgehen können, um sich vor anderen konsistent und selbstidentisch darzustellen und gesellschaftlich aufsteigen zu können. Wer mit Empfindsamkeit geschlagen ist, ist nicht authentisch und mit sich identisch, sondern im eigenen Körper fremd und wird, so folgert Günther Heeg, nach Diderot nie ein großer Politiker oder ein großer Richter werden, es sei denn, er

212 Beispielsweise sollte bei Stanislavski der Schauspieler aus seinem eigenen affektiven Erlebnisschatz schöpfen, um seine Rollen zu gestalten und den emotionalen Zustand mit entsprechender Gestik, Stimme und Mimik auf das Publikum übertragen. Vgl. Stanislavski, *Creating a Role*, 25ff. Für einen umfassenden Überblick über die Methoden siehe: Roselt, *Seelen mit Methode*.

213 Vgl. Kirby, *A formalist theatre*, S. 7f. Die oberste Stufe seines idealisiert abgestuften Darstellungskontinuums ist das *complex acting*, die Darstellung einer fiktiven Rolle im klassischen Theater. Die unterste Stufe ist das Nicht-Schauspielen als *nonmatrixed performing*, eine puristische Form der Bühnenpräsenz, bei der der Performer nicht sprechende Handlungen vollzieht ohne etwas anderes als sich selbst zeigen zu wollen. Dazwischen gibt es ein breites Spektrum darstellerischer Seinsweisen, auf das in der folgenden Inszenierungsanalyse noch eingegangen wird.

214 Diderot, »Das Paradox über den Schauspieler«, S. 143

könne sich selbst vergessen verleugnen und mithilfe einer starken Einbildungskraft neu erschaffen.[215]

Ein wenig Selbstbetrug ist also immer von Vorteil, denn sobald der einzelne ernst nimmt, was er vorspielt, Erwartungen verinnerlicht und vergisst, handelt er, ohne Unsicherheit zu zeigen. Goffman beschreibt dies am Beispiel eines Schiedsrichters beim Sport: Wenn er den Eindruck erwecken will, dass er sicher in seinen Entscheidungen ist, muss er auf den Augenblick der Reflexion verzichten, der ihm gerade die Sicherheit geben könnte. Er muss sofort eine Entscheidung fällen und bei einem möglichen Foul pfeifen, damit das Publikum sicher sein kann, dass sein Urteil richtig ist.[216] So ein Verhalten illustriert die Handlung bühnenwirksam und gibt einen Autoritäts- und Wirklichkeitseffekt. Das Gleiche gilt auch für jeden anderen Alltagsschauspieler, auch für den CEO, wenn er plötzlich etwas tun muss, beispielsweise auf Fragen aus dem Publikum antworten. Auch er muss Sicherheit und Selbstüberzeugung vorspielen, die er vielleicht selbst in diesem Augenblick nicht so empfindet.

Szenographie

Ort

Der Ort der Versammlung ist immer mehr als nur eine beliebige Stadt, die möglicherweise eine gute Verkehrsanbindung besitzt, oder eine Halle mit genügend Platz. Der Ort hat immer eine symbolische Funktion und beeinflusst die Gesamtwahrnehmung, weil seine historischen und sozialen Eigenschaften ein bestimmtes Licht auf das Treffen werfen.[217]

Die Unternehmen legen Wert darauf, bei Veranstaltungen ihrer Rolle als guter Gastgeber gerecht zu werden und das Publikum zu beeindrucken, indem sie zuerst einmal einen Ort finden, der zum Geschäftsmodell passt.[218] Entscheidend für die Auswahl eines Hauptversammlungsplatzes sind nicht nur Kriterien wie die Größe der Räumlichkeiten, die technische

215 Vgl. Heeg, *Das Phantasma der natürlichen Gestalt*, S. 104

216 Vgl. Goffman, *Wir alle spielen Theater*, S. 31

217 Vgl. Carlson, *Places of Performance*, S. 5f; Fischer-Lichte, *Semiotik*, S. 138

218 Vgl. Bozicevic, »Welche HV-Lokalität ist die Richtige?«, S. 475f. Der Artikel basiert auf einer Auswertung des HV-Magazins, das 160 Unternehmen der Prime Standard-Indices Dax, MDax, SDax und TecDax befragt hat.

Ausstattung und die Kosten, sondern auch Stimmungsfaktoren: Manche achten auf die Professionalität des für die Verpflegung zuständigen Gastronomiebetriebs, legen Wert auf das, was sie »Flair« nennen, und bevorzugen schließlich die geografische Nähe zum Sitz der Gesellschaft oder zum Börsenplatz, an dem die jeweilige Aktie notiert ist.

Die Aktionäre fahren zur Hauptversammlung demnach meist in die Stadt, in welcher das Unternehmen seinen Sitz hat. Schon diese lokale Nähe kann sich für die Unternehmen positiv aufwirken, denn sie bedient die Kontrollillusion *home bias*: Es ist ein Urteilsfehler von Investoren, lieber nationale Aktien zu kaufen, weil das Unternehmen und der wirtschaftliche sowie politische Rahmen bekannt, greifbar und sicher erscheinen.[219] Auch das Treffen mit dem Konzern beziehungsweise seinen Vertretern am »Heimatstandort« kann leichter sicher und vertrauenerweckend wirken.

Wenige Konzerne distanzieren sich von ihrem Ursprung, lediglich der Stuttgarter DaimlerChrysler-Konzern hat seine Hauptversammlung schon vor einigen Jahren in das Berliner Kongresszentrum ICC verlegt. Pikiert reagierte unter anderem die Schwäbische Bank, die in ihrem Hauptversammlungsführer betont, dass zumindest noch schwäbisches Essen aufgetischt werde: »Exilschwaben-Naturaldividende. [...] Zom Essa gibt's en ›Berliner Teller‹ mit Minibouletten – en Stuttgart saget se Fleischküchle drzua – Würschtla ond Kartoffelsalat. Auf d'Mauldascha muaß dr Daimler-Aktionär au en Berlin net verzichta.«[220] Der Vorteil für den Vorstand liegt anderswo: Im nicht allzu großen Hauptsaal sitzen Aktionärs- und Bankenvertreter sowie Journalisten, das restliche Publikum aus Kleinaktionären wird wegen »Platzmangels« auf mehrere kleinere Säle mit Videoübertragung verteilt, um möglichst keine Proteste gegen die Unternehmenspolitik aufkommen zu lassen.

Die anderen Dax-Unternehmen laden beispielsweise in die Festhalle Frankfurt (Deutsche Bank, Commerzbank), die Kölnarena (Lufthansa, Post, Telekom) und in die Münchener Olympiahalle (Allianz, HypoVereinsbank, Siemens). Diese Arenen sind Orte der Unterhaltung, der Wettkämpfe und lautstarker Gemütsäußerungen und bleiben das auch am Tag der Hauptversammlung. Hier tummeln sich mehrere tausend Aktionäre auf

---

219 Vgl. von Nitzsch, »Behavioral Finance«, S. 147f

220 Schwäbische Bank, *Schwäbische Aktien, »zom Fressa' gern«*, S. 23. In dieser jährlich erscheinenden Broschüre listet der Herausgeber die Essensangebote auf den Hauptversammlungen aller schwäbischen Aktiengesellschaften auf. Knapp gefasste Unternehmenskennzahlen gehen der ausführlichen Menübeschreibung im Vesperleskalender voraus.

den weiten Treppen und treten dann im erleuchteten Rund gegen die Vorstände an. Die Konzerne müssen Flagge zeigen. Auch im wörtlichen Sinne: Die Unternehmensfarben sind gehisst und flattern im Wind, großformatige Werbeschilder leuchten bunt.

Der geschickte Vorstand versucht, die Umgebung zum eigenen Vorteil zu deuten. So freut sich Allianz-Chef Schulte-Noelle schon im Jahr 2002, dass so viele Aktionäre den Weg in die »ehrwürdige« Olympiahalle gefunden hätten und vergisst nicht, die damit verbundene beliebte Fußballweltmeisterschaft zu erwähnen und das neue Allianz-Stadion als Sympathieträger zu nennen:

»Die Faszination des Sports treibt uns gerade in diesen Tagen der Fußballweltmeisterschaft wieder um. Nun wissen wir nicht, wie weit es die deutsche Nationalmannschaft in diesem Wettbewerb der Besten noch bringen wird. Dies aber wissen wir, meine Damen und Herren: Als Gastgeber wird sie in jedem Fall Teilnehmer der nächsten Fußballweltmeisterschaft sein und in der ›Allianz Arena‹ wird in vier Jahren die Eröffnung stattfinden.«[221]

Für Presse- und Analystenkonferenzen wählen die Unternehmen meist die so genannte Inhouse-Variante und nutzen ihre eigenen Gebäude. Diese signalisieren für die Gäste – potenzielle und aktuelle Investoren werden auch zu »Site Shows« auf das Firmengelände geladen – und für die gesamte Öffentlichkeit den unternehmerischen Anspruch, denn Architektur ist immer politisch und meinungsbildend. Böhme erwähnt, wie der Kirchenbau Atmosphären des Heiligen oder der Demut erzeugt, andere offizielle Gebäude immer eingespannt sind in die Produktion von Herrschaftsatmosphären und wie Schlösser soziale Hierarchien sinnlich manifest machen.[222] In der Inszenierung des Finanzgeschehens gibt es als steinernes Zeugnis wirtschaftlicher Megalomanie Börsengebäude wie die Wall-Street, denen sich der Betrachter mit Ehrfurcht nähert. Ebenso greifen auch die massiven Banktürme in die Befindlichkeit derjenigen ein, die sie betreten.

Der größte Wolkenkratzer in Frankfurt gehört der Commerzbank und dorthin, in das hauseigene Auditorium, werden die Medienvertreter zur Präsentation der Bilanz gebeten. Sie können auf ihrem Weg durch das gläserne Innere und über weite Treppen kurzfristig Teil des imposanten und Stein gewordenen Erfolgs werden.

221 Henning Schulte-Noelle, Allianz-Hauptversammlung 2002, Redemanuskript
222 Vgl. Böhme, *Atmosphäre*, S. 17

Hoch hinaus geht es bei der Deutschen Bank, die im 35. Stock des ersten Zwillingsbankturms an der Frankfurter Taunusanlage zur Analystenkonferenz lädt. Das Gebäude ist als beliebte Kulisse in Printmedien und Fernsehen zu einem Symbol der deutschen Ökonomie geworden, und wird im Volksmund »Soll und Haben« genannt. Oben wird die Atmosphäre geprägt von schwerem dunkelbraunen Teppichboden und gedeckter althergebrachter Holztäfelung, die noch den Geist der Deutschland-AG geatmet hat und ihn bis heute ausströmt. In das dezente Summen der Klimaanlage mischt sich das Rauschen der Hochglanzblätter, welche die Analysten in gebundener Form auf dem Schoß halten und regelmäßig umschlagen. Nicht zu verachten: Der weite Blick von oben über die Stadt, welche sprichwörtlich zu Füßen der Finanzbosse liegt.

Auch BMW bietet Perspektive und lässt die Landschaft zum Akteur werden. Während der Pressekonferenz in München empfiehlt der Pressesprecher vor dem Mittagessen wärmstens den »Blick auf die bayerischen Berge, den man von diesem Ort so hat, aber auch nicht jeden Tag«[223]. Die BASF empfängt die Analysten in ihrem Stammwerk in Ludwigshafen. Die mehrere Quadratkilometer große Anlage mit Seehafen und Steamcracker ist eine der größten Verbund-Sites weltweit. Um diese Leistungsfähigkeit zu veranschaulichen, werden interessierte Anwesende nach der Konferenz durch den Komplex gefahren.

Bei der Lufthansa wird ihr eigenes Innenleben zum ästhetischen Thema und zum werbenden Leitmotiv. Das Unternehmen veranstaltet die Presse- und Analystenkonferenzen an Orten, die stark symbolisch aufgeladen sind und eine für die Anwesenden nicht alltägliche Arbeitsatmosphäre bieten: In den Neunzigern trat der Vorstand mal im Flugzeughangar auf, mittlerweile im Flight Training Center am Flughafen Frankfurt. Dort stehen die Flugsimulatoren und Mock-ups, Attrappen von Airbussen und Boeings. Letztere sind am Tag der Versammlung verwaist, gewöhnlich üben hier Flugbegleiter die Evakuierung im Notfall. Konzernchef Mayrhuber will aber kein Katastrophen-Szenario beschwören, wirft vielmehr einen langen Blick durch die Halle und lobt die Ausbildung der Mitarbeiter und besonders die Qualifikation der Piloten und die quasi sichtbare Sicherheit der Lufthansa. Die Geräte werden hernach interessierten Journalisten vorgeführt.

---

223 Peik von Bestenbostel, Pressesprecher, BMW-Bilanzpressekonferenz 2005, Videotranskript

Das neue Domizil der Deutschen Börse, ein halbgläsernes und blau beleuchtetes Gebäude im Frankfurter Stadtteil Hausen, erlangt ebenfalls auf jeder Veranstaltung Präsenz, allerdings nur szenisch. Es leuchtet als Hintergrundbild auf der Hauptversammlungsbühne, auf den Leinwänden der Presse- und Analystenkonferenz, strahlt auch von der Internetseite und ist Inhalt von Firmen-Filmen. Die Darstellung dieses Abbilds lässt sich als Teil der überzeugenden Börsen-Inszenierung begreifen. Mittlerweile bewegen Computersysteme die Kapitalströme und komplexe Abwicklungssysteme erledigen, was einst durch menschliche Hand ging. Die Zeiten des faszinierenden Zuruf-Handels sind in Deutschland vorbei. Diese maschinelle Rationalisierung wird durch Theatralisierung kompensiert: Die Inszenierung des Gebäudes transportiert eine Vorstellung plastischer Begreifbarkeit, lässt den Handel »fassbar« erscheinen und damit weniger riskant, auch indem es durch die Lokalisierung die *home bias* bedient.

Die Funktionalität im Hier und Jetzt ist aber eingeschränkt, da das Gebäude schlichtweg nicht genug Platz für Presse- und Analystenkonferenzen bietet. Diese werden deshalb in der Deutschen Bibliothek in Frankfurt abgehalten. Hier genießt die Zuhörerschaft im Saal im ersten Stock, der auf zwei Seiten nach außen verglast ist, eine interpretierfähige und doch wieder sehr bodenständige und endliche Aussicht: Wer den Blick vom über Zukunftsmodelle referierenden Vorstand nach rechts schweifen lässt, schaut auf eine Tankstelle und auf ein weißes Eingangstor mit goldenen Kreuzen, den städtischen Friedhof.

Räumlichkeiten mit Produktdemonstrationen und Büfett

Journalisten und Analysten lassen an einem Empfangstisch ihren Namen aus abhaken und erhalten dann ihr Namensschild, selten müssen sie durch einen Metalldetektor gehen. Der Weg des Aktionärs zur Registrierung hingegen führt bei Hauptversammlungen stets durch Sicherheitsschleusen, wie man sie von Flughäfen kennt. Dem Gast wird so einiges abgenommen, auch mal Demonstrations-Transparente, Jägermeister-Schnapsfläschchen, Taschenmesser, Tomaten und Eier als Wurfgeschosse.[224]

Der Durchgang durch die Schleuse verstärkt das Gefühl des Schwellenraums, das mit Turners Liminalitätskonzept zu beschreiben ist: Die Zeit-

224 Vgl. Schubert, »Szenen vor der Fraport-Hauptversammlung«, S. 28

spanne einer Veranstaltung besitzt eine soziale Wirksamkeit und kann als Schwellenzustand bezeichnet werden, ein Zwischenzustand nach der Trennung vom Alltag und vor dem Wiedereintritt in das normale Leben.[225]

Dieses Motiv des Eintritts in einen andere Sphäre wird auch von einer bildenden Künstlerin zum Thema gemacht: Die Malerin Verena Landau hat solche Eingänge in den sechs Werken ihrer Edition *pass_over* mit digitalen Fotomontagen dargestellt. Sie sagt: »Am Eingang zur Hauptversammlung mutiert der lebende Mensch zum stummen Aktionär.«[226] Wie bei vergleichbaren Transiträumen und Barrieren, die soziale Ausgrenzung markieren, könne man auch hier ein ritualisiertes Verhalten beobachten. »Man tritt ein und ist Teil der Masse, man geht bewusst aufrecht um gesehen zu werden, man will dazugehören.« Das Raumempfinden wirke auf die Stimmung, aber Landau selbst habe als Gast der Kritischen Aktionäre ein anregendes Erlebnis mit Unterhaltungswert erfahren. Die in ihren Bildern dargestellte Einsamkeit findet auf einer anderen Ebene statt, in der Präsenz an Orten, wie sie sich in Anlehnung an Marc Augé als Nicht-Orte bezeichnen lassen: Autobahnen, Flugrouten, Großkaufhäuser und Durchgangslager für Flüchtlinge besitzen eigene Zugangsregeln und zeichnen sich durch eine eigene Form der Kommunikation aus, für den Einzelnen wird ein Status als einsamer Konsument oder Passagier über eine vertragsmäßige Relation zur Gesellschaft hergestellt.[227] Die Orte stiften weder Identität noch Beziehung, sondern erzeugen Gleichförmigkeit und Einsamkeit. »Die Aktionäre kommen nur zu diesen Anlässen temporär in einem provisorischen Ambiente zusammen, das vollkommen durchinszeniert ist und quasi überall sein könnte«, sagt Landau. Die Bemühungen der Veranstalter um einen an Tradition erinnernden Lokalbezug, den ich eingangs geschildert habe, empfindet sie selbst wenig gelungen. Die Künstlerin hat als Kennzeichen der Austauschbarkeit ihre Bildräume mit stereotypen Figuren bevölkert. Nur wer genau hinsieht, erkennt den gequälten

---

225 Vgl. Turner, *Vom Ritual zum Theater*, S. 41. In künstlerischen Performances existiert eine Art liminoider Schwellenzustand, der aber Verhaltensmuster infrage stellt.

226 Verena Landau im persönlichen Gespräch im März 2006 in Köln bei der Tagung *Dem Kapital auf der Spur: Kritische Aktionäre 1986–2006*. Landau will gegen das Klischee antreten, dass Malerei nur für das Schöne zuständig sei, und beschäftigt sich mit Themen wie der Funktionalisierung von Kunst durch die Wirtschaft. Sie hat für ihr Projekt *Feindbild-Verleih* Manager wie Albrecht Schmidt, Hilmar Kopper und Josef Ackermann gemalt. Danach folgte die Beschäftigung mit Aktionärshauptversammlungen. Im Folgenden zitiert.

227 Vgl. Augé, *Non-lieux*, S. 139

Gesichtsausdruck einer Hostess oder die Präsenz von Gegendemonstranten als Spiegelung in der Eingangstür.

Abb. 3: Eintritt in die Deutsche-Bank Hauptversammlung

(Quelle: Verena Landau, Digitale Photomontage aus der Edition pass_over)

Außerhalb der Tore von Hauptversammlungen und Bilanzpressekonferenzen versammeln sich häufig Angestellte, Gewerkschafter oder Kunden, die sich betrogen fühlen, um zu demonstrieren. Vor den Toren der Deutsche Bank-Hauptversammlung entrollen Demonstranten im Jahr 2006 ein großes Transparent, auf dem in dunklem Rot der Schriftzug »Die Räuber« prangt, darunter steht: »In den Hauptrollen: Ackermann und Walter«, damit ist die Konkurs gegangene Firma Walter-Bau gemeint. Als würde in der Festhalle ein Theaterstück aufgeführt. Auch hier wird mit dem Vergleich des sozialen beziehungsweise wirtschaftlichen Dramas gespielt.

Abb. 4: Demonstranten bei der Gegendarstellung vor den Toren der Veranstaltung

(Quelle: Verena Landau – Deutsche Bank Hauptversammlung 2005)

Jedes Jahr ist hier auch die Initiative Ordensleute für den Frieden anzutreffen. Eingehüllt in weiße Tücher liegen sie im Jahr 2002 vor dem Eingang auf dem Boden unter Plakaten mit dem anklagenden Schriftzug: »Das Kapital geht über Leichen!« Aktionäre steigen über sie hinweg, nehmen Flugblätter an, unterhalten sich, betrachten die Vorstellung interessiert, auch mal amüsiert oder äußern sich abschätzig. Der Veranstalter öffnet einen zusätzlichen Nebeneingang. Vor den Messehallen in Köln-Deutz werden die Anleger mit Straßentheater begrüßt und mit einem Banner: »BAYER: Hände weg von unserer Nahrung!« Weiterer Blickfang ist ein verkleideter Aktivist, an dessen Bein eine Kette mit einer Kugel hängt, auf der »Gentechnik« steht. Mit Genugtuung registriert er, dass sich die ersten Kameras vor ihm aufbauen. Andere geben Interviews für Radiosender. Die Straße wird zur Bühne, denn in den Hallen müssen Journalisten ihre Kameras ausschalten und dürfen keine Gäste filmen.

In den inneren Räumlichkeiten angelangt drängt sich nach wenigen Blicken die Erkenntnis auf, dass große Hallen nicht dazu gebaut wurden, eine große Menschenmenge aufzunehmen, sondern Raum für weite Werbung zu bieten. In den Worten von Event-Veranstaltern: »Idealerweise wird der Aktionär schon beim ersten Unternehmenskontakt mit einem interessanten Informationsangebot konfrontiert, das ihn in seinen Bann zieht.«[228] Zu diesem Angebot gehören Produktpräsentationen, Informationsstände und Werbefilme, die auf mehreren im Raum verteilten Bildschirmen laufen, sowie das Büfett. Hier im Präsenzbereich können die Anteilseigner weite Kreise ziehen, während die Unternehmensführung mehr oder minder an die Bühne gebunden ist oder sich in nicht einsehbare Hinterräume zurückzieht. Eine statische Beschränkung auf einen Ort ist, wie Schechner festgestellt hat, charakteristisch für eine offizielle Machtpräsentation und zeigt Autorität, während die quirlige Masse sozusagen »Raum einnimmt« und mehrere Bezugspunkte ansteuern kann.[229] Der Aktionär übernimmt durch sein Umhergehen die Rolle eines Akteurs und kann sich seine eigene Aufführung schaffen und einen selbst gesetzten Rhythmus neben der Zeitstruktur der Tagesordnung finden.

Am Büfett tummeln sich so genannte Hauptversammlungstouristen, die ihre Ausschüttung als Naturaldividende direkt vor Ort einkassieren. Sie greifen lieber zum legendären »Vesperleskalender« der Schwäbischen Bank anstatt zum Geschäftsbericht. Das kostenlose Mittagessen schätzen die

---

228 Orlik/Graf, »Hauptversammlung«, S. 588

229 Vgl. Schechner, »The Dramaturgy of Direct Theatre«, S. 88

Aktiengesellschaften übrigens als den zweitwichtigsten Besuchsanreiz ein, nach dem Kontakt zum Management.[230] Bei der Versammlung werden die Anleger vom Duft von Gebratenem angelockt, der oftmals langsam und erst unbemerkt durch den Hauptsaal zu wabern beginnt, sobald die Rede des Vorstandsvorsitzenden beendet ist und berüchtigte Konzerngegner in den Startlöchern stehen. So kommt es, dass viele wie bei Bayer nicht den Umgang mit Chemie und Nahrungsmitteln diskutieren, sondern sich draußen mit genmanipulierten Würstchen vergnügen.

Gerüche sind eine starke Wirkkomponente von Atmosphären und ein Element, mit dem auch Theater und Performancekunst häufig arbeiten. Der mit der Nase erfahrbare Eindruck macht dem Publikum das Gezeigte in einer weiteren Dimension erfahrbar. Er wird beispielsweise zu einem klischeehaften Attribut der Hauptperson in einer Molière-Inszenierung an der Pariser Comédie Française, wo der ältere Schauspieler äußerst herbe Aromen von Kampfer ausdünstet, die nach einiger Zeit bis nach hinten gedampft sind und dort für irritiertes Schnüffeln sorgen. Das ungewohnte Parfüm lässt die Figur für den riechenden Zuschauer noch fremder und entfernter erscheinen und rückt sie in eine besonders altbackene Ecke. Die Düfte entwickeln sich beispielsweise zu ekelhaftem Gestank in einer Inszenierung im schauspielfrankfurt von Sarah Kanes *Phaidras Liebe*, sobald das Essen auf den Grill verbrannt ist und die ausgeleerten Eimer mit Kunstblut zu müffeln beginnen. Selbst wenn der Geruchsherd ausgeschaltet ist, bleiben die Aromen im Raum und prägen die Atmosphäre, sie sind schwer neutralisierbar.

Die Aktionäre verweist der angenehme Dampf des Büfetts noch lange Zeit nach dem Mittagessen darauf, dass der Zenit des Tages schon überschritten ist und könnte suggerieren, das Wichtigste sei schon gelaufen. Der Essensduft macht die Gäste nicht nur auf ihren Hunger aufmerksam, sondern erinnert sie auch an ihren Überlebenstrieb. Bei Hauptversammlungen wird gedrängelt in der heißen Schlacht am warmen Büfett, so manches Häppchen wandert in Plastiktüten und wird eilig weggetragen. Darüber amüsieren sich Event-Organisatoren mit angeekeltem Blick und lassen Kommentare wie »raffgierig« fallen, ohne einen Gedanken an andere öffentlich kritisierte Varianten der Selbstbereicherung auf Vorstandsebene zu verschwenden. Die Anleger geben sich auch nicht mit allem zufrieden, sondern erwarten beim Essen Stimmigkeit. Sie monieren in der General-

230 Vgl. SdK/Haubrok, *Hauptversammlungsumfrage*, S. 15

debatte eine als knauserig empfundene Auslage oder entdecken ausgerechnet beim Chemie- und Pharmaunternehmen Altana Gesundheitsgefahren: »Die Salzbrötchen draußen sind gar nicht gut. Ich habe zu hohen Blutdruck. Wie ich sind hier viele alte Personen. Können Sie nächstes Jahr was anderes anbieten? [Lachen im Publikum].«[231]

Für die Analysten und Journalisten wird auf Produktdemonstrationen und andere Versuche zum Kundenfang verzichtet. Es gibt »lediglich« Essen. Bei der Lufthansa eignet sich das Catering für Werbung, denn die zum Konzern gehörende LSG Sky Chefs tischt Brötchen, Besteck und Gläser mit Kranich-Label auf, die es sonst bei Flügen in der Business-Class gibt. An anderer Stelle geht die Auswahl bis zum dreigängigen Menü mit gedünstetem Lachs oder »Käsenudeln an Rauke«, inklusive reichlich Weiß- und Rotwein. Die Kosten werden natürlich stets getragen. Da dieser Situation schnell ein gewisses Geschmäckle anhaften kann, witzeln die Journalisten im Presseraum zwar kauend aber absichtlich distanziert über das »Bestechungsessen für hungrige Journalisten«. Beim rituellen Zusammenstehen können sich die Gruppen unterhalten und soziale Beziehungen fester knüpfen, die zu erfolgreicher Presse- und IR-Arbeit gehören. Abgerundet wird dies häufig durch kleine Geschenke wie Kleidersäcke bei der Deutschen Börse oder einem Fernsteuer-Truck der Deutschen Post.

Nicht nur durch die Nase und den Magen wird kommuniziert, sondern gerade bei Hauptversammlungen kann das Unternehmen durch Unternehmungen tatsächlich be-griff-en werden. Bei manchen Firmen verlangen Exponate, Spiele wie Torwandkicken, Produktstände, Internetterminals mit Zugang zur Firmenhomepage oder Aktionärsbefragungen am Computer Interaktion. Manchmal zieht die plakative Präsentation gesellschaftlicher Verantwortung durch Fotoausstellungen von philosophischen Gesprächsrunden die Blicke auf sich. Bei der Telekom stellen Mitarbeiter Handys und Telefonmodelle vor, vollziehen also die mit einem telekommunikativen Auftritt verbundene Dienstleistung.

Der Automobilkonzern DaimlerChrysler präsentiert einige seiner Automodelle im Vorsaal leicht erhöht, hell beleuchtet und mit einladend offenen Türen. Darunter sind sowohl die neuesten und kleinsten wie der Smart, aber auch die historische Pullman-Limousine, um die sich wesentlich mehr Personen scharen. Sie erinnert an den Glanz alter Zeiten, in denen sich das Management noch nicht der Qualitätsverluste wegen schä-

231 Privatanleger, Altana-Hauptversammlung 2004, Mitschrift

men musste. Durch das Arrangement wirken sie wertvoll aber nicht unnahbar: Wer möchte, kann sie anfassen, Türen öffnen und schließen und Fingerabdrücke auf dem frisch polierten Kofferraumdeckel hinterlassen. Weil der Aufbau an eine Präsentationsweise wie im Museum erinnert, werden die Objekte mit Kultur in Verbindung gesetzt, das Auto erscheint als »Kunstwerk«. Die manipulierte Wertigkeit lockt die Anwesenden zu dem, was eigentlich ein so genannter »PoS« ist, ein Point of Sale. Das Anfassen ist einfacher Verkaufstrick, eine Ver-Hand-lung: Die Berührung versetzt die Anleger, die potenziellen Kunden, in Stimmung und spricht Emotionen an. Durch den physischen Kontakt überzeugen sie sich für Dinge, die sie symbolisch schon besitzen, weil sie sich bereits in ihrer Hand befinden.[232] Verhandelt wird hier vor allem die Zustimmung der Anwesenden, denn die Autos sind über die soziale Ebene hinaus, auf der sie einen Gebrauchswert besitzen, auf semantischer Ebene materielle und mit positiven Werten ausgestattete Stellvertreter des Unternehmens, anders als die oft weniger geliebten Vorstände. Die Luxus-Karossen haben symbolischen Wert, stehen ebenso für »Geschwindigkeit« und »Reichtum«. Von Aktionärsseite wird hier oft demonstrativ Besitz ergriffen und wenig zurückhaltend zugelangt: geklappt, geschaltet, geblinkt und gerissen, gedrückt und gefingert. Sogar ein Reservereifen rollt bei der DaimlerChrysler-Hauptversammlung 2005 durch die Gegend.

Die Bühne

Wenn der Zuschauer den Hauptversammlungssaal betritt, befinden sich die Vorstände meist schon auf der Bühne, einige sitzen in den Reihen und starren ins Parkett, andere gruppieren sich unter den hellen Lampen scheinbar ungezwungen und schütteln sich die Hände im grellen Blitzlichtgewitter.

Dieses Posieren auf der Szene wird auch in postdramatischen Theaterformen eingesetzt. So unterhalten sich beispielsweise die Performer von René Pollesch schon vor Vorstellungsbeginn sichtbar auf dem Podium, winken auch mal zu Bekannten im Publikum. Hier wie dort sollen sich die Auftretenden an die Atmosphäre gewöhnen und die Situation lässt keine Hierarchie in dem Sinne entstehen, dass die Zuschauer schon da sind, wie

232 Vgl. Clark/Pinch, *The Hard Sell*, S. 109

auf Parteitagen oder in der Kirche. Ein Aufziehen des Vorhangs, das im klassischen Theater eine gespannte Stimmung mit dem sich öffnenden Blick auf die Bühne erlöst, gibt es nicht. Der Vorhang ist hier das Wort, das den Menschen eine Form gibt, sobald es ertönt. Man kann auch sagen, der Moment beginnt, sobald die Zuschauer eintreten.

Nur bei kleineren Veranstaltungen wie der Presse- und Analystenkonferenz bedient sich das Führungsteam auch mal aus den Bildertiefen der antiken Tragödie und eröffnet auf eine Weise, die an den Einzug des Chors, *parodos*, erinnert: Mit einer Gruppe von Gefolgsleuten und unter den Klängen freudiger Musik zieht Telekomchef Ricke winkend in den Saal und steigt dann die Stufen hinauf.

Die Hauptversammlungen in Sportarenen geben durch eine angedeutete Kreisform dem Begriff »Aktionärsdemokratie« zumindest einen architektonischen Inhalt. Ähnlich wie im Plenum lässt die sitztechnische Ausrichtung auf ein inneres Zentrum einen gemeinsamen Fokus des Organs Hauptversammlung auf die Unternehmensentwicklung erahnen. Aber selbst in den Arenen wirkt die Situation stark oppositionell, weil Bühne und Publikum sich gegenüber sitzen. Generell kontrolliert eine frontale Gegenüberstellung durch Blickkontakt und schafft Aufmerksamkeit.[233] Auch bei Presse- und Analystenkonferenzen sind die Reihen im Parkett stets in direkter Opposition zum Bühnenensemble aufgebaut – die Anwesenden sitzen hier in einer Arbeitsatmosphäre an Tischen während tausende Aktionäre zwangsläufig wie bloße Zuschauer auf Stühlen Platz nehmen müssen. Bei den Analysten täuscht die Szene, die eine strikte, fast gegnerische Trennung suggeriert. Gerade große Investoren können hinter den Kulissen Einfluss nehmen.

Ausdruck einer anderen Intention sind künstlerische Frage- und Antwort-Performances wie *The Travels* von Forced Entertainment. Die Performer präsentieren sich an einem langen Tisch in einem Winkel zu den Zuschauern oder sitzen auch zwischen ihnen. Anstelle einer geraden Theatron-Achse wird eine Vielzahl von örtlichen Perspektiven eröffnet, Blickpunkte werden vervielfacht und jeder Teilnehmer hat ein noch unterschiedlicheres Bild der Situation. Das soll er in diesem Fall auch haben.

---

233 Vgl. Clark, »Silent Selling«, S. 23

Abb. 5: Die »Aktionärsdemokratie«

(Quelle: Siemens-Pressebild – Hauptversammlung 2005)

Die Raumstruktur mit der Beziehung von Bühne und Zuschauerraum lässt ein Wirklichkeitsverhältnis entstehen, das beiden Interaktionspartnern ihre jeweilige »Rolle« zuweist.[234] Diese stets gewahrte Distanz ist für die Vorstandsauftritte maßgeblich und mit ihr auch eine alltägliche Form der Abstraktion. Bei Analysten- und Pressekonferenzen ist die Kontaktschwelle zum Vorstand mit rund einem halben Meter nicht besonders hoch, auch sonst erhalten Vertreter dieser Zünfte Termine und Interviews im inneren Kreis der Macht.

Bei Hauptversammlungen kann von Nähe keine Rede sein. Die Manager haben zwar die Chefetage im Bürohochhaus verlassen, bleiben aber immer noch in gewissem Sinne in der »Topetage« und thronen über dem Parkett. Oft sind viele Reihen im vorderen Teil für Bankenvertreter oder Mitarbeiter reserviert[235] und erhöhen die sichere Entfernung noch, was den Zuschauer in eine voyeuristische Betrachterposition setzt.

234 Vgl. Rapp, *Handeln und Zuschauen*, S. 210

235 Mit der Sitzordnung wird auch Politik gemacht. So empört sich beispielsweise Lars Labryga, SdK, auf der Telekom-Hauptversammlung 2004 in seinem Redebeitrag vor dem Publikum (Mitschrift): »Falls Sie [als Aktionär] mir Ihre Stimmrechte übertragen

Diese mehr oder minder hohe Distanz bei berufsprofessionellen Veranstaltungen wird oft nicht bewusst beachtet. Gerade deshalb ist es interessant, dass Aufführungen wie beispielsweise im Theater von Jerzy Grotowski mit dieser Entfernung spielen und sie durch die Bewegung der Schauspieler in den Sitzreihen auch mal auf ein quasi parataktisches Maß reduzieren, was einen Raum mit zentripetaler Dynamik entstehen lässt: Der Zuschauer erlebt eine ungewohnte Nähe, wenn die Darsteller mit der Übertretung der als angenehm empfundenen Distanz spielen und das Theater wird dann zu einem »Moment der *mitgelebten Energien* statt der übermittelten Zeichen«[236]. Die Situation dieser Performances konterkariert die dem mental nachvollzogenen Drama wesentliche Distanz und Abstraktion.

Abb. 6: Keine hohe Schwelle zum Vorstand

(Qeulle: BMW – Bilanzpressekonferenz 2006)

Diese Beobachtung verdeutlicht, was bei den Manager-Auftritten passiert: Die szenische Dominanz markiert und vertieft die räumliche und damit geistige Separation und lässt deutlich Machtverhältnisse entstehen. Im

wollen, dann nicht da, wo ich sonst sitze. Ein junger Mann von der Sicherheitsfirma wurde da hingesetzt, damit ich da nicht sitze!«

236 Lehmann, *Postdramatisches Theater*, S. 286

Sinne der Manager ist, dass die Distanz Platz zur Mystifikation bietet, welche Ehrfurcht vor Autorität erzeugt. Jede Faszination verfliegt, sobald bei alltäglicher Selbstdarstellung kein Platz für Idealisierung, Spekulation und Neugier bleibt.[237] Die abgrenzende Sphäre gibt einen Persönlichkeitswert vor, gewissermaßen die Form gewordene Ehre. Weil der Aufbau so zum Element von Vertrauensbildung wird, würden Ideen von einem »innovativen« Bühnenkonzept in Form eines »Round-Tables« und »ohne die übliche Barriere«[238], wie sie die Hauptversammlungsveranstalter Orlik und Graf in einem Artikel andenken, nicht die erwünschte Wirkung liefern. Eine ähnliche Situation ist lediglich einmal, bei der Hauptversammlung des amerikanischen Unternehmens Google zu beobachten: Der junge Vorstand sitzt auf der Bühne auf höheren Schemeln, einer Art Barhockern, und beantwortet die Fragen reihum mit dem Handmikrofon. Er wirkt nicht unnahbar, sondern praktisch greifbar. Das passt durchaus zur Unternehmenskultur, es kann so wirken, als bestünde – wie auch beim Produkt der Internetsuchmaschine – ein Draht zum normalen Leben. Der Anblick erinnert auch an das typische Turnschuh-Klischee der New Economy.

Weniger im Sinne der Selbstpräsentation ist, dass die Podesthöhe auch negative Assoziationen entstehen lassen kann. Der szenische Raum illustriert inklusive der Höhen ebenso die Befindlichkeit derer, die dort sitzen, in einer Rolle, die authentisch sein soll. Damit erhält die allgemein bekannte Vorstandsbeschimpfung »fat cats« für Manager, die Gewinne zur persönlichen Wertsteigerung verfrühstücken, durch die meist wohlgenährte Präsenz auf dem erhöhten Ausblick symbolische Nahrung. Der Anleger formuliert die Vorwürfe vor den »Nimmersatten« in der Beletage der Besserverdienenden bei der Generaldebatte auch mal aus: »Das deutsche Volk muss den Gürtel enger schnallen. Warum muss der Aufsichtsrat da oben nicht sparen?« Die Einschätzung erklingt aus dem architektonischen Parterre bei der Telekom aufgebracht als: »Sauerei. Diese unverschämte Ganovenbande da oben!«

Äußerst selten ist es, dass ein Anleger die einladende Plattform auch wirklich betreten darf. Lediglich Schwester Angela von den Ordensleuten für den Frieden steigt bei der Deutsche Bank-Hauptversammlung 2004 wie selbstverständlich über das Proszenium die Stufen hinauf. In den Händen hält sie einen Sack mit fünf Kilogramm Kleingeld – eine Spende, welche die Ordensleute vor der Eingangstür und auf Frankfurts Straßen unter dem

237 Vgl. Goffman, *Wir alle spielen Theater*, S. 62

238 Orlik/Graf, »Hauptversammlung«, S. 590

Motto »Brot für die Bank« gesammelt hatten, als ironische Unterstützung für Ackermanns Auslagen im Mannesmann-Prozess. Beim Anblick der Schwester in Respekt gebietender Tracht erstarrt der dunkel gekleidete Saalschützer, der als finanziell unabhängig zu bezeichnende Manager erhebt sich und nimmt mit artigem Dank die Gabe entgegen.

Abb. 7: Die Bühne ist doch nicht unnahbar – eine Spende für die Bank

(Quelle: Henry Mathews, Dachverband der Kritischen Aktionäre – Deutsche Bank-Hauptversammlung 2004)

Firmen wie die Deutsche Bank und Commerzbank signalisieren immerhin bei den Hauptversammlungen durch eine dreistufige Treppe mit flauschigem Teppichboden und warmem Parkett zwar einen Besonderheitswert, aber auch Offenheit und Zugänglichkeit und lassen an Schlagworte wie »Transparenz« denken.

Wenig transparent und wenig einladend wirkt der Aufbau eines Emittenten einer Wertanlage, die sich ehemals als bombensicheres Witwen- und Waisenpapier angepriesen hatte. Der Blick fällt aus der Perspektive des Telekom-Anlegers immer noch auf eine »sichere Anlage«, allerdings nur in plastischer, nicht in finanzieller Dimension. Das Papier hat klar underperformt und es zeigt sich, dass zumindest der Vorstand noch Wert darauf legt, »bombensicher« zu sein: Das Management verbunkert sich praktisch bei jeder Hauptversammlung hinter einem anderthalb Meter hohen Wall. Er sollte, so gab ein Telekom-Mitarbeiter zu, Schutz vor »eventuellen Handgreiflichkeiten«[239] bieten.

Eine extrem absetzende Ansicht lässt der Aufbau des Versorgers EON entstehen. Das Management erreicht zusätzliche Höhe über sieben Treppenstufen, die weiße Frontabdeckung der Sitzreihen setzt auf verschiede-

239 Zit. n. Brors, »Hihaho, Sommer ist k.o.«, S. 12

nen Stufen an und streckt dadurch perspektivisch. Die klotzige Präsentation von Materialität kann beeindrucken und weist dem Zuschauer eine extreme Froschperspektive zu. Man erinnere sich hier an das weise Histörchen vom »gekochten Frosch«: Wird ein Frosch in heißes Wasser geworfen, versucht er, so schnell wie möglich wieder herauszukommen. Wenn man ihn in lauwarmes Wasser setzt und die Temperatur ganz allmählich erhöht, passiert nichts: Der Frosch gibt alle Anzeichen des Wohlgefühls von sich und merkt nicht, wie er bei lebendigem Leibe anfängt zu kochen.[240] Der erste Eindruck vom Management ist ebenfalls nicht zu verachten, denn der Anleger nutzt ihn als Anker – ein Begriff, den die verhaltensorientierte Kapitalmarktforschung häufig verwendet[241] – und bemerkt möglicherweise erst später, wie die mit dem ersten Blick empfundene »Kompetenz« bröckelt, wenn die Stimmung hochkocht.

Auf den meisten Bühnen haben sich niedrige Tische durchgesetzt. Was der Zuschauer erblickt, ähnelt einer Arbeitsplatzansicht – durch die Selbstanzeige im Hintergrund bei einer großen deutschen Bank sogar fast einer »leidenschaftlichen«. Von den EON-Führungspersonen sind lediglich Köpfe und Schultern zu erkennen hinter dem hohen weißen Schutz, der ihnen kaum Bewegungsfreiheit lässt. Sie strahlen in dieser Ansicht die figürliche kühl-kalte Monumentalität musealer Büsten auf Marmorblöcken aus und wirken weniger wie dynamische Lenker, als welche sie selbst sich gerne bezeichnen.

Großformatige Namensschilder vorn an den Sitzreihen, welche oft den akademischen Titel tragen, signalisieren wie sich das Management sieht und gesehen werden soll. Der Zusatz ist ein als synekdochische Repräsentation aufgefasstes Zeichen, ein unterscheidendes und positiv beeinflussendes Rollenkennzeichen.[242] Aber Achtung: Auszeichnungen können nicht mehr Respekt erwarten, als die Institution, die sie verleiht.

Deutsche Kleinanleger sind äußerst aufmerksam und reagieren bei der bloßen verbalen Vorstellung von »Professor Schrempp« durch den Versammlungsleiter bei der DaimlerChrysler-Hauptversammlung 2004 sofort mit höhnischen Rufen. Der viel kritisierte Manager hat nur mittlere Reife und damals auf der Ingenieurschule in Offenburg studieren können.[243] Er ist Professor von »Teufels Gnaden«, denn der Ministerpräsident Erwin

240 Vgl. Baecker, *Postheroisches Management*, S. 52

241 Vgl. Piwinger/Niehüser, »Über die Bedeutung des ersten Eindrucks«, S. 210

242 Vgl. Cialdini, *Überzeugen im Handumdrehen*, S. 221

243 Vgl. Grässlin, *Jürgen E. Schrempp*, S. 36

Teufel (CDU) hatte den Titel Ende 2003 ehrenhalber verliehen in einem »justizfreien Hoheitsakt«[244]. Nur wenige mögen um die den genauen Hintergrund wissen, halten den Grad aber für fragwürdig und betonen ihn ironisch. Auch der bekannte Hauptversammlungsaktivist und Würzburger Wirtschaftswissenschaftler Prof. Dr. Ekkehard Wenger polemisiert: »Ich rede jetzt als *Herr* Wenger. Ich habe den Titel ordentlich erworben.« Er wolle mit der »unfähigen Figur von *Professor* Schrempp« nicht auf eine Stufe gestellt werden. Seit der Manager den Titel führen dürfe, tauge er in Baden-Württemberg nur noch als Beleidigung. Heilfroh sei er, Wenger, dass er in Bayern lehre. Der Saal kreischt und jubelt.

Das heitere Spektakel um die Titel hat allerdings einen ernsten Kern. Zunächst zählen zu den hauptversammelten Titeln neben den Graden Professor und Doktor auch Zusätze, welche gerade bei englischen Unternehmen wie Vodafone zu sehen sind: Dort sitzen mehrere Lords.[245] Adelstitel sind die Signale schlechthin für leistungslos erworbenes Herkunftskapital, und dieses hat sich hier auf der Finanzbühne akkumuliert. Zudem besteht hier ein Ungleichgewicht der Geschlechter: Eine Studie der Cranfield University fand heraus, dass ein Drittel der wenigen Frauen in Führungsgremien der größten englischen Unternehmen einen Titel führt, im Vergleich zu einem Fünftel der Männer, und weist auf die Diskrepanz hin: »Are women still having to prove themselves with a title, whilst men are appointed on promise?«[246]

Frauen scheinen also mehr leisten zu müssen, und das gelingt nur wenigen, wie der Blick auf den Bühnenraum mit Vorständen, Aufsichtsräten und Pressesprechern nahe legt. Er besteht als Pars pro Toto, als realer Teil und Fortsetzung des Zuschauerraumes, steht nicht symbolisch-metaphorisch für eine andere Welt wie im Illusionstheater, sondern ist metonymisch, indem er einen Teil für das Ganze darstellt.[247] Die Bühne ist die »Stimme« des Unternehmens oder das »Gesicht« des Konzerns. Und das sieht ganz anders aus, als es in jung-dynamisch und vor allem geschlechter-

---

244 Müller, »Das Rätselraten um die Professoren von Teufels Gnaden«, S. 8

245 Bühnenbesatzung bei der Vodafone-Hauptversammlung 2004: Lord MacLaurin of Knebworth (Chair), Arun Sarin (Chief Executive), Sir Julian Horn-Smith, Peter Bamford, Thomas Geitner, Andy Halford, Sir John Bond, Dr. Michael Boskin, Lord Broers, John Buchanan, Penny Hughes, Anne Lauvergeon, Professor Jürgen Schrempp, Luc Vandevelde, Philip Yea.

246 Singh/Vinnicombe, *The 2003 Female FTSE Index*, http://www.som.cranfield.ac.uk/som/research/centres/cdwbl/projects.asp (Abruf März 2006)

247 Vgl. Lehmann, *Postdramatisches Theater*, S. 288

paritätisch besetzten Werbefilmen, Broschüren und Internetseiten dargestellt wird.

Das Bühnenensemble des so fortschrittlichen Unternehmertums könnte, abgesehen vom trendigen Einreiher und moderner Technik, auch in einer antiken Tragödie auftreten, in einer Inszenierung auf der Shakespeare-Bühne, im Herren-Theater im puritanischen England oder in einem mittelalterlichen Mysterien- und Passionsspiel. Dort war es wie überall bis zur Commedia dell'Arte in der zweiten Hälfte des 16. Jahrhunderts keiner Frau erlaubt, auf den Brettern zu agieren, weil sie als hoch anzüglich und vor allem als mäßig intelligent galten – die Frauenrollen wurden von Männern und Knaben gespielt. Entweder wiederholt sich die Diskriminierung früherer Epochen bei der *mise en scène* der Wirtschaftsbühne ohne »Miss en scène«, oder, was wahrscheinlicher ist, da keiner der Rollenträger einen Rock trägt und bei genauem Hinsehen einige Aufsichtsrätinnen und Referentinnen der Investorenkommunikation zu erkennen sind: Im Skript der Entscheider sind einfach keine Frauenrollen vorgesehen.

Die Armlehnen einer Vorstandsbank befinden sind fest in einer Hand, die männlich, deutsch und um die 50 ist. Das Geschlecht bildet eine noch höhere Barriere für den Aufstieg in diese Reihen als der ethnische Hintergrund: Ausländer, davon ein Drittel nicht einmal deutschsprachig, sind gemäß einer Studie des Personalberaters Spencer Stuart mit rund 13 Prozent in Vorständen von großen deutschen Unternehmen vertreten und der Frauenanteil liegt bei 0,5 Prozent, obwohl Frauen anders als männliche Ausländer mehr als die Hälfte der Bevölkerung stellen.[248] Einzige Ausnahme bei den Dax-Unternehmen ist Schering-Vorstandsmitglied Karin Dorrepaal. Auch im Aufsichtsrat herrscht laut dem Deutschen Institut für Wirtschaftsforschung massiver Nachholbedarf: Nur rund 8 Prozent der Kontrollposten bedeutender deutscher Unternehmen sind mit Frauen besetzt.[249] Die Ungleichheit setzt sich fort bis in die Zuschauerreihen bei Analystenkonferenzen, unter den hoch bezahlten Bankern sind ebenfalls nur eine Handvoll Frauen anzutreffen. Bei den Pressekonferenzen finden sich deutlich mehr Journalistinnen. Aber auch bei den Aktionärstreffen dominieren die Männer, die gerade in den älteren Generationen das Geld für die abhängige Familie verdient und angelegt haben.

Die Reproduktion von männlichen Vorständen verläuft nach einem homo-sozialen Muster und ist nicht nur diskriminierend, sondern wirt-

---

248 Vgl. Spencer Stuart, *Spencer Stuart Board Index Deutschland 2002/03*, S. 36 u. S. 69f

249 Deutsches Institut für Wirtschaftsforschung, *Frauen in Führungspositionen,* S. 52

schaftlich unverantwortlich: Unternehmen mit gemischten Gremien arbeiten effizienter, erfüllen die Corporate Governance-Standards mit ihrer Forderung nach einer breit gestreuten Erfahrung in größerem Ausmaß und erreichen eine höhere Marktkapitalisierung.[250]

Mit dieser Szene konfrontiert stellen Aktionäre bei Hauptversammlungen Unstimmigkeiten fest und fragen tatsächlich nach Diskrepanzen zwischen Anblick und Werbefilm oder anderen Aussagen der Unternehmenskommunikation. Bei der Deutsche Bank-Hauptversammlung 2005 deutet eine Bankerin in ihrem Redebeitrag auf die Bühne und hält anklagend einen Prospekt über die Frauenförderung des Konzerns in die Luft. Der Vorstand betont bemüht, dass man Frauen doch stets unterstütze.

Paradoxerweise wuseln in performativer und verzerrender Wiederaufnahme des Wortes »Unterstützung« hilfsbereite Damen über die Bühne und servieren Kaffee. Diese körperlich bewegte Rolle lässt sich in Kirbys Schauspiel-Kontinuum ganz unten, unter Nullmatrix-Darstellung oder *nonmatrixed performance* einordnen, was bedeutet, nicht in die Matrix eines Charakters auf der Bühne eingebunden zu sein, sondern zu handeln wie auch die Bühnendiener im Kabuki- und Nô-Theater, die Requisiten sortieren, während die Vorstellung läuft.[251] Zwar werden die Frauen mehr oder minder in der Rolle der Unperson ignoriert, aber sie erlangen wiederum im zuerkannten Schauspielen, *received acting*, im Zeichenkontext von Bild und Wort als visueller und schweigender Gegensatz zu den männlichen Sprechcharakteren eine Bedeutung: Es sieht so aus, als sei das die angemessene Rolle für Frauen auf der Finanzbühne. Als ob sie pauschal zu denen gehörten, die zu wenig Leistung aus Leidenschaft lieferten, welche sonst doch direkt zum Erfolg führt. Die gesellschaftliche Leistungslüge wird hier anschaulich bloßgestellt.

De facto verhüllt die Bühne nicht, dass die mächtigsten Männer der deutschen Wirtschaft dutzende wichtige Posten unter sich aufteilen. Während der Hauptversammlungen fehlen oft Mitglieder von Vorstand und Aufsichtsrat, weil sie in einer anderen Haupt- oder Nebenrolle andernorts bei einem Konzern auftreten. Die Aktionäre bedienen sich der Lücke und fragen, wo sich der jeweilige Herr befinde, um ihre Kritik am Widerspruch zwischen hohen Bezügen, die mit einem hohen Kontroll- und Verantwortungsaufwand begründet werden, und der Fülle an Mandaten deutlich zu

---

250 Vgl. Singh/Vinnicombe, *The 2003 Female FTSE Index*, http://www.som.cranfield.ac.uk/som/research/centres/cdwbl/projects.asp

251 Vgl. Kirby, *A formalist theatre*, S. 7f

machen. Auch lange Bühnenpausen werden ironisch kommentiert, da Manager doch sonst geradezu an ihren Sesseln kleben würden und Dank der Prämien einen immensem »Chairholder«-Value erreichten. Bei ebenfalls fünfstündigen Analystenkonferenzen verlässt aber kein Vorstand die Szene, als könne man das diesem Publikum nicht bieten. Nur der Vorstandsvorsitzende, der sonst Meetings leitet, beginnen oder beliebig unterbrechen kann, muss bei der Hauptversammlung vor immer dünner besetzten Reihen stundenlang Antworten vorlesen.

Die Bühne entlarvt auch die Rochade-Züge auf den Brettern der Wirtschaft. Ein Beispiel: Im Januar 2004 sitzt Karl-Hermann Baumann als Aufsichtsratchef auf der Hauptversammlungsbühne von Siemens, Gerhard Cromme als Aufsichtsratsmitglied hinter ihm. Einen Tag später bei der ThyssenKrupp-Hauptversammlung in Essen zeigt sich das Duo in vertauschten Rollen, Cromme hat die Rolle des Aufsichtsratsvorsitzenden inne und Baumann ist einfaches Mitglied des »Kontrollgremiums«.

Beliebt ist auch der Rollen- und damit auch der Sitzwechsel vom Vorstandsvorsitzenden zum Aufsichtsratchef, wie ihn fast die Hälfte der Ex-Chefs von Dax-Unternehmen vollzogen haben. Das ist in den Augen der Investoren mit einer guten Corporate Governance unvereinbar und wird in den Generaldebatten heftig kritisiert. Diese Erbfolge-Regelung kann kritische Überwachung erschweren, denn welcher neue Aufsichtsrat sieht gern zu, wenn das unter seiner Leitung aufgebaute Konzernkonzept, sein Lebenswerk, einmal umgebaut werden sollte.

Auch die Handlungen der anwesenden stummen Rollen – selbst Vorstände sitzen oft nur als Dekoration auf der Bühne und dürfen kaum eine Frage beantworten[252] – verstärken nach Theatertheoretiker Michael Kirby in der Handlung des *not-acting* die von der Bühne ausgehende Wirkung in ihrer Präsenz als Zuhörer, und beeinflussen auch wieder als zuerkanntes Schauspielen, *received acting*, den Gesamtanblick.[253]

Die Ensemblemitglieder wie andere Vorstände umrahmen den CEO, was sich mit dem Begriff *Doughnutting*[254] bezeichnen lässt. Der Begriff impliziert, dass das Verhalten fast gleich lautend zu »do nothing« dramaturgisch loyal sein sollte. Manche Ensemblemitglieder stehlen aber dem

252 Ausführlich wird dieser Aspekt in Kapitel *III.Dramaturgie der Antworten* behandelt.

253 Vgl. Kirby, *A formalist theatre*, S. 7f

254 Der Begriff stammt aus der britischen Politik und bezeichnet eine Situation, in der sich wenige anwesende Abgeordnete im Unterhaus um den Redner gruppieren, um im Fernsehen den Eindruck eines vollen Hauses zu vermitteln.

Chef für Momente die Schau, telefonieren gar, oder lassen durch demonstratives Nachgießen von Kaffee selbst den Blick des Redners kurz verunsichert abschweifen. Doch auch Nichtstun kann den Anblick verhunzen, wenn der halbe Vorstand mit gefalteten Händen die Ausführungen über »Zukunftsfähigkeit« weniger mitdenkt, denn fast schon wie figürliche Ironie flehentlich mitbetet. Eines der wenigen im Sinne der Unternehmensdarstellung positiven Beispiele liefert Eckhard Cordes von Daimler-Chrysler, derzeit als Schrempp-Nachfolger gehandelt:

»Cordes [...] weiß um die Bedeutung eines fotogenen Auftritts. Spricht Schrempp von guten Zeiten, dann richtet sich Cordes' Blick in Treue auf seinen Herrn. [...] Neue Chrysler-Modelle auf der Leinwand? Cordes wendet sich interessiert nach hinten. Erfolge in der Nutzfahrzeugsparte? Cordes, Ex-Chef der LKWs, richtet die Krawatte. Seht her, das hab ich geschafft. Und als die Rede kommt auf die Probleme bei Mercedes und Smart, da richtet er sich auf, Ellenbogen auf den Tisch gestützt, ganz der energische Macher der Zukunft.«[255]

Cordes hat verstanden, dass viele Augen auf ihm ruhen, während sich andere Mitglieder von Bühnenensembles in der großen Halle oft unbeobachtet fühlen, obwohl sie auf dem Filmbild plötzlich die Hälfte des gesamten Ausschnitts füllen können. Es reicht somit nicht, etwas wie »Präsentationsfähigkeiten« zu betonen, denn es müsste genauso »Webcast-Skills« geben, gerade wenn man solche Ausführungen seriöser Journalisten betrachtet.

Position des Redners

Der Vorstandsvorsitzende steht für seinen Vortrag bei den meisten Hauptversammlungen an einem Pult vorn auf der Bühne, aber selten bei Presse- und Analystenkonferenzen. In anderen Ländern, beispielsweise in Großbritannien, ist es fast Standard, auch für die Rede vor Journalisten und Fondsmanagern aufzustehen. Die Stellung betont die Besonderheit des Frontmanns, zusätzlich personalisieren ein geometrisches helles Lichtfeld und der oft noch mal 20 Zentimeter emporragende Unterbau. Während manche Vorstände auf ihrem Platz bleiben wie bei Lufthansa-Hauptversammlungen und »teamorientiert« von einem erhöhten Pult aus sprechen, werden vor dem an der Rampe stehenden Pult des Professor (h.c.)

255 Knüwer, »Daimler im Reformstau«, S. 12

Schrempp sogar noch silberne Metallständer mit Ketten im Halbrund positioniert und nach der Rede wieder abgeräumt – sein vermeintlich bescheidener Nachfolger verzichtet darauf allerdings.
Alle diese Elemente sind szenische Äquivalenzzeichen von operativem Einfluss. Das ist eine alte Pathosformel, in der prominenten Stellung ist die Ausdrucksgestalt eines codierten Körpers wie dem eines Predigers mit seinen Gebärden geronnen. Das Rednerpult, hinter dem gewöhnlich ein Wissender zu den weniger Wissenden spricht, ist zudem ein Paradigma der Wirtschaftsbühne: eine Figur des so genannten Agency-Problems, welches die für einen gegenseitigen Investitionsvertrag bei Trennung von Eigentum des Unternehmens (Investoren) und der Kontrolle des Unternehmens (Management) charakteristische asymmetrische Verteilung von Information, Wissen und Handlungsmacht beschreibt.[256] Allerdings kann der, der auf dem Podium wie der alleinige Chef wirkt, vom noch mächtigeren Aufsichtsratsvorsitzende bestellt und entlassen werden. Der Aufbau bietet zumindest szenographisch eine Voraussetzung für das, was sich so mancher vollmundig für seine Variation der Mauerschau vornimmt, obwohl er es nach der Kritik der Zuschauer zu urteilen nicht immer schafft: »Lassen Sie mich zuerst auf dieses ereignisreiche Jahr zurückblicken. Dann möchte ich Ihnen den Weg beschreiben, auf dem wir Ihr Unternehmen voran bringen wollen.«[257]

Der Wirkung des Sprechers zuträglich ist ein offenes Pult, denn die ganze Person als szenisches System sendet viele Zeichen der Gestik und der Haltung und das macht den Anblick für den Zuschauer interessanter. Armut an Signalen verursacht Langeweile, denn der Zuschauer braucht zu viel Zeit und eine lange Weile, um sich ein Bild zu machen.

Die Bewegung aus der Vorstandsreihe heraus personalisiert stark, wenn der Chef zum Pult schreitet. Das Motiv erinnert an das Hervortreten des Einzelnen aus dem Chor, welches die Geburt der Tragödie und den Anfang des Theaters darstellt. Wer spricht wird sichtbar. Und nicht nur das. Auch angreifbar.

---

256 Die Interessenskonflikte bestehen zwischen Aktionären, die ihre Kapitaleinlage maximieren wollen, und einem Management, das in manchen Fällen in reinem Eigeninteresse persönliche Wertschöpfung durch Steigerung der eigenen Bezüge und Abfindungen betreibt. Vgl. Schmidt/Terberger, *Investitions- und Finanzierungstheorie*, S. 415f

257 Jürgen Schrempp, DaimlerChrysler-Hauptversammlung 2004, Redemanuskript

Abb. 8: SAP-Chef Kagermann quasi auf dem Weg zu neuen Ufern. Das Pult zeigt aber wenig vom Sprecher.

(Quelle: SAP – Bilanzpressekonferenz 2005)

Zunächst ähnelt der Weg eines deutschen CEO zum Rednerpult nicht nur motivisch dem Gang eines tragischen Helden, sondern transportiert eben diese Stimmung. Der Ausdruck beschränkt sich auf einen verhaltenen Schritt mit gesenktem Kopfe. Lediglich der oberste Deutschbanker rutscht bei einer Analystenkonferenz auf dem Weg zum Rednerpult auf dem frisch polierten Parkett fast aus. Er pariert prompt mit einem selbstironischen und leicht erschrockenen Ausruf in Anspielung auf die Fragerunde: »I hope the questions are not as slippery as the platform is!«[258]

Schlimmer noch beim Auftritt Ron Sommers, Telekom-Hauptversammlung 2002. Er läuft zum Pult in der Ecke links vorne und mehrere tausend Aktionäre nutzen den Moment, um Buhrufe anzustimmen und zu pfeifen. Sommer steht auch noch in großer Distanz und im Winkel zur Vorstandsbank, was die bildhafte Vorstellung eines isolierten Eckenstehers transportiert. Säßen die Kollegen direkt hinter dem Sprecherpult, bestünde die szenische Wirkung eines kompetenten Rückhalts. Auch an diesem

258 Josef Ackermann, Deutsche Bank-Analystenkonferenz 2005, Videotranskript

Detail zeigt sich, dass eine »klar differenzierende Positionierung des CEO (USP)«,[259] welche Kommunikationsberater im Allgemeinen als Strategie zur Profilbildung anraten, bei Auftritten schlecht wirken kann, sollte die *unique selling position* als allein stehende Verkaufsstellung wörtlich umgesetzt werden.

Rednerpulte für die Aktionäre

Bei Hauptversammlungen kommt mit der Fragerunde deutlich mehr Bewegung in den Saal als bei Presse- und Analystenkonferenzen. Dies mag stimmungsmäßig gelten, ist hier aber zuerst einmal wörtlich gemeint. Letztere stellen die Fragen von ihrem Platz aus und bekommen ein Mikrofon gereicht, falls dort keines installiert ist. Hier verändert sich zwar die Haltung der Interaktionsteilnehmer, das Footing[260] wird aber szenographisch nicht sichtbar.

Die im Raum symbolisierte Machtverteilung verschiebt sich bei der Generaldebatte bei Hauptversammlungen. Die Grenzen werden übertreten, sobald ein einzelner Aktionär zum Rednerpult nach vorne schreitet. Er tritt als er selbst oder als Stimme der Vereinigung auf, die er vorher nennt, und wenn er die Reihen verlässt, verschiebt sich die szenische Balance für den Zuschauer aus der zentralen Froschperspektive auf den Vorstand schräg nach unten auf das Rednerpult. Das proxemische Zeichen der Bewegung auf den Kommunikationspartner Vorstand zu bestätigt die Hierarchie, indem eine Distanz gehalten wird. Sie hat die theatrale Wirkung, dass der Aktionär nicht zu nahe tritt und liefert eine gute Momentaufnahme der Gesamtsituation.

Lediglich ein Dax-Unternehmen, Altana, lässt die Fragen von dem Vorstandssprecher-Pult auf der Bühne stellen und konstruiert eine Sphäre des Respekts und einen temporär vollständig integrierten Raum für den jeweiligen Redner. Auf großer Distanz hält DaimlerChrysler seine Aktionäre und deren Vertreter: Sie stehen an so genannten Sprechstellen, Pulte inmitten der ansteigenden Zuschauerreihen.

---

259 Burson-Marsteller, *CEO Profilbildung*, S. 9

260 Vgl. Goffman, »Footing«, S. 128: »A change in footing implies a change in the alignment we take up to ourselves and the others present as expressed in the way we manage the production or reception of an utterance.«

Abb. 9: Anklage mit Abstand: Mathews am Rednerpult bei der Post
(Quelle: Henry Mathews, Dachverband der Kritischen Aktionäre – Deutsche Post Hauptversammlung 2003)

Die meisten Dax-Unternehmen bieten zwei Rednerpulte. Auch das ist historisch bedingt. Anlass war der denkwürdige »Wenger-Skandal« bei der Hauptversammlung von Daimler-Benz im Jahre 1993: Der mittlerweile bekannte Universitätsprofessor und Unternehmenskritiker Ekkehard Wenger ließ sich nicht in seiner verbalen Attacke stoppen und klammerte sich am Pult fest, als die Saaldiener ihn herunterziehen wollten. Er wurde mit dem Unterbau aus dem Saal getragen.

Diese Tradition der Konstruktion erschwert einen »effizienten« Ablauf der Generaldebatte. Der deutsche Hauptversammlungsgast liefert Redebeiträge von rund zehn, gern auch mal 20 Minuten. Er besitzt qua Aktienrecht Auskunftsrecht und kann nicht einfach abgeschnitten werden, anders als in Frankreich, Großbritannien und in den USA. Dort kommen die Fragen knapp daher, was aber auch daran liegt, dass sie über Mikrofon von den Sitzreihen aus gestellt und sofort beantwortet werden. Wer in Deutschland eines der leicht »prominenten« Nebenspielzentren betritt, bleibt auch gleich etwas länger da. Einmal angekommen wissen die deutschen Anleger, dass es für sie praktisch unmöglich ist, eine Nachfrage zu stellen, denn die Antwort folgt nicht direkt im Anschluss, sondern nach einem Block von vier oder fünf Rednern, und erst dann könnte sich der Aktionär wieder anstellen, was Stunden dauern kann. Wer ahnt, dass der CEO auf den Inhalt gar nicht gebührend eingehen könnte, tendiert dazu, die Frage wasserdicht machen zu wollen und abzudecken, was in einer anderen Situation eine Reihe von sequenziellen Fragen erledigt hätte, und diese längere Vorgeschichte wächst sich automatisch zu einer Rede aus, die eher deklamativ als interrogativ ist.[261] Die umstrittene gesetzliche Neuordnung der Fragerunde mit dem UMAG garantiert also nicht, dass die Versammlungen kürzer werden, eine Begrenzung der Anzahl der Fragen und eine Änderung des Aufbaus gibt es nach wie vor nicht. Daraufhin befragte Organisatoren befürchten eine belastete Atmosphäre, gar »einen Aufruhr, wenn wir den Aktionären nach vierzig Jahren ihr Pult nehmen«.

Durch den Aufbau erhält die Führung dramaturgische Dominanz. Sie wirkt höher durch das Verhältnis nach unten und zentraler durch die Relation zum Rand, sobald ein Redner diesen durch seine Präsenz betont. Seine Augenhöhe ist auf Knöchellinie der »Topetage«. Auch die Beleuchtung trägt zur verminderten Wirksamkeit der Gegenredner bei. Die Bühne bleibt hell und so liegt das Zentrum der Aufmerksamkeit nicht alleine auf der Nebensprechstelle und der Investorenfrage. Manchmal bleibt auch das Vorstandspult beleuchtet, als würde der Investor von unten aus dem Dämmerlicht heraus nicht den CEO, sondern das verwaiste Pult anklagen. Auch das Pult der Anleger ist hin und wieder sehr grell belichtet, das hat aber andere Gründe: »Die Aktionäre schwitzen und es ist ungemütlich. Keiner will da hin«, verrät ein Event-Dienstleister vor Ort auf Nachfrage.

Auf den Aktionärspulten prangt oft das Firmenlogo, als direkte Fortsetzung der häufig den gesamten Performanceraum erfüllenden Logo-Überreaktion der jeweiligen PR-Abteilung – böse Zungen könnten anmerken, so manche Gruppe hätte nichts anderes zu vermelden als den eigenen Namen, was zu vergleichen wäre mit der linguistischen Entwicklungsstufe eines Kleinkinds. Manche Unternehmen halten die kleinen Pulte frei von Brandings, um zu verhindern, dass ein Bild von einem sehr kritischen Aktionär mit Firmenlogo publik wird. Der Schriftzug würde ihm die Autorität einer Unternehmensstimme verleihen und ihm ein szenisches Upgrade aus

261 Vgl. Sacks, *Lectures on conversation*, S. 52

seiner Randposition heraus geben. Auch auf Dekoration wie Blumen, meist Attribute der Hauptdarsteller, wird immer verzichtet.

Die kleinen Pulte sind meist rechtwinklig zur Bühne und zu den Zuschauern ausgerichtet, tendenziell den Zuhören zugewandt. Durch diesen Aufbau wird die szenische Wirkung einer Anklage verkleinert, weil keine Opposition zwischen Sprecher und Management besteht. Außerdem liefern weder die anderen Investoren noch die Unternehmensführung »Rückendeckung«. Die Anordnung überträgt sich auf den Sprecher und lässt ihn und seine Frage wie eine individuelle, marginale Einzelposition wirken. Unterstützend wirkt dafür aber die Projektion des Redners hinter dem Vorstandsensemble, die bei den meisten Inszenierungen mit Doppel-Leinwand meist auf der Seite erscheint, von der aus er spricht. Der Vorstandsvorsitzende jedoch taucht meist auf der gegenüberliegenden Seite auf, wenn sein Pult weiter rechts steht, links. Ihm wird durch den raumgreifenden Bogen von Körper und Bild eine wirksamere Bühnenpräsenz gegeben.

Nicht nur das Abbild des Redners leuchtet von den Leinwänden, bei der Commerzbank erscheint das Bild einer bewegten Kamera, die vom Commerzbank-Tower in Frankfurt in die Straßenschluchten hinein und auch mal von unten auf das Gebäude filmt. Das lenkt von der Präsentation des Redners ab, verkürzt aber auch die Zeit bei langweiligen Fragen. Die Bank wird damit doppelt betrachtet, einmal durch die Frage, einmal im Film. Anders als die verbale Anklage wirkt die bildliche Machtdarstellung in Form von Türmen immer positiv für die Bühne. Der Autorenkommentar erinnert an Elemente wie »solide« und »standhaft«. Der Appell tönender zweifelnder Fragen wird vom beeindruckenden Hintergrund stumm auf einer visuell-emotionalen Ebene abgeschwächt. Gerade in diesem Moment suggeriert die Inszenierung der Baukunst darüber hinaus noch eine bestimmte Wirklichkeit: Zwar gehören die Türme zu den höchsten Gebäuden Frankfurts, aber international ist die Commerzbank kein wirkliches Dickschiff.

Den Auftritt der Aktionäre stört noch ein weiterer technischer Trick, der in anderer Form schon in früheren Epochen der Unterhaltungsbühnen existierte: Im französischen Vaudeville-Theater im 19. Jahrhundert wurden schlechte Performer mit einem Holzhaken unter Buhrufen von der Bühne gezerrt und ein solcher Haken erscheint bei Hauptversammlungen, bei denen der Moderator auch mal unterbricht oder die Mikrophone abschaltet, als grelles Signal. An vielen Rednerpulten läuft eine Uhr und der Fragende sieht ein rückwärts laufendes Ultimatum. Am Ende der Redezeit stoppt die Digitalanzeige und eine grelle rote Leuchte erstrahlt. Das vorne am Pult angebrachte »Bremslicht« kündigt sich beispielsweise zwei Minuten vor Fristende durch ein nervöses rhythmisches Blinken an. Damit auch wirklich jeder Zuschauer wahrnimmt, dass die Rede ein Ende haben sollte und er seiner Neigung zum Rausklatschen nachgeben darf, zoomt der Kameramann gerne den Shot aus. Nicht nur der Rednerkopf, sondern auch das Pult mit der Lampe wird auf den Leinwänden als Autorkommentar sichtbar.

Hier wird deutlich, wie bestimmend für die Rezeption einer Veranstaltung die Zeit ist, die »erlebte Zeit [und] das Zeiterleben, das Akteure und Zuschauer teilen, und das offensichtlich nicht genau meßbar, sondern nur erfahrbar ist«.[262] In Abgrenzung zur objektiv messbaren Zeit wird diese Dauer theaterwissenschaftlich als Duration bezeichnet. Sie wird den Anwesenden in mehreren Dimensionen bewusst. Auf dem Papier richtet sich die Dauer nach den Programmpunkten und nach der Länge der Fragelisten. Wenn diese sehr lang sind, beginnt das Duell gegen die Zeit schon auf dem Papier und die Spannung steigt, ob noch alle Fragen beantwortet werden. Die knappe Zeit an sich ist das Grundmodell der Dramatisierung, dahinter steht eigentlich immer die Grenze des Lebens, in diesem Fall ist es das Aktiengesetz, das vorschreibt, dass die Versammlung vor Mitternacht über die Bühne gehen muss. Eine andere Zeitschicht ist die performative Umsetzung, das Tempo der Bühnenaktion. Gerade Vorstände erlauben sich langatmige Antworten und die gefühlte Zeit kann das für den Zuhörer als eine lange Weile oder halbe Ewigkeit erscheinen lassen. Auf einer weiteren Ebene wird die Wahrnehmung auch von der inszenierten Realität beeinflusst. Während die Vorstandsrede stets im Zeichen des Ausblicks steht, dreht sich mit der Fragerunde der Wind, gerade Aktionäre sprechen eingehend über Zurückliegendes und für sie nicht ausführlich genug thematisierte Ereignisse. Diese innere Diskontinuität des Ereignisses kann ihre Beiträge zäh wirken lassen. Sprecher werden dann ausgebuht und herausgeklatscht. Sie werden aber auch bejubelt, weil ihre Anmerkungen ebenso die Rede des CEO im Nachhinein unpassend erscheinen lassen können.

Manche Hauptversammlungsgäste brauchen kein Rednerpult, sondern nutzen den Saal als Bühne. Bei der DaimlerChrysler-Hauptversammlung 2006 zeigen Gewerkschafter ihrem neuen Chef Dieter Zetsche, der meh-

262 Lehmann, *Postdramatisches Theater*, S. 309

rere tausend Arbeitsplätze streichen will, die »rote Karte«. Eine ganze Reihe erhebt sich von den Sitzen und die Buchstaben auf ihren roten T-Shirts bilden den leuchtenden Schriftzug »Solidarität statt Konkurrenz«.

Die Deutsche Post erhält auf ihrer Hauptversammlung eine szenische Antwort auf ihren Werbeslogan »Schreib mal wieder«. Aktivisten der Umweltschutzorganisation Greenpeace setzen das Motto performativ um. Ihnen gelingt es, ein 5 Meter langes Transparent in den Saal zu schmuggeln, das sie vor der Bühne entrollen. Sichtbar wird ein Schriftzug, der die Post anklagt, Raubbau an Wäldern zu betreiben. In dicken schwarzen Lettern steht hier: »Urwälder zu Briefumschlägen. Schluss damit«. Vorstand Klaus Zumwinkel reagiert aber gelassen. Statt dem Sicherheitsdienst einen Auftritt zu ermöglichen, ignoriert er die Aktivisten für zehn Minuten, scherzt dann mit Blick in den weiten Saal: »Können Sie mich da hinten noch sehen?«[263] Er erntet Lacher von den Anwesenden, eine kollektive Zustimmung, und die Greenpeace-Leute resignieren, rollen das szenographische Hindernis wieder ein und treten ab.[264]

Requisiten und Dekoration

Requisiten sind Objekte, an denen Darsteller Handlungen vollziehen, und die nicht nur in jeder Theateraufführung dazu da sind, dem Gezeigten weiteren Sinn zu geben. Auch bei Managerauftritten sprechen sie zwar nicht, haben dem Publikum aber immer etwas zu sagen. Oder auch nicht, wenn man so will: Ein Mikrofon beispielsweise besitzen alle Vorstände und sind damit als potenzielle Sprecher gekennzeichnet, die Fragen beantworten. Die theatrale Resignation zeigt sich bei manchen Vorständen auf Bilanzpressekonferenzen, die wie bei der Commerzbank 2005 zu neunt anrücken und sich ausrechnen können, dass sie nur als Dekoration auftreten. Manche haben dort ihr Mikro von Anfang an runter geklappt und dort bleibt es auch. Das Auditorium bekommt schnell den Eindruck, dass sie auch sonst nichts zu melden haben.

Bei Hauptversammlungen ist an vielen Sitzplätzen meist gar keine Tonübertragung installiert. Die visuelle Stimmlosigkeit des Aufsichtsrats kann für den Zuschauer suggerieren, dass er auch sonst immer »stumm«

263 Klaus Zumwinkel, Deutsche Post-Hauptversammlung 2003, Mitschrift

264 Post und die Tochter McPaper haben die Papiersorte wenig später nach weiteren Protesten aus dem Verkauf genommen.

bleibt. Der szenische Hinweis beißt sich mit der wichtigen Kontrollfunktion und Verantwortung, die sonst immer zur Rechtfertigung der Bezüge verwendet wird. Rechtlich geregelt ist aber, dass nur der Vorstand Auskunft gibt und der Aufsichtsratssprecher über seine Arbeit informiert.[265] In Zukunft werden Aufsichtsräte aber nicht wie eine sprachlose Sphinx über der Versammlung thronen, denn sie müssen, so die Rechtsprechung, die Anleger umfassend über ihre Arbeit informieren und mit den üblichen Floskeln über die Arbeit im vergangenen Geschäftsjahr ist es dann nicht mehr getan.[266]

Meist finden sich kleine Bildschirme auf den Tischen, auf denen Vorstand und Aufsichtsrat die Übertragung auf der Leinwand hinter sich verfolgen können. Davon hat jeder »nur« einen. Was wie eine Utopie des Überflusses erscheint, sind Getränke und Gläser, die alle zahlreich besitzen und zwischen denen sich die Führung zu verlieren scheint. Der dekorative Effekt verkehrt sich ins Gegenteil, wenn sich auf Hauptversammlungen beispielsweise sieben Vorstandsmitglieder zwischen 34 Flaschen, 14 Gläsern und mehreren Kaffeekannen verteilen und die Anordnung eher mit Altglassammlung und Überlebenskampf auf der »Durststrecke« assoziiert wird. Diese materielle Schwere, die auf immaterielle Härte verweist, ist plastische Ironie eines umgebenden Bühnenbilds, welches positive Leichtigkeit anzeigen will.

Requisiten sind zudem essentiell für die Inszenierung von Schwellensituationen wie Inthronisierungen, Hochzeiten oder Graduationen. Dort werden Kronen, Ringe und Zeugnisse übergeben und der Empfänger verändert mit dem Akt seinen Status. Für die jeweilige Gruppe sind die Momente, die dabei entstehen, ein geschickter PR-Zug, weil sie den Betrachtern ein eindeutiges und erinnerungswürdiges Bild liefern. Solche Aufführungen sind ein traditionelles Prinzip kultureller Performances, haben aber die Finanzbühne noch nicht richtig erreicht.

Nur die Lufthansa bemüht sich, den Wechsel in der Führungsspitze nachzuspielen und zwei Manager vollziehen eine symbolische Handlung an

---

265 Vgl. Hüffer, *Aktiengesetz*, § 131 I 1 AktG Rn. 6

266 Ein Urteil des Oberlandesgerichts Stuttgart (Aktenzeichen 20 U 20/05 vom 15.3.2006, http://www.olg-stuttgart.de/servlet/PB/menu/1198031/index.html, Abruf März 2006) hat die Entlastung des Aufsichtsrats der RTV Family Entertainment für nichtig erklärt. Ein Aktionär hatte geklagt, weil jener die Auskunft verweigert hatte. Der Senat dazu: »Nur eine aussagekräftige individuelle Darlegung der während des Berichtsjahres erfolgten Überwachungstätigkeit verschafft der Hauptversammlung einen Einblick in die Arbeit des von ihr gewählten Aufsichtsrats.«

einem Requisit: Jürgen Weber übergibt bei seiner letzten Hauptversammlung seinem Nachfolger ein massives Cockpitsteuer, das beide hinter der langen Sitzreihe auf der Bühne zusammen in die Luft stemmen. Mit der performativen und pantomimischen Version der Kommandoübergabe »You have control« der Fliegersprache an Bord erhält der Nachfolger die Kontrolle über den Konzern. Passend zur Vater-Sohn-Metaphorik steht Weber links, wo sonst der Kapitän sitzt, Mayrhuber auf der rechten Copiloten-Seite. Und genau jene Kapitänsposition, auf der Weber immer noch bildlich steht, ist der Haken der Bühnenmetaphorik. Wer genau hinsieht bemerkt, dass Mayrhuber lediglich ein Copiloten-Steuerhorn in der Hand hält.[267] Und Weber wechselt auch noch direkt auf den Posten des Aufsichtsratsvorsitzenden. Der Fehler bedient die Befürchtung von Investoren, dass er von dort aus das »Steuer« noch in der Hand halte.

Das Geschludere rächt sich ein Jahr später. Mayrhuber erinnert sich: »Als mir Jürgen Weber im letzten Jahr hier in der Kölnarena das Steuerhorn überreicht hat, war das für mich ein sehr bewegender Moment.«[268] Darauf hat der Geschäftsführer der Kritischen Aktionäre, Henry Mathews, nur gewartet und hakt in der Generaldebatte nach: »Ich habe mir sagen lassen, Sie haben nur ein Copiloten-Steuerhorn überreicht bekommen. Stimmt das Herr Weber? Herr Mayrhuber, wie fühlen sie sich denn dabei?« Mayrhuber hat zusammen mit dem Back-Office zehn Minuten Zeit zum Überlegen und weicht aus: »Gott sei Dank kleben wir nicht an einem mechanischem Steuerhorn, das war symbolischer Art. Erfahrene Kapitäne gibt es auch im Management, es ist ein enormes Krisenjahr auf uns eingeprasselt, auf die Mitarbeiter auch, trotzdem gab es Stabilität. Grund ist die Qualifikation der Führungsmannschaft [Applaus.]« Mathews vermisst die Antwort und ruft von der ersten Sitzreihe aus dazwischen: »Was war es jetzt?« Mayrhuber muss es nun zugeben, versucht aber abzumildern: »Es war ein Boeing 737-300 Copiloten-Horn. Ich fühle mich aber als Kapitän einer großen Flotte, nicht einer 737.«

Nicht zu vergessen sind neben den Requisiten die Gegenstände, die nur als Dekoration fungieren und dem Alltagsdarsteller gewöhnlich Würde und

267 Sichtbar an der rechts angebrachten Trimmung und dem push-to-talk-Button zum Funken. Der Kapitän hat im Cockpit diese Funktionsschalter links, weil er mit der rechten Hand die mittigen Funktionshebel für den Schub, die Klappen und Bremsen bedienen muss.

268 Wolfgang Mayrhuber, Lufthansa-Hauptversammlung 2004, Redemanuskript. Folgezitate: Mitschrift

Prestige verleihen.[269] Dazu gehört auch die Blumendekoration, ohne die fast keine Hauptversammlung auskommt. Auf der atmosphärischen Seite lassen Blüten Räume so wirken, dass sie mit Worten als weniger kalt beschrieben werden, und verzieren als typisches Herrschaftsattribut jenen, der sich für wertvoll hält oder mächtig ist.

Die DaimlerChrysler-Führung schmückt sich im Jahr 2004 mit vielen rosafarbenen Tulpen. »Durch die Blume« lässt sich viel sagen und auf die sehr umfangreiche Blumensprache möchte ich hier nur einmal exemplarisch eingehen. Die Botanikerin und Kunsthistorikerin Marina Heilmeyer beschreibt die Tulpe als »Sinnbild für Wohlstand und Reichtum, aber auch der Vergänglichkeit alles Irdischen«.[270] Gerade die Geschichte ihres Handels in den Niederlanden einschließlich Zusammenbruch des Marktes 1637 ist allgemein geläufig und, so kann man ergänzen, bildet eine Parallele zu zeitgenössischen Finanzspekulationen. So verwundert es nicht, dass die Tulipa gesneriana zum »bedeutendsten Vanitas-Symbol«[271] wurde und die Malerei des 17. Jahrhunderts sie oft mit Totenköpfen zeigt. Das klingt nun nicht besonders favorabel für die blassen Gesichter der Konzernführung. Darüber hinaus gilt die Blume in Deutschland bisweilen als eitel, hochmütig und kühl. In die Dichtung hat das Gewächs auch keinen Eingang gefunden. Immerhin, so tröstet die Kunsthistorikerin, sei die Frühlingsblume für »einfache Leute« ein Symbol für die Auferstehung nach dem Tode. Keine dieser Interpretationen ist für den Konzern besonders zuträglich.

Bei anderen Dekorationselementen beweist das Unternehmen aber ein glücklicheres Händchen. Vorne auf der Rampe stehen in späteren Jahren glänzende Fahrzeuge, die die in der Rede herausgehobene Innovationskraft und das gelobte Design quasi durch ihre Anwesenheit beweisen.

Das Prinzip ist auch bei der Lufthansa zu entdecken: Links unter Mayrhubers Pult steht im Jahr 2004 ein hell angestrahlter Lufthansa-Bus im Retro-Stil. Die Dekoration fungiert während der Rede als dreidimensionales Testimonium, welches bestenfalls von der 50-jährigen Firmentradition kündet, die der CEO preist. In Gerichtsprozessen wie im Theater wird die Rhetorik des Raumes oft dergestalt arrangiert. Beispielsweise wird die Antonius-Rede in Shakespeares *Julius Caesar* häufig so aufgeführt, dass Antonius vor – allerdings – der Leiche des Ermordeten redet, die in ihrer Stimmlosigkeit tönend spricht.

---

269 Vgl. Goffman, *Wir alle spielen Theater*, S. 88

270 Heilmeyer, *Die Sprache der Blumen*, S. 82

271 Ebd.

Abb. 10: Rhetorik des Raumes: Ein Testimonium unterstreicht die Worte

(Quelle: Privat – DaimlerChrysler-Hauptversammlung 2007)

Licht und Musik

Die *Schein*-Werfer machen nicht einfach nur die Bühne für Publikum und Kamera sichtbar, sondern prägen die Atmosphäre und erfüllen viele symbolische Funktionen, erzeugen also im szenischen Kontext eine große Bedeutung. Bei Investoren-Veranstaltungen sind die Intensität und die Verteilung des Lichts relevant, Farbgebung und Bewegung, die bei künstlerischen Darstellungen ebenso wie bei Verkaufsschauen eine prickelnde und mitreißende Atmosphäre schaffen, verändern sich kaum. Der konventionelle Rahmen verlangt helle Statik, duldet höchstens ein sanftes Auf- oder Abblenden. Eine auf den ersten Blick als angenehm zu beschreibende Stimmung entsteht bei praktisch jeder Veranstaltung dadurch, dass das Bühnenensemble mit höherer Intensität beleuchtet ist als die Zuschauer. Noch heller erstrahlt oft der Raumabschnitt, in dem das Rednerpult des CEO steht. Dieses Wertigkeitsattribut betont die Besonderheit der persönlichen Präsenz und nicht nur des Redeinhalts.[272] Bei Presse- und Analystenkonferenzen wird es im Parkett erst hell, wenn die Frage- und Antwortrunde beginnt und das Publikum sich darstellen darf. Bei der Hauptversammlung verändert sich die Belichtung spätestens zur Abstimmung, auch hier »dämmert« dann eine andere Wahrheit.

Der Lichteinsatz bei diesen Unternehmenspräsentationen ähnelt einer bestimmten künstlerischen Form: dem klassischen Illusionstheater. Dort wurde nach Denis Diderots Wahrnehmungstheorie so gespielt, als ob der Vorhang nicht aufgezogen würde, es existiert die so genannte *vierte Wand* zwischen Bühne und Zuschauerraum, die durch die Trennlinie von Hell und Dunkel markiert wird.[273] Auch Richard Wagner forderte einen verdunkelten Zuschauerraum, jegliche Ablenkung, beispielsweise der Blick auf die Technik, wurde vermieden und so sollte sich die Illusionsbühne besser genießen lassen. Diese Inszenierungstechnik ist im Theater als Kunst eine immanente Zweckmäßigkeit und zielt nicht darauf ab, den Zuschauer lang anhaltend zu beeinflussen. Dazu lässt sie sich aber einsetzen und ist auch an vielen anderen Orten wie katholischen Kirchen, wo sich der Versuch zu lang anhaltendem Vertrauensaufbau vermuten lässt, als stimmungsvolle und einnehmende Dämmerbeleuchtung zu finden.

Durch das Licht werden beide Raumbereiche getrennt und die helle Seite wird betont, sie erscheint im Vergleich zum Rest wertvoller, denn Helligkeit suggeriert Wichtigkeit.[274] Weil der Lichtcode darüber hinaus immer noch weitere Ideen transportiert, lässt die weiße Farbgebung, anders als Rotlicht es könnte, eine Vorstellung von so etwas wie Wahrheit und etwas Positivem entstehen. Während Dunkelheit nicht nur im christlichen Glauben an weniger Gutes erinnert. Die Topmanager sonnen sich quasi im Glanz ihrer Leistungen. Das Auditorium sitzt zwar nicht im völligen (geistigen) Dunkel, dennoch verschiebt sich die Vorstellung eines gleichberechtigten Dialogs, weil durch die szenischen Vorgaben dieses theatralen Codes das Gewicht auf einseitiger Darstellung liegt und die Rezeptionshaltung verstärkt wird.

Ganz anders sah die Situation beim Hoftheater aus. Dort wurde der Zuschauerraum bis ins 18. Jahrhundert heller beleuchtet als der Bühnenraum. Die Szene musste sich die Aufmerksamkeit in Konkurrenz zum für die Anwesenden eigentlich wichtigen Schauspiel erstreiten: Wer war mit

---

272 Vgl. Kowzan, *Spectacle et signification*, S. 33

273 Vgl. Fischer-Lichte, *Geschichte des deutschen Theaters*, S. 150

274 Vgl. Fischer-Lichte, *Semiotik*, S. 156

wem gekommen? Wer sitzt wo und trägt welche Kleidung? Wie reagiert dieser und wie verhält sich jene?

Eine durchgehend gleichmäßige Belichtung wurde von Brecht im epischen Theater eingesetzt. Er wollte keine Illusion vermitteln, sondern die Beurteilung des Gezeigten dem distanzierten Zuschauer überlassen. Durch gleichmäßig verteiltes Licht wird gerade in postdramatischen Performances die *vierte Wand* durchbrochen, was den Zuschauer in verändertem Wahrnehmungsmodus nicht nur als passiven Zeugen teilhaben lässt.

Die Unternehmen beleuchten nur bei manchen Analystenkonferenzen einheitlich, bei Hauptversammlungen hingegen lädt die Belichtung den Aktionär nun weniger dazu ein, den Kugelschreiber zu zücken und mitzuschreiben, als den Blick ungestört auf das Helle zu richten und bestenfalls empathisch die ach so »dramatischen« Vorgänge des Geschäftsjahrs mehr mitzufühlen denn nachzurechnen.

Der Lichteinsatz wird für die Auftritte oft mit dem szenischen System der Musik gekoppelt. Beispielsweise inszeniert DaimlerChrysler ein regelrechtes »Vorhang hoch«: Pünktlich um zehn Uhr wird die Musik lauter, was die Erwartungshaltung steigert, dann geht mit einem Schlag das Licht auf der Hauptversammlungsbühne an. Generell werden unauffällige Musikinstrumente europäischer Traditionen eingespielt, denn selbstverständlich hat auch die Instrumentenwahl einen semiologischen Wert. Das musikalische Thema wird charakteristisch für die Persönlichkeiten. Man stelle sich den Einzug der Manager unter dem Klang afrikanischer Trommeln, dem Bauchtanz-Sound türkischer Kurzhalslauten oder mit Marschmusik vor.

Musik wird auch in anderen Kommunikationssituationen wie der Produktwerbung gerne eingesetzt und soll hier als emotionaler Stimulus die natürlichen Abwehrmaßnahmen der Anwesenden umgehen und von der persuasiven Intention ablenken.[275] Bekannte Melodien besitzen einen Wiedererkennungswert und evozieren Erinnerungen und Gefühle, die von der intendierten Reaktion abweichen können, deshalb ist Neukomponiertes marketingstrategisch besser.[276] Man kann offensichtlich davon ausgehen, dass dies auch für die Auftritte gilt. Diese Prinzipien hat zumindest die Lufthansa berücksichtigt und lässt die Worte des Versammlungsleiters in die Schlussakkorde der *Star-Alliance-Hymne* fallen: »Das waren außergewöhnliche Impressionen und eine von Lufthanseaten geschriebene Melo-

275 Vgl. Tellis, *Advertising and sales promotion strategy*, S. 161
276 Ebd., S. 175

die, mit der ich Sie im Namen von Aufsichtsrat und Vorstand begrüßen möchte.«[277] Die firmenkomponierten Takte lassen die Anwesenden an einer Zuhörergemeinschaft mit dem »Volk der Lufthanseaten« teilhaben.

Oft wird der Auftritt eingeläutet vom klassischen Vier-Gong-Ton, der wie auch bei einem Gerichtsprozess die rituelle Übergangssituation betont. Diese Klanglichkeit ist geläufig und wenig überraschend. Sie lässt sich vom Zuschauer sofort als Auftaktmoment einordnen, der gewöhnlich das Herz einen Sekundenbruchteil hüpfen und die gespannte Erwartung einen Moment lang steigen lässt. Die Emergenz der Klangsubstanz markiert dabei einen Übergang, wie Gumbrecht beschreibt: »Auch das Eintreten des Erwarteten konstruiert ja einen Moment der Diskontinuität, den wir – präsenzkulturell ›Ereignis‹ nennen können.«[278]

Bei den Finanzpräsentationen ist die Musik kein beherrschendes Thema, denn die Lautlichkeit wird mehrheitlich durch sprechende Stimmen hervorgebracht. Nur für Medienvertreter wird manchmal, wie bei der Lufthansa-Hauptversammlung, im Separée eine dezente Berieselung organisiert, ähnlich wie in Lounges in Flughäfen, wo sie gewöhnlich wie hier auch helfen soll, Stress oder gar Aggressionen abzuschwächen und zu entspannen.

Bühnenbild

Gefühlige Werbeschriftzüge wie »Leistung aus Leidenschaft.«[279] und andere Leitmotive prangen über den Brettern, die an dem Tag der Versammlung die Wirtschaftswelt bedeuten. Genügend Aufmerksamkeit ist zwangsläufig gegeben, denn die szenische Manifestation ist Fokus des bildräumlichen Zuschauerblicks und Rahmen aller Handlungen, wird zum

277 Klaus Schlede, Aufsichtsratssprecher, Lufthansa-Hauptversammlung 2002, Videotranskript

278 Gumbrecht, »Produktion von Präsenz, durchsetzt mit Absenz«, S. 68

279 Was versteckt sich denn dahinter? Dem Publikum wird das nicht gerade schlüssig erklärt: »Die Deutsche Bank ist heute bereits eine der stärksten Marken in der Finanzindustrie – und zwar weltweit. Dies hilft uns wesentlich bei der Umsetzung unserer Wachstumsinitiativen. Auf der anderen Seite stärken wir durch einen Ausbau unseres Geschäfts und eine noch festere Verankerung bei unseren Kunden die Marke. Diese Motivation spiegelt sich in dem Motto unserer laufenden Kampagne ›Leistung aus Leidenschaft ... ‹, und wenn ich hinzufügen darf, ›... Leidenschaft, die Werte schafft!‹« Josef Ackermann, Deutsche Bank-Hauptversammlung 2004, Redemanuskript

Hintergrund für Pressefotos und Fernsehmitschnitte. Hier wie auch im Theater zeigt das Bühnenbild Ort und Zeit der Handlung an, soll die Stimmung rahmen, bebildern und verstärken.

Das Bühnenbild wird im Auftrittskontext zum Sinn-Bild der Selbstauffassung des Unternehmens. Da die Aussichten nie düster, sondern immer hoffnungsschwanger sind, ist die Ästhetik auch immer anästhetisch und selbst bei Unternehmen mit großen »Ertragsdellen« sind nur bunte Farben zu erblicken.

Als zukunftsweisendes Geschäftsmodell ist es selbst zudem vor allem eines, nämlich »dynamisch« – und zwar in jeder Form, auch in der flächenhaft materiellen Selbstanzeige. So präsentiert sich das Management der Deutschen Bank bei der Hauptversammlung 2002 in dem, was die Organisatoren »dynamische Bühne« nennen: Hell- und dunkelblaue breite Balken in den Firmenfarben steigen von einem dichten Sediment links unten nach rechts oben immer höher und in verminderter Dichte bis zur Decke auf. Diese Tapete stellt ein wenig Design neben das Sein und ist nach gängigen sozialen Codes mit Vorstellungen von Aufschwung verbunden. Sie fällt aber aufgrund der undynamischen Wirtschaftsentwicklung ein Jahr später dem Sparprogramm zum Opfer. Auf dem monochromen Hintergrund steht dafür das neue Motto »A Passion to Perform.« und das sagt dem Zuschauer schon weniger. Eine kleine Umfrage beim Büfett ergab, dass Aktionäre nicht erklären können, was der Spruch bedeuten soll, auch die Auszubildenden der Bank hatten nur vage Vorstellungen. Eigentlich ist es bekannt, dass Kunden generell Probleme haben, englische Slogans zu verstehen.[280] In diesem Fall ist noch bemerkenswert, dass die doppeldeutige Formulierung auch mit »Spaß am Schauspielern« übersetzt werden kann. Besonders, wenn sie auf einer Bühnenwand steht. Im Folgejahr besinnt sich die Bank wieder auf die deutsche Version. Bei der Pressekonferenz bleibt der Spruch englisch, dort ist auch ein Publikum, das über die globale Stärke schreiben darf. Auch andere, die entschieden international sein wollen, setzen englische Bezeichnungen wie »Annual General Meeting« auf die in Firmenfarben getünchten Hintergründe.

Die Fassade ist paradigmatisch für die Wirtschaft: Beispielsweise organisiert im Jahr 2003 die Deutsche Bank ihre Hauptversammlung gemein-

---

280 Vgl. Endmark »Verständnis englischer Claims 2003«, http://www.endmark.de/img/aktuell/MafoClaims.pdf (Abruf März 2006). Von 1.100 Befragten konnten sich nur 15 Prozent vorstellen, was Siemens mit »be inspired« ausdrücken wollte, lediglich 8 Prozent gelang es, einen Sinn in das RWE-Motto »one group, one utility« zu projizieren.

sam mit der Commerzbank, die wenige Tage später in diese Festhalle tingelt. Die Ausstattung von Bühne und Hinterräumen bleibt, nur das Bühnenbild wechselt. Auch sonst arbeiten Unternehmen »hinter den Kulissen« zusammen, vorne repräsentiert die »unverwechselbare« Marke.

Konzerne wie EON und Deutsche Börse, ohne konkret fassbare Produkte aber mit viel Systemtechnik, verzichten bei der Hauptversammlung auf Bilderwelten und erzielen den Effekt mit extrem breiten »watch-out«-Projektionssystemen, in denen Kamerabilder der Sprecher vor einem eben falls bewegten Hintergrund erscheinen. Bei der Börse laufen beispielsweise zur Abstimmung langsam Kurszahlen über die Breite, während der Redephase erscheint der Eingang des eigenen Hauptgebäudes, der Zuschauer geht dadurch visuell in das Unternehmen hinein und möge im Sinne des Vermittlungszwecks auch auf geistiger Ebene folgen.

DaimlerChrysler dekoriert den Hintergrund mit Hunderten von Rechtecken, die das seriöse Blau abendlicher Nachrichtensendungen ausstrahlen. Die gigantische Front wird von den Anwesenden durch ihre Größe, die vielen Elemente und das ausstrahlende Licht als überwältigende Manifestation von Technik wahrgenommen, die Wölbung ähnelt einer Welle, die auf das Publikum zurollt, oder erinnert an ein geblähtes Segel. Auch das sind wieder Naturphänomene, die Kraft, Antrieb und Stärke suggerieren. Die Ansicht ist allerdings immer gleich, auch Dieter Zetsche bekommt für seinen ersten Auftritt keine neue Kulisse. Obwohl der als »Erlöser« Gefeierte ständig von Wechsel und Neubeginn spricht.

Da nun das Bühnenbild im Selbstinszenierungskontext zur plastischen Konzeption der unternehmerischen Intention wird, kann kreative Überreaktion schaden. Wie bei der Telekom. Schon bei der Hauptversammlung 2003 gelingt es dem Unternehmen, das visuelle Fettnäpfchen zielsicher zu treffen. Direkt hinter dem Vorstandssprecher-Pult befindet sich ein fast 3 Meter breites und über 5 Meter hohes Bild eines mit Tennisbällen in der Firmenfarbe Magentarot jonglierenden jungen Mannes in Trainingsanzugjacke. Die Ansicht ist dem Aktionär bereits von der Einladung und dem Geschäftsbericht her bekannt, wo sie mit »zielorientiert« überschrieben ist und vermutlich eine positive Konnotation im Sinne der »Zukunftsfähigkeit« auslösen sollte. Auf der Bühne werden beide Figuren in eine direkte Verbindung gesetzt und nach einem schlechten Geschäftsjahr mit Diskussionen um Bilanzmanipulation bildet die Tätigkeit der riskanten Spielerei und Schaustellerei beim Vortrag des Vorstandsvorsitzenden einen Kontrast mit dem Soll-Bild eines abwägenden und standhaften Lenkers. Aktionäre lästern unter Applaus in der Generaldebatte: »Sie sind eine Artistengruppe, Hütchenspieler und Gaukler«, »Schluss mit der Jongliererei!«

Auch im Folgejahr darf der Zuschauer wieder staunen. Die Abbildung auf der rechten Seite der Bühne zeigt zwei Männer im Anzug vor einem komplett leeren Stadion und die linke Darstellung präsentiert eine Frau in Fliegerjacke, die auf einer Leiter neben einem Kleinflugzeug mit firmenfarbenem Propeller steht und diesen betrachtet. Der Theaterliebhaber kann hier den Ozeanüberquerer von Brecht im *Lindberghflug* hineininterpretieren, der ohne Kompass fliegt und einen Kampf gegen das Primitive mit der Technik führt. Der Vergleich soll hier nicht überstrapaziert werden, aber gerade das letzte Motiv ist dem normalen Telekomkunden wohl vertraut. Lars Labryga (SdK) attackiert das Bild in seinem Redebeitrag und zeigt, dass es in direkte Verbindung zu den Produkten gesetzt wird:

> »Ich habe die Bildersprache der HV nicht verstanden. Links eine junge Frau, die ein Gerät zu betrachten scheint, das nicht läuft. Das erinnert mich an meine Telefonanlage zu Hause [Applaus]. Hier [zeigt nach rechts] ein jüngerer Mann und älterer Mann, der erklärt, dass der Ball ins Tor rein muss. Ist das die Komplexität moderner Unternehmensführung? [Applaus] Bitte erklären Sie mir, wie das gemeint ist!«
>
> [Der Vorstand antwortet:] »Zur Bildersprache: Die Bilder sind aus dem Geschäftsbericht und sollen gerade *nicht* die Komplexität der Deutschen Telekom darstellen. Wir haben darauf verzichtet, Technik darzustellen. Das linke Bild soll Einsatzfreude zeigen, eine Lösung zu entwickeln. Wenn das keine Lösung war! [Applaus]«[281]

Die Bühne schafft es nicht, zu beruhigen, und die Inszenierungsschelte dehnt sich aus bis zum Cover des Geschäftsberichts, auf dem ein älterer Mann mit grauen langen Haaren, zurückgelehntem Kopf und geschlossen Augen abgebildet ist. Er trägt Kopfhörer mit magentaroten Ohrpolstern. Überschrieben ist das Bild mit »Einstellung. Engagement. Erfolg.« Labryga hebt an: »Und dann noch ein ohnmächtiger Mann mit Hörern am Kopf? Die erste Assoziation war, dass er sich den Kurs von letztem Jahr anhört! [Applaus]« Die Bühne schweigt.

---

281 Lars Labryga, SdK, Telekom-Hauptversammlung 2004, und Kai-Uwe Ricke, Mitschrift. Folgezitate. Tatsächlich eben jene Bilder im Telekom-Geschäftsbericht abgebildet und überschrieben mit »Einsatzfreude« auf der linken Seite (S. 4f) und »Entschlossenheit« (S. 60f) auf der rechten.

Abb. 11: Interpretierfähige Bühnenbilder lösen Verwirrung und Heiterkeit aus
(Quelle: Deutsche Telekom – Hauptversammlung 2004)

Versteckt hinter dem bunten Bühnenbild, sprichwörtlich hinter den Kulissen, schuften bei Hauptversammlungen Mitarbeiter des Expertenteams, so genannte »Personal- und Hilfsmittel, [...] die den Vorstand in die Lage versetzen, sich kurzfristig sachkundig zu machen.«[282] Bis zu 90 Mitarbeiter aus den Stabsabteilungen, der Pressestelle, den Vorstandsreferaten und der Rechtsabteilung verfassen die Antworten auf Aktionärsfragen, die die Vorstände dann verlesen. Bei Bilanzpresse- und Analystenkonferenzen sitzen oft drei IR-Mitarbeiter neben oder hinter den Vorständen und suchen auch mal die Höhe der Buchgewinne heraus, die dann auf den Monitoren der Vorstände erscheint.

Die Handlung wirkt unterstützend auf die Darstellung, steht aber mit ihr in Widerspruch insofern, als dass nicht ganz offen sichtbar ist, welche – gefilterten – Informationen von den Zulieferern kommen. Das ist eine »Ensemble-Verschwörung«[283] nach Goffman, die großteils unbemerkt vom Publikum die erzeugte Illusion unterstützt und sich durch ein System geheimer Signale kennzeichnet, durch das die Darsteller unauffällig wichtige

282 Hüffer, *Aktiengesetz*, § 131 II AktG Rn. 10
283 Goffman, *Wir alle spielen Theater*, S. 162

Nachrichten, Hilferufe und andere Dinge weitergeben und empfangen können, die für die erfolgreiche Darstellung von Belang sind.

Die Dramaturgie unterstützt hier das Ideal von Vorständen, die alles beherrschen und im Kopf haben. Das ist wichtig für die Wirkung, denn besonders Analysten bestätigen auf Nachfrage, dass sie auch bei Telefonkonferenzen gern testen, wie souverän CEO und CFO antworten, dafür auch mal ohne Vorwarnung nach einer Bilanzzahl von vor zwei Jahren fragen. Den Text zu vergessen ist bei Auftritten immer misslich, ein ratloses Gesicht verrät, dass die kompetente Rolle nicht ganz real, sondern nur gespielt ist, und dann auch noch schlecht.

So hofft auch der Schauspieler im dramatischen Theater auf die Eingaben der Souffleuse. Diese ist im Illusionstheater unsichtbar, nur manchmal durch den Hubbel vorn an der Bühne zu erahnen. Bei postdramatischen Performances sitzt sie aber auch mal mit dem Skript in der Hand mitten auf der Szene, beispielsweise bei Inszenierungen von René Pollesch. Wenn ein Darsteller seinen Text vergessen hat und nicht improvisieren will, schreien alle laut auf und die Souffleuse brüllt die Passage laut herüber. Dort wird, anders als im Management, absichtlich und offensichtlich mit dem authentischen Rollenideal gespielt.

Leinwände und Präsentationsfolien

Ein besonders aussagekräftiges Element des Bühnenbilds sind die Leinwände im Filmpalast-Format, auf denen die Präsentationsfolien und der Kopf des CEO während der Rede erscheinen. Die Videotechnik potenziert die Präsenz und erhebt den Sprecher wie einen Rockstar über die »kleinen« Aktionäre, Journalisten und Analysten, welche beim Zusehen genug Zeit haben, ihrer eigenen Minderheit gewahr zu werden. Nebenbei bietet der visuelle Verstärker eine große bildliche Projektionsfläche zur Identifikation mit Person und Redeinhalt. Dabei hilft auch, wenn es mehrere Leinwände gibt und Redner wie Kai-Uwe Ricke ein Mal live und zwei Mal als Bild zu sehen sind. Das Spiel mit den Projektoren kann hier aber auch den Eindruck begünstigen, der Chef sei irgendwie gespalten.

Die Worte des CEO werden bei den Veranstaltungsarten mit simultan erscheinenden Foliendarstellungen untermalt, manchmal zusätzlich von kurzen Filmen. Nur Müller von der Commerzbank hat bei der Bilanzpressekonferenz 2005 keine, befragte Pressesprecher halten das nicht für nötig. Natürlich geht es auch ohne Projektionen, die oft fast wie ein schlecht geschnittener Film am Publikum vorbeirauschen. Überladene und unleserliche Grafiken auf Folien allerorten im Geschäftsalltag haben Stapel von Ratgebern hervorgebracht und spöttische Sprüche entstehen lassen wie: »Haben Sie Powerpoint oder was zu sagen?« Trotz alldem gilt gerade in der Finanzwelt die Maxime: »Kein Pitch ohne Präse!«

Die Powerpoint-Präsentationen sind Teil der Szenographie und als visuelles Kommunikationsmittel generell besonders ansprechend und überzeugungswirksam.[284]

Beim Vortrag verändern die Bilder aber das Auftrittsprinzip und lenken von der Überzeugungskraft des Sprechers ab, weil die Augen des Publikums versuchen, den Darstellungen zu folgen, während die Ohren dem oft monotonen Singsang lauschen. Das beschreibt auch der Videokünstler Chris Kondek in einem Kommentar über Filme bei Live-Performances:

> »Video im Theater ist gefährlich: Es zieht die gesamte Aufmerksamkeit auf sich, alle schauen hin, weil es meist der hellste Fleck ist. Die Zuschauer sehen dann nur noch eindimensional und verlieren die Energie ihrer Aufmerksamkeit. Am schlimmsten ist es, einen narrativen Film zu zeigen und so gemeinsam fernzusehen. [...] Video kann nur lebendig sein, wenn es mitspielt, wenn man sich seines seltsamen ontologischen Status bewusst wird.«[285]

Gerade bei den Vorständen entpersonalisiert der Präsentationsstil, denn der eigentliche Redner wird schnell in die Rolle des bloßen Kommentators gerückt. Der bereits erwähnte Verfremdungseffekt durch Lautsprecher und Projektionen macht Überzeugung schwer und noch schwerer, wenn der CEO die Brecht'schen Regeln, die den Zuschauer zum distanzierten Begutachter machen sollen, praktisch umsetzt, wie das Mitsprechen von Spielanweisungen. Bei den CEOs manchmal anzutreffen als Kommando an die Helfer in der Regie: »Jetzt müsste eigentlich ein Bild kommen [hüstel]«.[286]

Zu den beliebten Formationen auf den Folien gehören Klötze und Säulen mit Pfeilen, die optimistisch aufwärts zeigen und für alle drei Publikumsgruppen Stichhaltigkeit signalisieren können. Die eigene Firma in Form des größten Klumpens kann man im internationalen oder Branchenvergleich als »führend«, ansonsten »fast führend« oder zumindest »auf dem richtigen Weg« präsentieren. Untermauert scheinbar von mathematischer Beweislast. Man darf aber nicht vergessen, dass hinter diesen Finanzzahlen

284 Vgl. Tellis, *Advertising and sales promotion strategy*, S. 161

285 Linders, »Video ist gefährlich, Chris Kondek im Gespräch«, S. 37

286 Nikolaus Schweickart, Altana-Hauptversammlung 2004, Mitschrift

in Charts und Tabellen immer eine weitere Form der Außendarstellung steht, die Bilanzpolitik, mit der sich durch das Ausnutzen von legalen Wahlrechten der Rechnungslegungsstandards die Situation aufhübschen lässt.

Die Art der Präsentation zeigt auch das Verhältnis zum Publikum. Der finanzwirtschaftlich wenig versierte Privatanleger und auch der Pressevertreter darf sich an Fotos erfreuen, welche der Analyst nicht zu sehen bekommt. Fotos und auch Filme sind, wie Umberto Eco beschreibt, ikonisch und vermitteln den Eindruck, die Realität direkt zu spiegeln.[287] So lässt sich das Auge von der unvermittelten »Wahrheit« des Erblickten überzeugen. Allerdings ist diese diskutierbar. Wenn die Bilder von der Bühne leuchten, wird klar, dass trotz aller Ikonizität die Abbildungen nicht nur ein Zeichen für Gebäude und Situationen sind, sondern die Zusammenstellung im Moment für sich selbst existiert und als Inszenierung eine eigene Wirklichkeit besitzt.

Die Allianz beispielsweise verzeichnet nach dem 11. September 2001 und dem »terroristischen GAU«[288] schlechte Ergebnisse. Sie kann durch ihre Assekuranz-Geschäftstätigkeit eine direkte Verbindung ziehen und inszeniert die Schuldfrage an finanziellen Misserfolgen mit Unterstützung von visuellen Stereotypen mit hohem Wiedererkennungsfaktor, mit Schlüsselbildern, die das Ereignis auf eine kurze Formel bringen. Die Präsentation beginnt mit einer Ansicht des zerstörten World Trade Centers. Zusätzlich zeigen Filme dem Aktionär Umweltkatastrophen, Sturmfluten und Erdbeben. Die Macht der Bilder transportiert negative Emotionen wie Furcht und deren Einsatz scheint für die Allianz in zwei Punkten effizient: Erstens stimuliert er Einwilligung, der optische Weltuntergang suggeriert 7.500 Aktionären die Unberechenbarkeit dessen, was ihr Anlagevermögen hinweggeschwemmt hat. Zweitens erhöht Furcht als emotionales Marketingmittel die Verkaufschancen bei Produkten, die Gesundheit und Eigentum absichern.[289] So könnte die Inszenierung hier dem Assekuranz-Konzern noch Zedenten bringen.

Den Analysten werden solche Filmchen nicht gezeigt. Sie wissen, dass die Allianz als Erstversicherer für solche Fälle Schwankungsrückstellungen gebildet hat, und zudem in einer variablen Höhe bestimmte Teile des Ge

287 Vgl. Eco, *Semiotik*, S. 272

288 Henning Schulte-Noelle, Allianz-Hauptversammlung 2002, Redemanuskript

289 Vgl. Tellis, *Advertising and sales promotion strategy*, S. 178f

schäfts an Rückversicherer abgegeben werden, die Großschadenrisiken decken.

Autobosse wie Schrempp (DaimlerChrysler) und Pischetsrieder (VW) benutzen die Situation für Produktwerbung und präsentieren bilderbuchartig zahlreiche Ansichten von Kühlergrillen und loben die neusten Modelle. Vor den Aktionären äußert sich der VW-Chef konkret: »Mit dem Fox, zum Einstiegspreis von 8.950 Euro, sollen vor allem junge Leute mit geringerem Einkommen, die gerade ihre Berufskarriere begonnen haben, wieder an die Marke Volkswagen herangeführt werden.«[290] Bei den Journalisten spart er sich die direkte Werbung und lässt in einer großteils identischen Rede den Preis weg.

Adidas-Chef Hainer rechtfertigt sich vorweg und kündigt an, er wolle »in den nächsten Minuten über das sprechen, was unsere Konsumenten weltweit letztlich am meisten interessiert – unsere Produkte«.[291] Ob das die Aktionäre auch am meisten interessiert? Er zeigt auf jeden Fall Bilder von Schuhen, die »die Füße kühlen«, und vom TaylorMade r7 quad Driver, dem »erste[n] Metallholz, das es dem Golfspieler erlaubt, die Gewichtsverteilung im Schlägerkopf selbst zu optimieren«.[292]

Gefühle werden hier wie beim Allianz-Beispiel durch Rhetorik und Bilder gesteuert. Dass der Einsatz von Logik »problematisch« ist, hat das Marketing erkannt. Erstens macht es Mühe, zweitens kann es Gegenargumente stimulieren. Die emotionale Kommunikation umgeht Abwehrreaktionen, denn sie lenkt die Zuschauer von den Verkaufsbemühungen ab.[293] Obwohl der Privatanleger wenig Fachkenntnis besitzt, zeigt sich durch das Verwenden eines Mittels, das sehr geringe kognitive Mühe erfordert, die Einschätzung des Zuschauers als gewissermaßen »fauler Depp«: »an audience [that] lacks the motivation or the ability to process the message.«[294] Dem Hauptversammlungsgast könnte unangenehm auffallen, wie versucht wird, durch simples Signal-Geben und Reaktion-Erhalten auf seine Ein-

290 Bernd Pischetsrieder, VW-Hauptversammlung 2005, Redemanuskript. Er präsentiert insgesamt nur zwei Grafiken: »Auslieferungen an Kunden Januar-Dezember 2003/2004« und »Auslieferungen an Kunden Januar-März 2004/2005«, sowie sage und schreibe 15 Bilder, auf denen nur Automobile zu sehen sind: Vom Audi A6 bis zum Bentley Continental Flying Spur. In der Analysten-Präsentation sind »nur« 16 von 44 Folien Autobilder.

291 Herbert Hainer, Adidas-Hauptversammlung 2003, Redemanuskript

292 Herbert Hainer, Adidas-Hauptversammlung 2005, Redemanuskript

293 Vgl. Tellis, *Advertising and sales promotion strategy*, S. 161

294 Ebd., S. 165

stellung einzuwirken und wie er mit Werbung statt mit Hintergrund beschallt wird.

Körpersprache

Kleidung

Das Outfit ist nicht nur im Theater ein Aussagesystem der Charaktere und Rollen, sondern genauso im Berufsleben ein Status-, Hierarchie- und Geschmacksindikator. Kleidung hilft Menschen, zu inszenieren, was sie zu sein glauben oder darstellen wollen.

Bei den Investoren-Versammlungen trägt (Acker-)Mann meist gedeckte Anzüge mit mehr oder minder passenden Krawatten. Die Uniformität lässt die Persönlichkeiten wenig unterschiedlich und damit austauschbar erscheinen.

Wer personalisieren will, muss das innerhalb gewisser Regeln tun und nicht unbedingt so wie Werner Seifert, Chef der Deutschen Börse. Jenem strahlt bei seiner letzten Bilanzpressekonferenz im Jahr 2005 das Selbstbewusstsein aus jedem Knopfloch. So könnte man sagen – wenn er welche hätte. Seifert berichtet von ehrgeizigen Visionen und trägt dabei einen schwarzen Rollkragenpulli über der Brust und an den Füßen ausgetretene schwarze Cowboystiefel. Seine Vorstandskollegen sitzen in Krawatte und Hemd um ihn herum, aber in das Korsett der branchenüblichen Kleiderordnung hatte sich der Topmanager noch nie schnüren lassen. Gar karierte Jacketts mit gepunkteter Krawatte hatte man bei ihm einst gesichtet.

Wenig später musste Seifert auf Druck von Investoren seinen Posten räumen. Seine Fehler sind schnell gefunden: Mangelnde soziale Kompetenz wird hier verantwortlich gemacht und Überheblichkeit dort. Das Handelsblatt stellt pikiert fest: »Um die in der Finanzszene gängige Kleiderordnung schert er sich wenig. Selbst bei offiziellen Auftritten tritt er in schwarzem Rollkragenpulli auf.«[295] Dass der Manager an jenem Tag von starkem Husten geplagt wurde, ist im Nachhinein egal. Vergessen auch die überzeugenden Momente.

Der schwarze Rolli ist vielen Journalisten und Mitarbeitern bekannt von Seiferts regelmäßigen Darbietungen an der Hammondorgel mit seiner

---

295 Potthoff, »Macher Seifert«, S. 2

Jazzband.[296] Er selbst hatte schon die Börse mit einer solchen und seinen Interimschef mit einem »veritablen Trompeter«[297] verglichen. Die Verbindung von Musik und Management hat eine lange Tradition, schon Marx hat eine Analogie zwischen einem Orchester und einer Fabrik beobachtet. In zeitgenössischer Wirtschaftstheorie beschreiben Jazz-Metaphern[298] so etwas wie eine Kunst im Management, bei der der Chef mit seinen Gesten und Handlungen eine Vision verkörpert, die das Spiel der Gruppe leiten soll. Wie bereits diskutiert enden die Gemeinsamkeiten von Kunst und Management beim Zweckgedanken und der Unfreiheit und auch diese Metapher endet spätestens dort, wo ein Künstler auf der Bühne zwar nicht ganz aus der Rolle fallen darf, aber dennoch in ihr Möglichkeiten erproben kann und der CEO nicht. Bei ihm wirkt schon der Rolli dissonant.

Bei den anderen Managern sind solche Lockerheiten lediglich bei Analystenkonferenzen zu beobachten. Der CEO spricht dort schon mal hemdsärmlig und die Szene wirkt wie eine informelle Hinterbühne. Von friedlicher Vertrautheit kann gegenüber den wichtigsten Adressaten der IR-Bemühungen aber nie die Rede sein. Solches Verhalten lässt vielmehr eine scheinbare Vertrautheit entstehen und kann sich als Mittel interpretieren lassen, einen Vorteil für die eigene Seite zu erproben.[299]

Eine Unterscheidungsmöglichkeit innerhalb der strengen Kleiderordnung bilden Accessoires. Der CEO trägt, wie man es auch von jeder Marke und jedem Markenprodukt gewöhnt ist, eine Markierung. Diese erscheint in Form eines kleinen Ansteckpins am Revers. Der Pin erfreut sich bei Managern – möglicherweise aufgrund der Auftritte des US-Präsidenten George W. Bush mit Sternenbanner am Revers – zunehmender Beliebtheit. Die fünfköpfige Analysten- und Pressekonferenz-Mannschaft der Altana zeigt sich mit einem kleinen silbernen Dreieck links im Anzugaufschlag, auch das BASF-Ensemble trägt bunte Magnet-Pins mit dem Namenszug der Firma. Lufthansa-Chef Mayrhuber und der Finanzvorstand lassen vor der Presse nicht nur den Kranich, sondern den so genannten Jubiläumspin blitzen, den jeder Mitarbeiter für langjährige Firmenzugehörigkeit erhält. Der Schmuck weist als Symbol einer abstrakten Idee auf einer weiteren Bedeutungsebene auf den Seelenzustand des Trägers hin und lässt sich hier als Zeichen lang anhaltender Verbundenheit deuten. So interpretieren ihn

296 Seifert, Sohn einer Konzertpianistin, hatte regelmäßig in der Börse Konzerte gegeben.

297 Zit. n. Bartz/Schreiber, »Werner Seifert kehrt auf die öffentliche Bühne zurück«, S. 21

298 Vgl. bspw. Kao, *Jamming*

299 Vgl. Goffman, *Wir alle spielen Theater*, S. 182

auch Flugbegleiter in der Rolle von Hostessen auf Anfrage, die ihn sofort bemerkt und freudig erkannt haben.

Ein besonders aussagekräftiges Element ist die Krawatte, welche noch mehr Aufmerksamkeit auf sich zieht. »Wer nicht zugeknotet ist, kann nicht seriös sein – und schon gar nicht erfolgreich«, fassen hoch bezahlte Schneider ein angeblich deutsches Klischee zusammen.[300] Aber das alleine reicht nicht, es kommt auch auf das Muster an. Die meisten Selbstdarsteller auf der Finanzbühne liegen ganz im Streifentrend und tragen einen von links unten nach rechts oben gestreiften Binder. Er signalisiert Aufschwung, wie auch die Kurve von Börsenkursen, und wird, so die Experten des deutschen Modeinstituts in Köln, mit Dynamik verbunden.[301] Zurückhaltende kleine Punkte sollen Korrektheit betonen, Ausdauer, auch Verschlossenheit signalisieren. Bankiers wie Ackermann tragen so ein Muster, auch sein Finanzvorstand Clemens Börsig, der in Kombination mit der halbrunden Brille und der frequenten und devoten Bezugnahme auf die Erwähnungen des »Herrn Doktor Ackermann«, der das Gleiche »bereits schon einmal ausgeführt«[302] habe, ganz gut das Rollenklischee vom »ehrbaren Kaufmann« erfüllt, wie es im Handelsgesetzbuch festgeschrieben ist. Außerdem scheint so mancher Finanzier als Vorbild voran zu gehen, wenn er mit einem wenig Luft lassenden Knoten Einschnitte kommuniziert: Wir alle müssen die Krawatte enger schnallen.

Soldaten trugen einst Binder in den Farben des jeweiligen Regiments, ein CEO trägt Firmenfarbe. Kleidung ist nicht nur selbst Kommunikation, sondern hält als Metapher für den ganzen Komplex her.[303] Lufthansa-Boss Jürgen Weber erscheint zu seinen Hochzeiten als fleischgewordene Airline, stets mit gelbem Einstuck, gelber Krawatte mit kleinen Flugzeugen und dem Pin mit Logo. Diese Form der Mimesis ergibt eine gekonnte Mimikry vor dem firmenfarbenen Bühnenbild. Auf der gelben Krawatte sind deutlich kleine kugelige Jets zu erkennen, die dort aber in alle Richtungen zeigen, als hätten sie die Orientierung verloren. Aufwändige Kostüme sind im Theater ein indexikalisches Zeichen für den Charakter, im Geschäftsalltag sind allzu expressive Muster trotz aller dort verlangten Kreativität und Nonkonformität aber meist unangebracht. Der neue CEO Mayrhuber trägt

300 Designerin Jette Joop, zit. n. Grabitz, »Niemand nimmt die Krawatte wichtiger als die Dax-30-Vorstände«, S. 1

301 Vgl. Biehl, »Rollenspiele«, S. 63

302 Clemens Börsig, Finanzvorstand, Deutsche Bank-Pressekonferenz 2005, Mitschrift

303 Vgl. Rapp, *Handeln und Zuschauen*, S. 79

stets gestreifte Krawatte, dem Vernehmen nach möchte er den Vorgänger nicht imitieren.

Designer empfehlen Rot, das sie für eine typische Manager-Farbe halten.[304] Wenn aber die Firmenfarbe Pink ist, kann so eine Krawatte zum »Strick um den Hals« werden. Klaus Zumwinkel wird bei seinem ersten Auftritt als Aufsichtsratsvorsitzender der Telekom im Jahre 2003 von einem Aktionär kritisiert, der ihm vorhält, er müsse sich doch in der Vielfalt von Mandaten verlieren. Der Manager wisse ja nicht mal, wo er sei. »Ihre Krawatte ist schlecht«, setzt er mit bohrendem Blick auf den blau und dunkelrot gestreiften Schlips nach, der sich mit dem Magentarot auf der Bühne beißt. Zumwinkel greift sich verunsichert an die Brust, die Köpfe der Zuschauer recken sich, die des Bühnenensembles drehen sich unter allgemeiner Heiterkeit.

Wie sieht denn die Kleidung der anderen Rollen aus? Nicht wenige Aktionäre kommen Anzug oder im Kostüm. Bildjournalisten und Kameraleute machen sich nicht schick, der schreibende Journalist oder der Fernsehkollege tendenziell schon, Analysten tauchen immer im Anzug auf. Charakteristisch für alle Versammlungen ist, dass sie soziale Situationen sind und das Publikum nicht nur etwas sieht, sondern auch selbst gesehen wird. Deshalb scheint sich auch der Investor wie der gemeine Theaterbesucher und besonders der Operngast oft mehr mit der Frage zu beschäftigen: Was ziehe ich denn nun an? Als mit der Frage: Was ziehe ich mir da eigentlich rein?

Kleidung hebt ab, was bedeutet, dass sie auch erhebt und erniedrigt. Das weiße Einstecktuch beispielsweise, wie es in der Brusttasche der »Finanzelite« bei Rolf-E. »Mister Finanzplatz« Breuer und Börsen-Chef Werner Seifert zu sehen ist, gibt es bei keinem Pressesprecher. Während der Vorstand im feinen Zwirn auf dem Podium aufblüht, harren Flugbegleiterinnen bei der Lufthansa – vom Pressechef schon mal bezeichnet als »meine charmanten Kolleginnen und der Herr in Uniform«[305] – in der braven dunkelblauen Kombination mit Hütchen und Röcken am Rand. Die Körperlichkeit der Inszenierung mit der Stoffmenge und Stoffqualität lässt sich nach Bourdieu als symbolische Gewalt erkennen und drückt die Herrschaftsverhältnisse aus, und auch die Machtverhältnisse zwischen den Geschlechtern.[306]

---

304 Vgl. Grabitz, »Niemand nimmt die Krawatte wichtiger als die Dax-30-Vorstände«, S. 1
305 Klaus Walther, Pressesprecher, Lufthansa-Bilanzpressekonferenz 2004, Mitschrift
306 Vgl. Bourdieu/Wacquant, *Reflexive Anthropologie*, S. 209f

Arbeitnehmer, die einen Posten unterhalb der Management-Ebene »bekleiden«, geben in Deutschland bei den Investoren- und Presseveranstaltungen immer Rollen, die keine besondere Wichtigkeit verströmen: stumme und kurze Auftritte, in schlechter Kleidung. Während beispielsweise auf australischen Hauptversammlungen die jungen Auszubildenden als PR-Figuren im Anzug eingesetzt werden, auch mit Namen vorgestellt werden und in die Mikrofone sprechen dürfen, auch die Redebeiträge entgegen nehmen,[307] versucht das jährliche Azubi-Ritual bei der Telekom-Hauptversammlung, welches soziale Verantwortung beschwören soll, nicht einmal, Respekt vor dem doch so einzigartigen Individuum zu heucheln. Aufsichtsratschef Klaus Zumwinkel lässt eine Schar junger Personen auf ein Zeichen hin in geordneter Choreographie auf die Bühne trippeln. Man hat sie in firmenfarbene T-Shirts, Jeans und Turnschuhe gekleidet und mit Schirmmütze behütet. Der Freizeitstil steht in hierarchisierendem Kontrast zum Geschäftszwirn eines Managers, der im Übrigen fast niemals als Azubi arbeiten musste, sondern gleich weiter oben eingestiegen ist. Das Outfit macht die kleinen Hoffnungsträger noch kleiner und zeigt deutlich ihre Machtlosigkeit. Der Versammlungsleiter schwingt sich von seinem Sitz, eilt auf die Reihe zu und schüttelt Hände. Aus Zeitgründen – man will ja effizient sein – aber nicht jede, sondern nur jede fünfte. Performative Wirkung ist die der beschleunigten Zeit, nicht eines verlangsamten Innehaltens. Es wirkt dadurch eher erniedrigend. Das ist zwar auch im Interesse des Zuschauers, wird jedoch spätestens dann karikiert, wenn der Vorstand sich in der Generaldebatte ausführlich Zeit für langatmige Antworten nimmt. Ein Jahr später hat es Zumwinkel noch eiliger. Da wird nur eine einzige Azubi-Hand ergriffen.

Gestik und Haltung

Wie jeder Redner spricht ein Manager bereits zu seinem Publikum, bevor er auch nur ein einziges Wort gesagt hat. Die Körpersprache, das Mienen-

307 Beispielsweise zeigt die gesichtete Videoaufzeichnung des Annual General Meeting 2001 von Woolworths in Sydney, Australien, sieben junge Angestellte als Helfer bei der Generaldebatte. Sie wurden erwählt, denn jeder von ihnen hat eine besondere Anerkennung für seine Arbeit erfahren, für die der Versammlungsleiter auch noch einmal gratuliert. Am Mikrofon Nummer 6 wartet beispielsweise der »Overall Champion Queensland in the National Bakery Competition«.

spiel, der Schwung der Gesten, sind Teil der Persönlichkeit und zeigen, wie der Darsteller selbst seine Rolle sieht. Gerade die nonverbale Kommunikation ist emotional, wenn man davon ausgeht, dass die äußerlichen Haltungen Ausdruck des Inneren sind – wovon auch viele Schauspieltheorien ausgehen. Zu den kinesischen Zeichen gehören die mimischen Zeichen des Gesichts, die gestische Körperbewegung ohne Positionswechsel und die proxemischen Zeichen, erzeugt von Bewegung durch den Raum.[308]

Die Gesten sind ein immenser Bedeutungsgeber der kommunikativen Handlung. Schon der stumme Eindruck der Situation macht deutlich, wer in welcher Rolle agiert. Wer gestikuliert wird als Sprecher erkannt. Die Zuhörer machen keine Gesten, außer wenn sie dem Sprechenden Zeichen geben wollen. Wird der Sprecher unterbrochen, friert er gewöhnlich seine Stellung ein, um zu zeigen, dass er weiterreden will.[309] Das gilt auch für stehende Bilder: Wenn ein Maler eine Gruppe abbildet und zeigen möchte, dass einer redet und wer das ist, so stellt er ihn nicht etwa mit offenem Mund, sondern in einer mittleren Geste dar.

Bei den Unternehmensveranstaltungen muss der Fotograf als moderner Verwandter des Malers warten, bis die Szene so steht. Und das kann dauern. Denn sie ist oft statisch. Jürgen Schrempp beispielsweise verharrt bei der Hauptversammlungsrede in einer Art Schubkarrenhaltung, die das scheinbar schwere Gewicht der Rede dem Publikum entgegen schieben will, während sich die Stimme wie ein Sechszylinder durch den Text wälzt. Die Hände bewegen sich nicht. Diese Haltung strahlt eine gewisse zivilisatorische Entfremdung aus, wenn man davon ausgeht, dass sich der Mensch zuerst bewegte und dann sprach, also die menschlichen Laute aus Bewegungen hervorgingen. Das wird in künstlerischen Ausdrucksformen gezeigt.[310] Zudem signalisiert diese Haltung Zurückhaltung, anders als bei

---

308 Vgl. Fischer-Lichte, *Semiotik*, S. 47f

309 Vgl. Schegloff, »On some gestures' relation to talk«, S. 271

310 Theaterregisseur Robert Wilson inszenierte beispielsweise die stumme Oper *Deafman Glance* (1971) mit seinem stummen Adoptivsohn in der Hauptrolle. Er schildert Raymond Andrews: »Mir kam der Gedanke, daß er nicht eigentlich hörte, daß vielmehr sein Körper mit den Schwingungen dieser Laute vertrauter war als mit dem hörbaren Klang von Wörtern. Man konnte sehen, daß er die Bedeutung der Worte ›Raymond, wie geht's dir?‹ durch die Schwingungen dieser Laute erfuhr. Seine eigene Stimme allerdings war nach wie vor blockiert und in seinem Körper gefangen. Als wir in Paris spielten, bat ich ihn eines Nachts, einen Laut mit einer Bewegung zu verbinden, die er gemacht hatte. Die Bewegung ging etwa so: (Wilson führt sie vor). Ich sagte ihm: ›Kannst du einen Laut zu dieser Bewegung machen?‹, und daraufhin tat er das: (Wilson schreit sehr laut). Ich konnte es nicht fassen. Das war nicht der Schrei eines Gehörlosen. Wenn

Politikern, die auch mal beide Hände auf die vordere Kante des Pults legen, ohne sichtbare Scheu, sich die »Finger zu verbrennen«.

Auch die Atmosphäre bei Bilanzpressekonferenzen ist nicht locker. Ackermann beispielsweise sieht im Jahr 2005 nicht nur sein Publikum, sondern blickt direkt in das Schwarze vieler Kameralinsen. Direkt zu seinen Füßen liegen und sitzen während der zwei Stunden bis zu zehn Fotografen im engen Halbkreis auf dem Boden, ganz hinten im Saal lauern weitere. Auch bei anderen Präsentationen machen sie eine derartige Szene.

Abb. 12: Sehen und gesehen werden: Fotografen warten auf eine Geste der Redner
(Quelle: SAP – Bilanzpressekonferenz 2005)

diese Dame schreien würde, wenn dieser Herr schreien würde (Wilson zeigt auf Zuhörer im Publikum), wenn ich schreien würde und wenn er schreien würde, könnten wir den Schrei des Tauben nicht von denen der Hörenden unterscheiden. Dieser eine Laut war nicht mehr blockiert und in seinem Körper gefangen, dieser Laut konnte den Körper verlassen. Wir fingen mit der Bewegung an und aus der Bewegung folgte der Laut, gleichsam als Verstärkung ihrer Schwingungen. Manche Anthropologen glauben, daß sich der Mensch zunächst bewegte und erst dann sprechen lernte. Die Laute gingen aus Bewegungen hervor, verstärkten deren Schwingungen und verknüpften sie mit Bedeutung: Worte wurden gebildet.« Wilson, »Lernen«, S. 38

Konfrontiert mit einem ähnlichen Anblick lässt auch Ackermann seine Hände während der Rede auf dem Tisch liegen als wären sie festgenagelt, wie um das Risiko eines weiteren Victory-Zeichens zu vermindern. Als er sich einmal doch an die Nase greift, brandet ein Rauschen und Klicken der Auslöser wie eine Welle durch den Saal, gefolgt von einem Blitzlichtgewitter. Alle haben nur auf eine kleine Bewegung gewartet. Verständlich, dass der Redner lieber stillhält.

Der Deutschbanker verhält sich vor den Analysten am selben Nachmittag anders. Es sind keine Fotografen anwesend und damit drohen auch keine verschreckenden Klick-Wellen. Beim Extemporieren wird gefuchtelt, gebetet und gefaltet, auch zeigt die Hand steil nach oben und zeichnet die angebliche Motivationskurve der Angestellten nach. Seine Spontaneität wird vor der Presse durch das starke Bewusstsein des Betrachtetwerdens gehemmt, welche sich mit einem Satz beschreiben lässt, den der Performer Tim Etchells von Forced Entertainment nach einem Auftritt im Gespräch mit seinem Publikum einmal fallen gelassen hatte: »I know that you know that I know that you are watching me.« Wobei diese Reihe endlos fortgesetzt werden kann. Diese Sentenz umschreibt das wichtige Prinzip der Direktheit, wie es in Performances und auch bei Vorstandspräsentationen gilt.

Bei der Rede zeigt sich die generelle Funktion der nicht übermäßig eingesetzten physischen Rhetorik in Form von Gesten, wie sie bei allen drei Arten von Veranstaltungen und auch bei der freien Rede in Fragerunden zu beobachten ist. Sie verstärken als sprachbegleitendes Zeichen das gesprochene Wort, illustrieren die Rede und unterstreichen die Interpunktion.[311] Das passiert alles nicht so spontan, wie man meint, sondern ist ein unbewusstes Inszenierungsmerkmal beim Auftritt. Selbst wenn der Redner es nicht geplant hat, ist er seiner Aussage voraus und die Gesten kommen kurz vor dem betreffenden Wort und nicht gleichzeitig mit dem Wort, sie bereiten praktisch die Szene vor.[312] Wie beim BMW-Chef Panke, der die »Verunsicherung im Markt«[313] mit zwei gespreizten und versetzt wippenden Armen zuerst in die Luft malt und sie dabei auch stimmungsmäßig illustriert. Andere zählen an den Fingern die Punkte erstens, zweitens, drittens mit, was auch hilft, sich selbst im Skript zu halten. Der Punkt der

311 Vgl. Fischer-Lichte, *Semiotik*, S. 66

312 Vgl. Schegloff, »On some gestures' relation to talk«, S. 291

313 Helmut Panke, BMW-Bilanzpressekonferenz 2005, Videotranskript

maximalen Ausdehnung der Bewegung kommt wie im Alltag auch fast immer vor dem jeweiligen Wort: »[Fingerzeig 0.2] Erstens«.

Gesten können das Wort auch ersetzen. Beispielsweise sieht man in Frage- und Antwortrunden, dass manche Sprecher bei unbequemen Fragen die Aussage beenden, indem sie das Mikrofon herunterklappen. Daimler-Vorstandsmitglied Cordes wird auf einer Bilanzpressekonferenz gefragt, ob Personal entlassen werde. »Hier ist die Situation wie folgt. In der Vereinbarung vom Juli sind Beendigungskündigungen ausgeschlossen. Sonst nichts [klappt sein Mikro runter].«[314] So eine Geste wirkt trotzig ist zudem unnötig. Der Journalist kann sowieso kaum nachfragen, weil der nächste schon in Stellung ist.

Gestik leistet in ihrer illustrativen Funktion Verständnis- und Überzeugungsarbeit, auch indem sie den Inhalt teilweise umgeht. Solche ikonischen Gesten – die Form, die sie beschreiben, bebildert die Bedeutung des Wortes – beherrscht der Chef der Deutschen Börse, dem auf der Hauptversammlung 2003 die anspruchsvolle Aufgabe zufällt, Clearing und Settlement, die Abwicklung von Börsengeschäften, zu erklären und sie in Bezug zur seiner Beschreibung des Unternehmens als »Transaktionsmaschine«[315], als »Transformation von Komplexität in Energie«, zu setzen. Wo Verbalrhetorik an ihre Grenzen stößt, setzt der geschickte Redner die Energie in Bewegung um und zählt an den Fingern ab »Bauen, Betreiben, Beladen« und malt Säulen in die Luft. Bestenfalls war selbst der unbegabteste Anleger am Ende der Rede davon überzeugt, dass es nebensächlich ist, was genau so eine »Transformationsmaschine« mit Wertpapierordern macht, aber dass es vielversprechend (rechte Hand nach oben), obendrein sicher (Körbchengestik), vernetzt (Finger verschränkt), heilsbringend (ausgebreitete Arme) und somit genau das Richtige ist. Diese Arten positiver physischer Rhetorik beschreiben nicht nur den besprochenen Gegenstand, sondern formen die Beziehung zum Zuschauer und dessen Eindruck von der Person. Sie unterstützen die Bereitschaft, das Vertrauen in die »Hände des Sprechers« zu legen. Außerdem ähnelt die weit offene Gestik, sofern bei den »geistigen Vätern« von Strategie-Modellen und Leitbildern vorhanden, dem Illustrationsverhalten anderer Vertreterrollen wie christlichen Predigern. Eine verschlossene Körperhaltung lässt nicht darauf schließen, dass

---

314 Eckhard Cordes, Vorstandsmitglied, DaimlerChrysler-Bilanzpressekonferenz 2005, Videotranskript

315 Werner Seifert, Deutsche Börse-Hauptversammlung 2003, Mitschrift

durch die Person irgendetwas, oder zumindest eine Vision hindurch spricht.

Es gibt Gesten, die dem durch Worte erzeugten Eindruck widersprechen, so genannte Selbstinvolvierungen. Wer bei Auftritten an der Brille ruckelt, am Ohrläppchen fummelt, Haarsträhnen zwirbelt, an die Nase oder an das Kinn greift, der wirkt nicht überzeugend. Diese Bewegungen sind Anzeichen von Nervosität und Anspannung und es ist nachgewiesen, dass beispielsweise auch Verkäufer sich selbst involvieren, sobald sie stark geschönte Anmerkungen machen.[316]

Derlei Gestik passt auch nicht zum Authentizitätsideal des kontrollierten Vorstands. Das ließe sich treffen, indem der »Held« keine Kluft zwischen Person und Rolle zeigt und das gesamte mimische, gestische und verbale Ausdrucksrepertoire Überzeugungsarbeit leistet, wenn Blick, Sprache, Körper und sämtliche darstellerische Mittel sich gegenseitig bestätigen. Sofern alles zusammenpasst, ist die Person nach Goffman »in face«[317], wahrt also das Gesicht und zeigt, dass sie sich ihrer Sache sicher ist.

Vorstände sind nicht unbedingt für ganzheitliche Ganzkörper-Kommunikation berühmt und manche Gesten sehen aus wie ein Haltsuchen oder der Versuch, sich selbst zu be-greif-en. Im Gegensatz zu einem Politiker ist ein Vorstandsvorsitzender es nicht gewohnt, vor tausenden Zuschauern zu sprechen. Man kann davon ausgehen, dass die mangelnde Erfahrung Unsicherheit aufkommen lässt. Neben der Nervosität zehrt das Publikum durch seine bloße Anwesenheit an den Kräften des Redners. Eine Rede ist immer eine Zwiesprache, Fischer-Lichte spricht von einem »autopoietischen Prozess der *feedback*-Schlaufe«[318] zwischen den in Ko-Präsenz anwesenden Performern und Zuschauern. Diese Wechselwirkungen zeigen sich auch bei den Managern: Selbstinvolvierungen sind gerade bei fehlendem positiven Feedback in Form von Applaus festzustellen, außerdem bei Textstellen, die der Redner dem Publikum nahe bringen will und bei denen ihm nicht ganz wohl in der Haut zu sein scheint.

Beispielsweise behauptet der Lufthansa-Chef Weber: »Nach dem 11. September hat Lufthansa eine Zahl zusätzlicher Sicherheitsmaßnahmen umgesetzt [wie] den Einsatz von Sky Marshalls, sowie eine neue Zuverlässigkeits-[Hand reibt unter der Nase]-überprüfung von Mitarbeitern und

316 Vgl. Clark, »Silent Selling«, S. 23

317 Goffman, »On Face-Work«, S. 8

318 Fischer-Lichte, *Ästhetik des Performativen*, S. 126

verstärkte Kontrollen an unseren Flugzeugen.«[319] Der Aufsichtsratssprecher begleitet die Erwähnung von Gegenanträgen, die »in diskreditierender und diffamierender Form«[320] gestellt würden, mit einem Reiben an der Nase. EON-Chef Hartmann muss sich ausgerechnet an dem Punkt mit dem Taschentuch die Nase abtupfen, als er droht, der Begriff »Heimatmarkt« verliere, wenn es so mit der Politik weiterginge, seinen »vertrauten Klang«[321]. Auch Ron Sommer, ehemaliger Telekom-Chef, ist sichtlich nervös und lässt dies vor allen an der Brille aus: Bevor er bei der Hauptversammlung anhebt, rückt er kurz die Mikrofone zurecht, hievt sich dann mit großen Gesten und Griffen ans Pult durch die Textzeilen. Insgesamt fasst Sommer während der zwei Stunden 29 Mal an seine Gläser. Gehäuft kommt dies vor der Stelle, an der er wiederholt ausgebuht[322] wird, begleitet vom Festhalten am Mikrofon und gehäuften Versprechern.

Man kann davon ausgehen, dass das Publikum solche Selbstinvolvierungen registriert und auch Analysten geben explizit an, darauf zu achten. Einer erklärt auf Nachfrage bei einer Veranstaltung, er würde sich stets in die erste Reihe setzen, um den Vorständen bei den Fragen ins Gesicht sehen zu können – was bei einem Video-Webcast nicht möglich sei – und auch zu registrieren, wenn sie an der Brille fummelten. Sein technisch geprägter Originalton lautet: »Viele Selbstberührungen signalisieren einen niedrigen Konfidenzgrad.« Tatsächlich sind die vordersten Plätze bei den Treffen stets dicht besetzt – möglicherweise von Kollegen, die auch nach

319 Jürgen Weber, Lufthansa-Hauptversammlung 2002, Videotranskript

320 Klaus Schlede, Aufsichtsratssprecher, Lufthansa-Hauptversammlung 2002, Videotranskript

321 Ulrich Hartmann, EON-Hauptversammlung 2003, Videotranskript

322 Ron Sommer, Telekom-Hauptversammlung 2002, Videotranskript: »Zur Diskussion um die Vorstandsbezüge des Jahres 2001 hat Ihnen Dr. Winkaus [Pause 0.5, Fummeln am Manuskript] alles Wesentliche gesagt. [Pause 0.5. Ende des Fummelns] Lassen Sie mich nur hinzufügen, [Pause 0.5 und tiefes Luftholen] dass sich der Vorstand weder [Pause 0.5] selbst bedient noch bereichert hat [erste Pfiffe] wie dies zu lesen ~~war~~ [achtsekündiges Pfeifkonzert. Sommer stützt beide Arme breit auf. Wartet. Leidende Mimik. Das Pfeifen verebbt]. Die ~~erfolgsabhängige~~ [Lapsus: ›erfolgsabhängigeN‹] Vergütung wird an der Erreichung der Zielvorgaben des Vorjahres [Pause 0.5] gemessen. [Pause 0.5] ~~Vorstand und Mitarbeiterschaft werden sich mit aller Kraft dafür einsetzen, das Unternehmen weiter voranzubringen.~~ [›Meine Damen und Herren‹, Pause 1.0, erste Pfiffe] Ich habe Ihnen, [›Meine Damen und Herren‹, laute Pfiffe. Sommer stoppt, hält sich drei Sekunden am Mikrofon fest und wird weiter ausgebuht und ausgepfiffen, er sieht nervös nach unten und hebt wieder an] Ich habe ihnen heute Bericht erstattet [Pfiffe verebben] über ein Jahr, auf dem gleichermaßen Licht und Schatten lag.«

dem »Konfidenzgrad« suchen. Anders als beispielsweise im Schulunterricht, dort sind sie meist leer – getreu der bereits erwähnten Bühnenweisheit, dass jemanden zu sehen auch bedeutet, gesehen zu werden.

Die Körperhaltung des Redners sendet ebenso Zeichen, die die Wahrnehmung beeinflussen. Vorstände tun sich etwas schwer, eine gute Figur zu machen – jetzt nicht primär auf das Gewicht bezogen, sondern auf die Körperhaltung, auf die Bewegung vom Scheitel bis zur Sohle. Börsen-Chef Seifert lehnt sich beim Bericht vor den Aktionären im Jahr 2003 an das Pult wie an einen Tresen und überkreuzt die Beine, schaut dann noch nebenbei auf die Uhr und steckt seine linke Hand in die Tasche. Das sind allesamt negative Zeichen der Körpersprache.[323] Gerade die Hand in der Tasche lenkt ab und könnte die ungewollte Überlegung beim Aktionär begünstigen, ob er auch ihm spiegelbildlich »in die Tasche greift«.

Besonders mitgenommen wirkt Allianz-Chef Schulte-Noelle, der sich kaum gerade am Pult halten kann. Bei der Erwähnung von »unsägliche[m] Leid über Menschen [...] konjunkturelle Talfahrt [...] Für uns Versicherer bedeutet der Terroranschlag auf das World Trade Center den größten Schadenfall aller Zeiten«[324], erscheint es für den Betrachter, als ob die Bühne den Vorgang nicht berichtet, sondern wie im dramatischen Theater doch verkörpert. Die »Talfahrt« wird nachgefahren, gebremst von einem Vorbeugen und schließlich angehalten durch tiefes Aufstützen. Beim Verkünden der »versicherungsrelevanten Gesamtschäden [...] Haftpflicht- und Personenschäden einschließlich der Folgeschäden aus Betriebsunterbrechung«, die sich auf rund 30 bis 50 Milliarden US-Dollar belaufen könnten, sucht er Halt an den Mikrofonen, die er ohne Grund zurechtrückt. »Schwache Börsenumfelder« und »Kurseinbrüche« werden von Wanken begleitet. Das Bild, welches er abgibt, orientiert sich an der mechanischen Vorstellung eines »verlegenen« Individuums: Gleichgewicht geht verloren, die Balance schwindet. Die nach außen getragene Verstörung lässt nicht darauf schließen, dass der Redner an das glaubt, was er im Schlussappell noch mal zusammenfasst: »Jetzt geht der Blick nach vorne. Ich denke, in diesem Jahr werden wir wieder die alte Wachstumsdynamik zeigen.«

323 Vgl. Clark, *How to give effective business briefings*, S. 59

324 Henning Schulte-Noelle, Allianz-Hauptversammlung 2002, Videotranskript. Folgezitate

Blickkontakt und Redestil

Für einen Redner ist der Blickkontakt mit dem Publikum wichtig, weil er die Aufmerksamkeit hält, kontrollieren und beeinflussen kann.[325] Französische und englische Topmanager treten bei Hauptversammlungen mal mit Teleprompter und sogar mit Headset auf und blicken direkt ins Publikum. Sie laufen auch mal wie der Président Directeur Général von Alcatel, Serge Tchuruk, mit wehendem Jackett und gestikulierend quer über die Szene. Dieser Stil erinnert an französische Politiker, die den Glanz der Rhetorik noch einmal aufleben lassen und deshalb manchmal im Fernsehen für unsere Augen ein wenig übertrieben und wie Bühnenschauspieler herüberkommen. Während die Briten bei den Debatten im Parlament und auch bei den Annual General Meetings mit ihrer realistischen Sachlichkeit und der Wortwahl eher an Shakespeare denken lassen. Das ist beileibe kein Zufall, denn die Theatertradition hat in verschiedenen Kulturen die Auftrittsstile geprägt. An der auf den Bühnen praktizierten Präsentationsweise ebenso wie am Duktus der Sprache im nachfolgenden Massenmedium Radio hatten sich auch deutsche Politiker einst stark angelehnt.

Ein deutscher Firmenchef lehnt sich heute an etwas anderem an und zwar am Pult. Genauer gesagt stützt er sich darauf, um das Redemanuskript nicht aus dem Blick zu verlieren. Die CEOs lesen bis auf wenige Ausnahmen starr vom Blatt ab. Ein deutscher Manager, so wird deshalb oft gespottet, trenne sich lieber von seiner Ehefrau als von seinem Redemanuskript. Pressesprecher rechtfertigen den verklemmten Vortragsstil mit der Angst vor Anfechtungsklagen, es dürften keine Fehler bei den Zahlen passieren und es sei sicherer, das mit der Finanzabteilung und dem Justiziariat abgestimmte Manuskript feinsäuberlich vorzulesen. Paradoxerweise trauen sich viele CEOs gerade vor Analysten, frei zu referieren. Teleprompter benutzen bei Hauptversammlungen nur der Adidas-Chef Herbert Hainer und Harry Roels von RWE. Wörtlich übersetzt heißt das Gerät »Fern-Souffleuse« und diese erlaubt wie im klassischen Theater, vertrauensvolle Gesten und Augenkontakt natürlicher einzusetzen, suggeriert Spontaneität, Nähe und Wechselseitigkeit und lässt den so genannten Funken eher überspringen. Atkinson bezeichnet die Vorrichtung deshalb als »sincerity machine«[326].

---

325 Vgl. Atkinson, *Our Masters' voices*, S. 66
326 Ebd.

Die kontrollierende Wirkung des Blicks ist für manche Redner generell ein Grund, auf die Brille mit ihren spiegelnden Gläsern zu verzichten.[327] Bei den Konzernchefs hängt das vom Publikum ab: Vor Analysten treten sie gern mit Sehhilfe auf, wie Ackermann, der sie aber vor den Journalisten absetzt. Das Gestell signalisiert landläufig Intellekt und die bloße Form verleiht dem Träger eine bestimmte Ausstrahlung und lädt zu Interpretationen ein.[328] Wirkungsrelevant ist nicht nur die optische Täuschung, sondern das Wechselspiel mit Accessoire, Gesten und Blicken. Redner wie Schrempp beherrschen das, beispielsweise setzt jener in seiner Eröffnung bei den Worten »Unser Treffen wird überschattet vom Krieg im Irak«[329] die distanzierende Brille ab und hält sie während des tiefen bedauernden Blicks in die Kamera in der Hand. Durch die nonverbale Demutsbekundung entsteht eine scheinbare Verbundenheit zu den anderen Teilnehmern.[330] Der CEO eines Konzerns, der sich trotz öffentlicher Kritik stets geweigert hatte, die nichtstrategische Beteiligung am Rüstungskonzern EADS – Hersteller von verschiedenen Tötungsinstrumenten von der völkerrechtswidrigen Landmine bis zum Kampfhubschrauber – aufzulösen, zeigt, wie sich durch den Einsatz von Performance-Techniken ein soziales Gewissen stimulieren lässt.

Abhängig von der Sprechhaltung variiert die Beziehung zum Zuhörer und die Persönlichkeit, als die der Sprecher wahrgenommen wird. Das Vorlesen ähnelt dem wissenschaftlichen Vortragsstil, weil es den Bezug auf die Zahlen betont, welche kaum alle auswendig gelernt werden können. Der Vorstand bleibt dem Zuschauer gegenüber aber fast wie ein Tagesschausprecher distanziert. Dieser tritt gewöhnlich als Instanz journalistischer Objektivität und weniger als Person auf, seine jeweils nur kurzen

---

327 Vgl. Clark, »Silent Selling«, S. 22

328 Vgl. Grässlin, *Jürgen E. Schrempp*, S. 298. Grässlin schildert wie der Chefredakteur der Wirtschaftswoche auf Weichspül-Rhetorik und ein sanftes Äußeres reingefallen ist. Er meinte, vor einigen Jahren bei Schrempp, der anstelle von »Shareholder Value« den Begriff »wertorientierte Führung« verwendete, eine große Veränderung zu erkennen, bestätigt fühlte er sich vom Anblick der Brille: »Konsens statt Kanten, rund statt eckig«, schrieb er. Neuerdings ziere ein viel sanfteres, gerundetes Metallgestell italienischer Fertigung das Gesicht. Die Behauptung war eine Nullnummer, die Kantenbrille befand sich in Reparatur, vorübergehend hatte Schrempp zur stabilen Reisebrille gegriffen. Er kontere, so berichtet der Biograf Grässlin, seitdem immer mit dieser Anekdote, wenn missliebige Medienvertreter sich an einer neuen Interpretation seiner Verhaltensweisen versuchen.

329 Jürgen Schrempp, DaimlerChrysler-Hauptversammlung 2003, Videotranskript

330 Vgl. Goffman, »On Face-Work«, S. 41f

Blicke dienen lediglich der Adressierung von Information. Der Kontakt reißt durch das Niedersehen ständig ab. Wer sein Publikum »keines Blickes« zu würdigen scheint, kann aber auch keine Signale wie gelangweilte Gesichtsausdrücke aufnehmen, geschweige denn mit Tempowechsel, Änderung der Tonlage oder mit Einschüben auf sie reagieren. Die wechselseitige Verständigung wird gestört. Die Vorstellung ist damit widersprüchlich: Die Repräsentanten berichten, wie sie ganze Unternehmen »auf konsequente Kundenorientierung [...] trimmen«[331] wollen und reden selbst in einer Weise, die sich gerade darum nicht kümmert.

Eine Verbindung durch Augenkontakt besteht beim freien Sprechen, der Sprachproduktion in mündlicher Alltagskommunikation. »Fresh talk, that is the extemporaneous, ongoing formulation of a text under the exigency of immediate response to our current situation«[332], definiert Goffman in seinem Aufsatz *The Lecture*. Auch ein Schauspieler spricht seinen Text, als wäre er *fresh talk*. Hier ist er aber auswendig gelernt, was das Publikum natürlich weiß. Der Alltagssprecher formuliert seinen Text von Moment zu Moment oder zumindest von Satz zu Satz, wie es auch Professoren in einer Vorlesung tun. Das ist bei CEOs nur zu beobachten, wenn sie bei der Hauptversammlung Antwortstichworte aus dem Backoffice vorliegen haben, sie umbauen und um eigene Einschübe ergänzen. Auftrittsberater empfehlen, Managern statt Redemanuskript nur noch Stichwortzettel unterzuschieben, denn durch das ständige Formulieren entsteht der Anschein, dass der jeweilige Ausdruck die wirkliche Meinung des Sprechers sei und auf die Zuhörer und ihre Erwartungshaltung einginge.

Mimik und Attraktivität

Das Gesicht ist Zentrum der kommunikativen Handlung und verrät sehr viel von einem Menschen, es ist entscheidend für den ersten Eindruck und wird im Allgemeinen für einen verlässlichen Stimmungsindikator gehalten.[333] Alltagsdarsteller wie Redner verstecken oder verzerren Gefühle und diese lassen sich gerade mit der Bewegung der Gesichtsmuskeln ausdrücken, denn die mimische Sequenz ist kodifiziertes soziales und ästhetisches

331 Kai-Uwe Ricke, Telekom-Hauptversammlung 2005, Redemanuskript
332 Goffman, »The Lecture«, S. 171
333 Vgl. Fischer-Lichte, *Semiotik*, S. 48

Verhalten. Das Meiste lässt sich über Sprachgrenzen hinweg deuten,[334] beispielsweise gelten aufgerissene Augen als Zeichen der Überraschung, während die genauen Bedeutungen von Kultur zu Kultur variieren mögen.

Das Publikum sucht die Gesichtsregungen der auftretenden Manager nach Anzeichen von Gefühlen und Unsicherheiten ab. In der Presse kann der Anleger so einiges lesen: Für den einen wirkt das Lächeln des CEO »gequält« und »die Gesichtszüge sind angespannt, die tiefe Stimme klingt noch grimmiger als sonst. Man sieht Jürgen Schrempp an, dass er schwere Wochen und Monate hinter sich hat«[335]. Die FTD stellt lobend fest, dass diesmal dem »Konzernchef die Gesichtszüge kein einziges Mal außer Kontrolle«[336] geraten waren und das Handelsblatt holt noch weiter aus:

> »Kopper [...] gilt als Schrempps wichtigster Rückhalt und hatte kürzlich Kritik am Vorstandschef als »neues Kreuzrittertum« verteufelt. Das bekommt er jetzt um die Ohren gehauen. Kopper lacht verächtlich. [...] In der Mitte sitzt Schrempp. Er kaut. Beständig bearbeiten die Zähne einen imaginären Kaugummi. Ihm scheint die Kritik nicht egal zu sein. Selbst wenn er trinkt, spült er das Wasser erst von rechts nach links bevor er schluckt.«[337]

Auch der Rahmen der Mimik wird genau betrachtet. Jeder Alltagsschauspieler bedient sich oberflächlicher Attribute der Maskerade wie Schminke und Frisur, die das Antlitz verändern. Die Berufsgruppe der Spitzenmanager trägt das Haar, ein Schlüsselreiz und den eigentlich wandlungs- und damit aussagefähigsten Körperteil,[338] in unauffälligem Kurzhaarschnitt, gern auch mal mit Seitenscheitel, Modell Nachrichtensprecher, oder als schicksalhaft hingenommene Halbglatze. Nur der neue Daimler-Kopf Dieter Zetsche formt seine Gesichtshaare zu einem ausladenden Walross-Schnauzer. Wer hier Gemütlichkeit hinein interpretiert, der täuscht sich: Direkt nach Amtsantritt schockte der Manager die Belegschaft mit harten Sparmaßnahmen. Bei den anderen ohne Bart ist die Sicht auf die Gesichtszüge frei und besonders auf die Augenschatten, falls keine Visagisten zur Puderquaste gegriffen haben. Zigtausend Leser erfahren im Handelsblatt, eine der wichtigsten deutschen Wirtschaftszeitungen, angebliche Zusammenhänge: »Ein wenig schmal wirkt Ackermann, ein wenig erschöpft, tief

---

334 Vgl. Stebbins, *Delsarte System*

335 Wüpper, »Sinkender Stern«, S. 3

336 Busse, »Schrempps Welt«, S. 25

337 Knüwer, »Daimler im Reformstau«, S. 12

338 Vgl. Bergler/Hoff, »Die Sprache der Haare«, S. 11

liegen die Augen in den Höhlen. Der vergangene Monat mit Rücktrittsdiskussion und Mannesmann-Prozess hat seine Spuren hinterlassen.«[339]

Nicht nur die Frisur, sondern auch die Mienen der Topmanager sind sich sehr ähnlich. Die gängigen Primärausdrücke wie Freude, Zorn, Angst, Überraschung, Ekel, Trauer und Verachtung zeigen sie nicht. Das lässt sich innerhalb gewisser Grenzen steuern, vier Kategorien hat der Emotionsforscher Paul Ekman aufgestellt: Amplifikation (ein empfundenes Gefühl verstärken), De-Amplifikation (abschwächen), Maskierung (eine Emotion vortäuschen) und Neutralisation, die mit dem Begriff »Pokerface« beschrieben wird.[340] Nach diesem Raster müsste man die Vorstandsvorsitzenden zuerst einmal als neutralisierende Gesichter bezeichnen, denn sie setzen gewöhnlich ein Pokerface auf.

Lebensfreude strahlt auch der Vertreter der »Leistung aus Leidenschaft« nicht aus, wenn er von Renditen und Rekorden berichtet, die anderen Unternehmern ein euphorisches Dauergrinsen auf das Gesicht treiben würden. Selbst bei provozierenden Fragen von Aktionären und Journalisten fällt die beherrschte und konzentrierte Maske nicht, nichts regt sich, als ein Analyst die Geschäftszahlen von 2005 lobt. Nach einer Reaktionszeit von zwei Sekunden wird das Kompliment knapp abgenickt.

Die Uniformität der Mimik bei der »Face to Face«-Kommunikation führt uns zum Begriff der Maske. Die Steifheit erinnert vom Prinzip an alle Anfänge, die erste Maskenerfahrung der Menschheit ist das starre Gesicht des Toten ohne Mimik. Gefühlsbetonten Ausdruck besaßen schon die Masken im antiken Theater, je nach Epoche wurden sie übertriebener und verzerrter und je zahlreicher das Publikum oder komödiantischer das Sujet, desto größer die Masken zur groben Charakterisierung – was bei modernen Investoren-Veranstaltungen die Leinwände übernehmen. Die Funktion der Maske ist im antiken Theater gemäß Lehmann eine stilisierende Entpersönlichung.[341] Sie macht es nicht nur akzeptabel, dass der Darsteller verschiedene Rollen gibt, sondern sie distanziert, indem Figuren gezeigt werden, die exemplarisch für Rollenträger stehen. Solche erleben wir trotz Personalisierung auch im Theater der Geschäftswelt. In der Alltagsmaskerade der Manager gilt trotz aller postulierten Individualität – die auf der Bühne im bürgerlichen Theater durch besonders expressiven Ausdruck vielschichtiger Gefühle und Ablehnung der Maske kultiviert wurde – die

339 Maisch, »Graue Anzüge, ernste Mienen«, S. 27
340 Vgl. Ekman, »Facial expression of emotion«, S. 210ff
341 Vgl. Lehmann, *Theater und Mythos*, S. 35f

gekonnte Beherrschung der Gesichtszüge. Diese Taktik, die Ekman »Maskierung« nennt, kommt bei den CEOs gerade in der Frage- und Antwortrunde hinzu und lässt auch sie alle sehr austauschbar wirken.

So mancher kann zumindest die personalisierenden Formen des Lächelns fast perfekt durchdeklinieren. Ackermann lächelt zwar nicht glücklich bei Lob, dafür entschuldigend, wenn er die Antwort verweigert, und höflich, wenn ihm Zeitungsjournalisten vorwerfen, das Aktienrückkaufprogramm sei nur dazu da, seine eigenen Bezüge nach oben zu treiben. Das offene und möglichst unangestrengte Lächeln, wie man es auch von Testimonials in der Werbung kennt, begünstigt Sympathie, lässt Menschen humorvoller und freundlicher erscheinen.[342]

Je höher die emotionale Beteiligung ist, desto weniger lässt sich das Mienenspiel kontrollieren. Das sind nur kurze Momente in der Manager-Darstellung, aber sie personalisieren stark. Beispielsweise zeigt mit mimischem und gestischem Artikulieren von Gefühlen, welches über bloßes Zeigen hinaus und damit in Richtung Schauspielen geht, selbst der sonst beherrschte Lufthansa-Kopf Weber, was ihn besonders mitnimmt:

»Unvorstellbar! [Kopfschütteln, Schulterzucken, Hochziehen der Augenbrauen] Aber Lufthansa mutet man so etwas zu, in dem wir per amtlicher [Zeigefinger der linken Hand sticht in die Luft, Kopf wird leicht rot] Verfügung einen Preisabstand von 30 Euro und 50 Cent zum Niedrigpreisangebot des Konkurrenten Germania einhalten müssen. [Pause 0.5] Absurd! [linke Hand schießt in die Luft, Kopfschütteln, Stirnfalten]«[343]

Auch sein sonst ruhiger Nachfolger Mayrhuber geht bei Ausführungen über Wettbewerbsverzerrungen durch Subventionen aus sich heraus. So eine emotionale Ansprache signalisiert eine Leidenschaft und unterstreicht die Relevanz des oft immer gleichen Themas für den Aktionär und die Presse. Redenschreiber bestätigen auf Nachfrage, dass bei solchen Veranstaltungen politischer Druck gemacht wird, es gilt: Steter Tropfen höhlt den Stein.

Bei Pressekonferenzen ist das seltener, aber auch hier antwortet der BASF-Chef mal mit lauter Stimme, ausholender Gestik und hochgezogenen Augenbrauen auf eine Frage:

»Und ich bekenne mich ausdrücklich dazu, dass das ein Ansatz für Deutschland sein muss, dass sie die Kernkraftwerke länger betreiben sollten. So! Und damit bin

---

342 Vgl. Bergler, »Sympathie und Kommunikation«, S. 136f

343 Jürgen Weber, Lufthansa-Hauptversammlung 2002, Videotranskript

ich bei der Energie[-Frage] am Ende. Da kann nämlich man schon leicht abheben [angedeuteter Flügelschlag mit den Armen]« [Nebensitzender CFO Bock bestätigt brav im Anschluss: »Da war Energie drin!«][344]

Diese Energie ist auch drin, wenn Hambrecht sich wenig später persönlich angegriffen fühlt und die Forderung nach Offenlegung der Vorstandsgehälter mit einem Verweis auf den Neid in Deutschland abblockt und unter Einsatz mimischer, stimmlicher, gestischer und ironischer Unterstreichungen schließt:

»Und allerdings jetzt wird es [das Thema Gehalt] wieder als Ventilfunktion in der öffentlichen politischen Debatte adressiert, in einer Form wo ich wirklich sagen muss, DAS bringt uns in Deutschland riiiesige Schritte voran, wirklich RIIIESIGE Schritte voran! [Fuchtelt mit den Händen. Nimmt sein Manuskript hoch und stößt es mit der Kante auf den Tisch.] Also! Klare Antwort ist Nein!«

Hier kommt die aufgeregte Darbietung weniger gut. Für die gelungene Selbstdarstellung ist nach Goffman Gelassenheit wichtig, die Fähigkeit, sich zu kontrollieren und selbstbewusst Nervosität bei Fehlern verstecken zu können.[345] Emotionalität kann den Sprecher auch wieder verraten, kann zumindest ein Hinweis darauf sein, dass der Verweis auf die Wohlverhaltensregeln des Corporate Governance-Kodex, der die Offenlegung der Bezüge fordert, beim CEO einen wunden Punkt trifft.

Gesicht und Erfolg

Das Antlitz ist eine reichhaltige Quelle für Eindrücke von einer Person. Deshalb dürfen an dieser Stelle weiterführende Überlegungen zum Thema Gesichtszüge und deren Interpretation im Kontext der Selbstdarstellung auf der Wirtschaftsbühne nicht fehlen. Denn das Gesicht ist auch in Ruhe ein Informationsträger und aus den Zügen lassen sich höchstens, wenn auch nicht verlässlich, wie gerade etwa mit dem Pokerface beschrieben, nach der Pathognomik Gemütsbewegungen herausdeuten. Für Charaktereigenschaften gilt das nicht, trotzdem wird oft ein physiognomischer Zusammenhang zwischen dem Antlitz und seelischen Eigenschaften wie Leistungsqualitäten hergestellt. Die Menschen »physiognomisieren«, was Henss definiert als »die Tendenz, Objekte unserer Umwelt in gefühlsmäßi-

344 Jürgen Hambrecht, BASF-Bilanzpressekonferenz 2005, Videotranskript. Folgezitat
345 Vgl. Goffman, »On Face-Work«, S. 9

ger Weise wahrzunehmen und mit Beurteilungen zu verknüpfen, die über das unmittelbar Beobachtbare hinausgehen«.[346]

Höchstens nicht angeborene Veränderungen lassen sich in Beziehung zum Charakter setzen. Sorgfältige Haartracht und gepflegte Erscheinung zeigen beispielsweise, dass jemand zurückhaltend ist und nicht negativ auffallen will. Das kommt dem anfangs definierten Verständnis von Inszenierung entgegen, welches den Menschen und seine Erscheinung nicht trennt als das wahre Wesen einerseits und seine Vorstellung oder Verstellung auf der Alltagsbühne andererseits, sondern beschreibt, dass eine gewisse Selbstvorstellung ausgespielt wird, die existiert, wenn und solange sie wahrgenommen wird. Manager bedienen sich sozialer Stereotypen und Wertzuschreibungen, neben der Kleidung, dem Tonfall und dem gesamten diskutierten Verhalten fällt in Bezug auf das Gesicht der frühere Chef der Deutschen Bank und danach Aufsichtsratssprecher Rolf-E. Breuer auf. Er präsentiert sich stets sonnengebräunt, was im Allgemeinen als Zeichen von Gesundheit interpretiert wird.

Ein anderes sekundäres Zeichen trägt der frühere Allianz-Kopf Henning Schulte-Noelle. Wer ihn ansieht, erkennt an seiner linken Wange eine schräge Narbe, einen Schmiss, welcher seinen Träger als Mensur geschädigtes Mitglied einer schlagenden Verbindung outet. Diese kann gelesen werden als ein Synonym für eine ganz besondere Rekrutierungsart der bürgerlichkonservativen Bildungselite, für nationale Gesinnung, antidemokratische Unterwerfungs- und Zwangsaneignungsstrategien und für Ausgrenzung von Frauen und Andersdenkenden.[347] Da ist es schon eine Ohrfeige für den Betrachter in der doch so chancengleichen Leistungswelt, dass der direkte Vorgänger auf dem Vorstandsposten und spätere Aufsichtsratssprecher, Wolfgang Schieren, aus genau dem gleichen Corps Borussia Tübingen stammt wie Schulte-Noelle. Das lässt sich aus der Schramme nicht herauslesen, aber auch das Gegenteil nicht. Wer keine Hintergrundinformationen hat oder den Menschen nicht kennt, der kann schon der bloßen Narbe und ihrer nicht unberechtigten Konnotationen wegen die Worte des damaligen Allianz-Chefs, in der Rede überschrieben mit »Die Mitarbeiter sind unser größtes Kapital«, mit ihrem durchaus entmenschlichenden Grundton vom Mitarbeiter als »ganz besondere Form

346 Henss, *Gesicht und Persönlichkeitseindruck*, S. 21

347 Vgl. Peters, »Studentische Korporationen«, S. 11

von Asset«, das sich »für unsere gemeinsame Sache ins Zeug«[348] gelegt hat, als hochgradige Verhöhnung empfinden.

Die hier untersuchten »Gesichter« der Dax-Unternehmen sehen durchschnittlich attraktiv aus. Das soll aber nicht darüber hinwegtäuschen, dass für viele anderen Alltags- und Berufsdarsteller das Antlitz zum Erfolgsfaktor wird.

Die Physiognomik wurde lange von der Aristotelischen Auffassung geprägt, die eine Analogie zwischen Körper und Seele behauptet. Obwohl das wissenschaftlich unhaltbar, diskriminierend und rassistisch ist, und man ständig in der physiognomischen Beurteilung anderer Menschen irrt, beweisen verschiedene Untersuchungen, dass das Attraktivitätsstereotyp »Wer schön ist, ist auch gut«[349] Bestand hat und Menschen mit einem attraktiven Gesicht für erfolgreicher, sympathischer, intelligenter und fleißiger gehalten werden.[350] Wenn Gutaussehende, vage gesagt, »besser« bei Kollegen, Vorgesetzten und Kunden ankommen – solche Menschen werden selten negativ beurteilt, höchstens für eingebildet gehalten[351] – und als Aushängeschild des Unternehmens angenehmer wirken, würde daraus folgen, dass es für die Wertschöpfung rational würde, bei der Personalauswahl auf die Attraktivität zu achten. Diesen diskriminierenden Trend bestätigen neben den bereits zitierten Studien über Äußerlichkeiten auch andere wissenschaftliche Untersuchungen, die zeigen, dass Mitarbeiter besonders in Dienstleistungsberufen aufgrund ihrer so genannten ästhetischen Fähigkeiten eingestellt oder abgelehnt werden, nicht unbedingt ihrer Kompetenz wegen.[352]

Schönheit liegt immer noch im Auge des Betrachters, könnte man sich trösten. Aber dieses ist von allgemein gültigen Prinzipien des Geschmacks oder der Ablehnung geprägt, wie Henss herausgefunden hat; zudem betont er, dass solche Attraktivitätsstandards nicht kulturell erlernt werden, sondern schon bei kleinsten Kindern angelegt seien.[353]

Was sicherlich angelernt ist, ist die Beurteilung einer geschlechtsbedingten Erscheinung. Aufgrund so mancher Klischeevorstellung können

---

348 Schulte-Noelle, Allianz-Hauptversammlung 2003, Redemanuskript

349 Henss, »Geschlecht, Alter und physische Attraktivität«, S. 58

349 Vgl. Braun u.a., *Beautycheck,* http://www.uni-regensburg.de/Fakultaeten/phil_Fak_II/Psychologie/Psy_II/beautycheck/english/bericht/beauty_mi_zensiert.pdf (Abruf: März 2006)

351 Vgl. Henss, »Geschlecht, Alter und physische Attraktivität«, S. 63

352 Vgl. Nickson u.a., »The importance of attitude and appearance«, S. 195

353 Vgl. Henss, »Geschlecht, Alter und physische Attraktivität«, S. 170f

weniger Frauen als Männer den Erfolgsfaktor Aussehen für sich in Anspruch nehmen: In der obersten Gehaltsklasse der Führungsstudie von Bischoff mit über 100.000 Euro geben 46 Prozent der Männer an, die äußerliche Erscheinung habe ihnen zum Erfolg verholfen, gegenüber 29 Prozent der Frauen.[354] Besonders maskuline Typen sind im Vorteil, denn je männlicher die äußere Erscheinung, desto stärker die Zuschreibung von Führungskompetenz und »Managerqualitäten«: Kantiges Kinn, breite Schultern und hohe eckige Stirn überzeugen, korrigiert die Sozialpsychologin Anke von Rennenkampff gängige Anschauungen über (weibliche) Attraktivität und Karrierechancen.[355] Die nicht angeborenen femininen Äußerlichkeiten ließen sich aber in gewissem Maße manipulieren, wenn es um eine Führungsfrage geht, könne frau mit gedeckter und hochgeschlossener Kleidung, ordentlich zusammengebundenen Haaren und dezentem Make-up punkten. So wie die einzige Frau in den Dax-Vorständen: Karin Dorrepaal bei Schering trägt Pagenkopf, wenig Schmuck und gedeckte Farben.

Es sieht fast so aus, als müssten Frauen für den Aufstieg ihre Weiblichkeit in Unauffälligkeit hüllen, um dem Klischee des »Erfolgstypen« zu entsprechen. Wird das auf immer so sein? Bischoffs Studie gibt hier Ansatzpunkte: Berufstätige Frauen orientieren sich am Vorbild von Müttern, die in zunehmender Zahl nicht mehr nur Hausfrauen sind.[356] Der Erfolg hat also nicht nur Väter, sondern auch irgendwann auch Mütter, beispielsweise durch mehr weibliche Rollenvorbilder im Topmanagement.

Anders als die affirmative Ansicht auf der Businessbühne hat die theatrale Kunst ihren eigenen Weg, physiognomische Zuschreibungen bloß zu stellen. Wir erinnern uns daran, wie die künstlerische Performance *Emanuelle Enchanted* von Forced Entertainment Personen zeigt, die mit ihren Äußerlichkeiten spielen und dem Publikum vorführen, wie anders sie wirken, sobald sie gewisse Kleidungsstücke und Pappschilder, eines davon mit der Aufschrift »Beauty Queen«, angelegt und wieder abgelegt haben. Besonders die dramatische Schauspielkunst führt solche Wahrnehmungsmuster exemplarisch vor, sie setzt physiognomische und pathognomische Zuschreibungen ein, um Figuren mit einem bestimmten Wesen und gewissen Emotionen auf die Illusionsbühne zu bringen. Die Hauptfigur in *Der*

---

354 Vgl. Bischoff, *Männer und Frauen in Führungspositionen*, S. 84

355 Vgl. von Rennenkampf, *Geschlechtsstereotype Wahrnehmung von Führungskompetenz*, http://bibserv7.bib.uni-mannheim.de/madoc/volltexte/2005/860/ (Abruf: März 2006)

356 Vgl. Bischoff, *Männer und Frauen in Führungspositionen*, S. 38

Geizige von Molière hat immer Falten und eine leicht krumme Haltung. Die fiktiven Charaktere sind nichts als ihre Erscheinung, Charaktermasken, die Äußerlichkeiten, die der Schauspieler ihr borgt, lassen nicht auf ihr Inneres zurück schließen, weil es dieses so nicht gibt.[357] Die Kunst führt hier vor, dass das Äußere praktisch täuscht und demonstriert gleichzeitig warnend, wie es trotzdem eine Atmosphäre entstehen lässt. Es drückt nichts aus, aber be-*eindruck*-t die Anwesenden.

Stimme

Die physische Präsenz der Stimme ist für die Auftritte ein immenser Zeichengeber. Theater leitet sich zwar etymologisch von *theatron*, Schauplatz, her und ist ein Ort der Sichtbarkeit, des Sehens und Gesehenwerdens. Er wird aber nicht nur angefüllt von Geräuschen und Klängen, sondern entsteht zunächst einmal durch jene. Die Stimme als exemplarisch performatives Phänomen ist ebenso wie das visuelle Bild ein Paradigma des Theaters. Der antike Schauspieler war vor allem die Verkörperung einer Stimme, in den römischen Rednerschulen gehörten Übungen zur Stimmgebung zum Lehrstoff. Die Stimme lässt sich als Scharnier zwischen der stummen Körperlichkeit und dem Bereich der Signifikation, der Sprache, verstehen.[358] Sie wird akustisch wahrgenommen und lässt einen Raum der Ko-Präsenz von Sprecher und Rezipienten entstehen, mit dem eine eigene Dimension der Aufführung entsteht. Die Stimme verweist nicht nur auf den mit Verstand einsehbaren Inhalt, sondern auf die bloße Präsenz des Physischen, die Realität des Körpers. Für die Auftritte heißt das, dass sie als stärkster Modulator des gesamten Textes den Sinn, der in den Worten liegt, nicht dominieren muss, wohl aber ändert und mitbestimmt, welche Inhalte Gehör finden.

Die vokal erzeugten Laute werden auch paralinguistische Zeichen genannt, zu ihnen gehören Tonhöhe, Klang, Lautstärke, Betonung, Intonation und Dialekt.[359] Sie sind ein unverwechselbar individuelles Merkmal der jeweiligen Persönlichkeit, abhängig vom Geschlecht, Alter, ihrer Verfas-

357 Vgl. Böhme, *Atmosphäre*, S. 123

358 Vgl. Lehmann, *Theater und Mythos*, S. 41

359 Vgl. Fischer-Lichte, *Semiotik*, S. 38. Ebenso Substanzmerkmale wie Grundfrequenz und Formatverlauf – diese müssen allerdings durch Messprozeduren festgestellt werden.

sung und Herkunft. Das stimmliche Ereignis gehört zum Rollenverständnis und im jeweiligen Stil drückt sich aus, was die antike Rhetorik als »äußere Angemessenheit« bezeichnet, das so genannte *äußere aptum*. Es betrifft das Verhältnis zwischen der Rede mit ihren Bestandteilen und den außersprachlichen Systemen und Gegebenheiten.[360] Dazu zählen unter anderem die bereits beschriebene Wirkung des Ortes, die Kleidung und eben auch der zur Person des Redners passende Ton. So hatte schon Quintilian darauf hingewiesen, dass zu alten Menschen keine kühne, schwungvolle Rede passt und Militärpersonen schmucklos, gerade und schlicht reden sollten.

Im Theater wird dieses *aptum* überall dort relevant, wo der Autor den Figuren bestimmte Worte in den Mund legt und auch eine Regieanweisung an sie knüpft. Man stelle sich eine Aufführung vor, bei der der nachts umherwandernde Geist von Hamlets Vater nicht im dröhnenden Bass aus einer metallenen Rüstung spricht, sondern sich mit Fistelstimmchen vorstellt. Mit der akustischen Aussagekraft spielen Autoren auch, beispielsweise in Brechts *Der aufhaltsame Aufstieg des Arturo Ui*. Eben jener Protagonist, seines Zeichens Gangsterchef, erhält von einem Schauspieler Nachhilfe für seinen Auftritt. Der Mime schlägt vor, eine Rede zu üben, und wählt die Antoniusrede, was dem selbsternannten Helden schmeichelt und sichtlich gefällt. Die Regieanweisung liest sich so: »*Er stellt sich in Positur und rezitiert, Zeile für Zeile, die Antoniusrede:* Mitbürger, Freunde, Römer, euer Ohr! *Ui spricht ihm aus dem Büchlein nach, mitunter ausgebessert vom Schauspieler, jedoch wahrt er im Grund seinen knappen und rauen Ton.*«[361] Dem phantasievollen Leser und vor allem dem Zuschauer bei der Aufführung wird eine Diskrepanz zwischen vollmundig rezitierendem Vorbild und Abklatsch vorgeführt und diese macht die Lächerlichkeit der Situation und der offensichtlich wenig heldenhaften aber verkrampften Figur deutlich. Denn jeder besitzt eine allgemeine Vorstellung von der Rolle und der ihr angemessenen Ausdrucksweise. Die Stimme verrät das Befinden der Person über alle Worte hinweg. Das wird in künstlerischen Darstellungen – wie an der möglicherweise stotternden Antigone und den hysterisch schreienden Figuren Polleschs beschrieben – gern gezeigt, um das Publikum nicht in seinen Erwartungen zu bestätigen, sondern es durch die Intensität des Sprechakts mit Unsicherheiten zu konfrontieren.

Das Publikum mit fester, energiereicher Stimme anzusprechen müsste für die Bühne der Geschäftswelt gelten, wo Vertrauen aufgebaut und von

360 Vgl. Ueding/Steinbrink, *Rhetorik*, S. 205

361 Brecht, »Der aufhaltsame Aufstieg des Arturo Ui«, S. 705

standhafter Kompetenz überzeugt werden will. Der Redner sollte sich dessen bewusst sein. Eigentlich. Denn der Öffentlichkeit wird regelmäßig berichtet, wie die Vorstandssprecher wirken. So ist beispielsweise im Nachtrag über die Hauptversammlung der Börse zu lesen: »Hlubeck ging auf Nummer sicher: Unaufgeregt spulte er seine Premierenrede herunter. Die Stimme erhob er allenfalls, wenn es ihm um Beständigkeit ging – etwa, als er das ›integrierte Geschäftsmodell‹ lobte [...].«[362] Man könnte sagen, manche CEOs halten die Rede nicht, sondern lesen sie vor. Sie beten ihren Text mit den Ergebniszahlen und Visionen monoton und energielos in Körperhaltung und Stimme herunter, ohne auf paralinguistische Elemente auf Beziehungsebene wie Betonungen, Pausen und Satzmelodie zu achten.

So lassen auch Redner wie Deutsche Bank-Chef Ackermann, dem der Ruf des Speer werfenden und vor allem stimmbegabten Tenors leise vorauströnt, in völliger Diskordanz zum verbal-visuellen Register auf dem Bühnenhintergrund, dem ehrgeizigen Werbespruch mit der Leidenschaft, jegliches Feuer und Lebendigkeit vermissen. Ganz anders als ein Politiker, der in einer aufregenden Situation seines Vortrags so tut, als ringe er sich jedes Komma und besonders die Punkte einzeln von der aufgewühlten Seele ab. Der Banker und die anderen lesen zwar standhaft aber auch starr ab, sparen damit an Zeichen, die Ausdruck von Persönlichkeit, Gefühlen und Überzeugungen sind, und das macht keinen Zustand der Emotion, sondern eine innere Mechanik spürbar. Derlei CEOs präsentieren während der Redezeit nur ihre Funktion, eine Führungs*kraft* mit der Faszination eines Sprachcomputers, wie ihn der Kunde beim Telefon-Banking ertragen muss. Das sieht so aus, als lege eine rutschende Charaktermaske mit nur scheinbar persönlichen, individuellen und erträglichen Zügen das innere Wesen des Funktionsträgers, der immer gleichen Führungskraft frei, die nur in Zahlen, Kennziffern und Renditen denkt. Szenische Präsenz erhält nur das ausgedruckte Papier, nicht aber eine Führungs*persönlichkeit.*

Bei den Managern zeigt sich eine Ähnlichkeit zum dem, was auch der Regisseur Falk Richter bei seiner Beschäftigung mit Unternehmensberatern bemerkt hat. Richter schildert den Eindruck einer »undramatischen Nullenergie«[363], die von den Leuten ausginge, darin begründet, dass sie 45 Minuten lang auf einem Ton sprechen, uniform in Inhalten, Kleidung und sprachlichen Codes wirken. Von Aktionären wird das fehlende Engagement beim Vortrag häufig als Arroganz interpretiert. Bevor sich der Zuhö-

362 Schreiber, »Das Phantom der Börse«, S. 16

363 Zit. n. Thieme, »Jenseits der Sentimentalität«, S. 122

rer aber ärgert, langweilt er sich erstmal, was mit der physischen Präsenz und dem so genannten psychorespiratorischen Effekt zusammenhängt: Jeder Mensch hört körperlich aktiv mit, ahmt den Redner innerlich ständig nach. Umgekehrt reagiert er gereizt auf einen Vortragenden, der körperlich anstrengt, indem er nervös am Pult radebrecht und nach Luft ringt, weil das auch bei seinen Zuhörern Atemkrämpfe verursacht. In einer Situation der Aufführung empfindet der Körper zwangsläufig mit, leiser schalten oder vorspulen wie beim Videomitschnitt ist nicht möglich.

Ein gewöhnlich packender Bestandteil der charakteristischen Klangfarbe der Stimme ist der Dialekt, welcher auf eine Identifikation mit der Heimat verweist, die Ausstrahlung der Erzählerpersönlichkeit aufgrund ihrer Tradition verstärkt und sie weniger austauschbar wirken lässt. Dazu tragen auditive Merkmale auf Subjektebene bei wie der schwedische Einschlag von Håkan Samuelsson (MAN) und der holländische Akzent von Harry Roels (RWE). Gerade Roels' Timbre soll in den Ohren von Investoren auch wie das Klingeln einer Kasse wirken: Der Holländer kommt hörbar von außen und es heißt, er »schlage einen weiteren Nagel in den Sarg der traditionellen deutschen Konglomerate«[364], und diese »zupackende Art«, mit der er den Konzern profitabel umbauen konnte, komme besonders bei angelsächsischen Investoren gut an.

Ferner löst Mundart Emotionen aus, kann Heimatgefühle oder die Faszination für eine andere Kultur positiv ansprechen oder abhängig von persönlichen Vorlieben auch abschreckend wirken. Jürgen Weber, früherer Lufthansa-Chef, ist zwar Badener, schwäbelt aber, von seinem Nachfolger, dem Österreicher Mayrhuber, hört man wie von seinem Landsmann Rampl von der Allianz bei Auftritten nur Hochdeutsch. Andersherum, bei den in Englisch gehaltenen Analystenkonferenzen, erklingt aus der Vorstandsreihe ein oftmals herber deutscher Akzent. Auffällig bei den älteren und gestandenen Patrons wie Nikolaus Schweickart, dezenter bei der neuen Generation, die wie Kai-Uwe Ricke im Ausland studiert haben und im Klang eine gewisse Vorstellung interkultureller Ausdrucksfähigkeit und globaler Kompetenz mitschwingen lassen.

Unternehmen besitzen nicht nur ein Gesicht, sondern auch eine Stimme und haben mit den Worten des CEO eine akustische Identität beziehungsweise Persönlichkeit. Diese Maske wird nach einer Volksetymologie mit dem Begriff »Per-sona« bezeichnet, der nicht nur die Rolle des

364 Hennes, »Ich bin kein Ruhrbaron‹. RWE-Chef Harry Roels tut das, was Aktionäre wünschen«, S. 18

Schauspielers umschreibt, sondern das, wodurch der Schall dringt, und den Zusammenhang von Person und Stimme oder hier von Person und Unternehmen betont. Diese Relation ist zunächst bei Herbert Hainer stimmig, der bei der Hauptversammlung im Fränkischen stets mit typischer Satzmelodie versichert, dass Adidas viel in den Standort Deutschland investiere und weiter investieren wolle. Das kann für den Zuschauer durchaus glaubhaft klingen. Gerade wer ähnlich spricht, wird sich wiedererkennen. Auch englische Journalisten schließen vom Ton aufs Herz:

»[Hainer] is still very much a Bavarian at heart, living in the sleepy Franconian town of Herzogenaurach. [...] Adidas still remains remarkably Bavarian, with many of its top executives drawn from the southern Germany state. Analysts have been known at times to remark, that Mr Hainer's English is hard to understand, although it is better than many executives'.«[365]

Sobald aber die Perspektive wechselt, wirkt dieses Unterscheidungsmerkmal negativ. Der kürzlich von den Bayern getätigte Kauf der Sportartikelfirma Reebok lässt sich mit genau den gleichen Bezugspunkten in der Argumentation von der Financial Times abwägend bis misstrauisch beurteilen: »But rivals and some analysts say the culture difference between a Bavarian-led team and an American company could be too great.«[366]

Der Klang kann auch dem Zweifel mancher hochdeutscher Investoren neue Nahrung geben. Beispielsweise stellt Ackermann, über den die Presse spekulierte, er wolle die Deutsche Bank für eine Übernahme bereit machen, und der die Entlassung von tausenden Mitarbeitern ankündigte, im saftigen Schwyzerdütsch fest: »Deutschland ist und bleibt jedoch unser Heimatmarkt«[367], und wenige Sätze später sagt er, er würde nichts unternehmen, was nicht im Interesse Deutschlands liege. Aktionäre erwarten von dem Eidgenossen keinen gesteigerten Patriotismus, sondern unterstellen ihm in der Erklärung ihrer Gegenanträge in der Generaldebatte gar Haß auf den Standort Deutschland, nachdem »ihm seine Bemühungen, der Mannesmann AG zu einem Image als – für Absahner im Vorstand und Aufsichtsrat – ›guter Arbeitgeber‹ zu verhelfen, so schlecht gedankt worden sind«.[368]

---

365 Milne, »Adidas makes its pitch«, S. 22

366 Ebd.

367 Josef Ackermann, Deutsche Bank-Hauptversammlung 2005, Redemanuskript

368 Kleinaktionär, Deutsche Bank-Hauptversammlung 2005, Mitschrift. Er bezieht sich auf den Mannesmannprozess. Auch in der Presse wird regelmäßig thematisiert, wie der Banker in Deutschland »fremdelt«, zudem hätte er mit der vorangetriebenen Internatio-

Der Deutschbanker ist zumindest noch geeignet als Repräsentant auf dem Heimatmarkt, anders als andere. Als mit der Überprüfung des Mannesmann-Prozesses über einen Rücktritt Ackermanns und über einen möglichen Nachfolger spekuliert wurde, wurde Anshu Jain, Chef der Handelssparte und einer der mächtigsten Männer der Bank, nicht hoch gehandelt. Die Presse berichtete, der Inder spreche kein Deutsch und würde von der deutschen Belegschaft und den Kunden auf dem Heimatmarkt kaum akzeptiert, deshalb könne höchstens der Österreicher Achleitner infrage kommen.[369]

Für die Wahrnehmung gilt immer, dass der Ton die Musik macht. Ein passendes Ritardando im Tonfall kann beispielsweise auf Inhaltsebene die Schwere der unternehmerischen Herausforderungen betonen. Durch Stimmausdruck und Tempo teilt der Redner auch etwas über sich selbst mit. Gehetzt sprechen die Vorstände nicht, anders als viele Medienvertreter und Analysten, die ihre Fragen im Schnelltempo herunterspulen und wirken, als wollten sie sich den Vorgängen entziehen. Allerdings kann man sich aufgrund einzelner prosodischer Elemente nicht des Eindrucks erwehren, mancher Topmanager spräche extra zackig mit möglichst ehrgeizigem Effekt, der durch das eingebaute Accelerando eher auf »Macher« schließen lässt als auf »Schläfer«. Jürgen Schrempp spricht mit kehliger Raucherstimme die »positive Entwicklung« im Zickzackstil durchweg schnell als »póssitiffe«, was erahnen lässt, warum er nicht nur als oberster Mitarbeiter »beim Daimler« sondern als gebürtiger Freiburger aus dem Ländle für manche Fans den schwäbischen Traum »Schaffe, schaffe, Autos baue« schlechthin verkörperte. Vertreter der Telekom reden von der »Tellekomm«, der oberste Commerzbanker Müller analysiert – knallhart? – das »Rissikko«.

Zu zackig wirkt aber nicht besonders gut. Ackermann liest beispielsweise in der Generaldebatte einer Hauptversammlung die Antworten im Schnelltempo aus der Mappe vor und die Stimme beeinflusst die Stimmung negativ. Ein Aktionär ermahnt ihn, die Antworten seien nicht zu verstehen: »Da ich versteh' überhaupt nichts. Geht das auch langsamer? Sind wir hier bei einem Schnellsprechwettbewerb?«[370] Der Banker hebt die

nalisierung – nur noch gut ein Drittel der Mitarbeiter sitzt in Deutschland, zwei Drittel der Einnahmen kommen aus dem Ausland – die »deutschen Wurzeln der Deutschen Bank gekappt«. Maisch, »Der kühle Rechner«, S. 22

369 Vgl. Maier, »Deutsche Bank bangt um Chef«, S. 20

370 Anleger, Deutsche Bank-Hauptversammlung 2005, Mitschrift

Augenbrauen und macht weiter wie vorher. So verkommt der Dialog mit dem »lieben Aktionär« zum technokratischen Verkünden von Information.

Die Stimme kann vor dem geschilderten Hintergrund eine positive Wahrnehmung begünstigen und wird deshalb auf der Bühne der Geschäftswelt zu einem Wirtschaftsfaktor. Aber auch in dieser Kategorie sind manche benachteiligt. Das kulturelle Missverhältnis: Eine tiefe Stimme, wie sie von den männlichen Managern zu vernehmen ist, wird landläufig mit Autorität und Kompetenz in Verbindung gebracht. Deshalb hatte sich die Politikerin Margaret Thatcher ihre hohe Stimmlage abtrainiert, was Atkinson beschreibt.[371] Die naturgemäß im höheren Frequenzbereich liegende Stimme der Frau lässt an Zickigkeit, fehlende Kompetenz und Emotionalität im negativen Sinne denken. Absichtlich tief zu sprechen lässt aber keine Frau und auch keinen Mann tiefsinniger wirken. Entscheidend ist der individuelle Grundton jeder Stimme, die so genannte Indifferenzlage. Wenn die Stimme in diesem Bereich liegt, wirkt der Sprecher überzeugend und selbstbewusst. Zu große Abweichungen – wie wenn jemand mit Piepsstimme eine Grabesstimme imitiert – empfindet der Zuhörer als unnatürlich. Das Theater stellt kritisch diese Frage nach der Materialität des Körpers und der weiterführenden Signifikanz, wenn beispielsweise postdramatische Darsteller wie bei René Pollesch zunächst ohne und kurz danach mit Mikrofon mit vom Körper getrennter Stimme sprechen und eine Wahrnehmung des Zuschauers möglich machen, die aufgrund der Ortlosigkeit dessen alltäglichen Erfahrungen widerspricht. Gepaart mit ihren Aussagen über unsichere Empfindungen wird gezeigt, wie die Stimme als »unmittelbarer« und »authentischer« Ausdruck einer Person verstanden und missverstanden wird.

Stimmen sind nur in Grenzen trainierbar. Ein Stimmtraining, wie es professionelle Schauspieler und exponierte Politiker absolvieren, ist zudem aufwändig und dauert lange. Es kann schon lohnender sein, an der Redeweise zu arbeiten. Wer Konzepte für Rede und Antwort hat, bei dem sitzt die Stimme besser, für die Wirkung ist dann die Tonhöhe nicht mehr so dominant.

Bei der Frage- und Antwortrunde werden negativ wirkende Ausprägungen der Sprechweise noch deutlicher. Dazu gehört Stottern, Verhaspeln, das Auslassen von Wörtern und auch die Äh-Störung. Dramatiker und Regisseure benutzen solche Regieanweisungen, wenn sie die Brüchig-

371 Vgl. Atkinson, *Our Masters' voices*, S. 113

keit der Figuren inszenieren wollen, was in der Diskussion des Antigone-Modells dargestellt wurde. Bei den Rednern sind diese Sprachhinweise eine Reaktion auf die Atmosphäre, die schweigende Interaktion des Publikums, und lassen ebenso wie beim tragischen Helden auf einen inneren Konflikt schließen und darauf, dass etwas implizit Beunruhigendes abläuft.

Hier ein Beispiel von Schrempp, der vor der Presse zur Blamage des Konzerns beim Mautsystem Toll Collect Stellung nehmen muss. Das ist untermalt von ständiger äußerer und damit scheinbar innerer Unruhe, angedeuteten Aufstehbewegungen, deren Impuls möglichst schnell unterdrückt wird, und Griffen in die Luft:

»Ähm so zu-zu Toll Collect meine ich eigentlich im Augenblick alles gesagt zu haben [Lüftet mit der linken Hand sein Jackett]. Äh ich möchte noch mal wiederholen und ich weiche nicht diesem Thema aus [fummelt mit der linken Hand in der Luft] sondern es ist einfach der-der Geist [linke Hand auf Brusthöhe] im Augenblick zu sagen wir haben jetzt, äh, bereits ja insgesamt, gibt's ja zwar zwei Monate, wir müssen, sage ich jetzt mal in den nächsten zehn Tage oder so müssen wir zu einer, einer gemeinsamen Lösung kommen denn die Grundvoraussetzungen die jetzt geschaffen werden [Ende des Fummelns in der Luft] äh [Griff ans Kinn] ich hab mir das im Detail angeschaut, die sind eigentlich [gestikuliert weiter] jetzt gut, die verschiedenen Tests die laufen zeigen die entsprechenden Resultate [beide Arme ausgebreitet in die Luft] Sie wissen, sprechen Sie mal mit [beide Arme breit auf dem Tisch] Leuten von [drückt sich mit beiden Armen kurz hoch und erhebt sich für eine halbe Sekunde vom Sitz] SAP et cetera wie der Unterschied ist zwischen einem Test im System [beide Hände nach links] das Sie laufen lassen das funktioniert hervorragend [Arme breit] und wenn Sie es dann unter Last [beide Arme nach rechts] laufen lassen [stützt sich breit auf] dann haben Sie plötzlich Probleme [Pause 0.5] [...] dass gewisse Forderungen die da erhoben werden wir als total unberechtigt ansehen ist klar, aber ne Debatte darüber find' ich nicht zielgerecht sondern zielgerecht find' ich dass wir 'ne Lösung finden [Pause 0.2] ja [deutet nach rechts, wo schon ein Kollege nervös Zeichen gibt].«[372]

Was bleibt von dieser fast bestürzenden Performance beim Publikum hängen? Auch dem Chef stockt mal der Atem und enervierende Äh-Ketten, nicht zu Ende formulierte Sätze, Fehler in der Wortwahl und falsche Konstruktionen, die es auch bei anderen zu hören gibt, mögen so gar nicht zu

372 Jürgen Schrempp, DaimlerChrysler-Bilanzpressekonferenz 2004, Videotranskript. (Auch hier geben die Satzzeichen nicht die Grammatik, sondern die Betonungen wieder.) Nach dem letzten Wort schließt sich ohne Pause der Vorstandskollege Manfred Gentz an und sagt fehlerfrei zum Journalisten: »Ganz konkret zu Ihrer Frage. Wir haften für Toll Collect mit 45 Prozent, das ist unser Anteil an diesem Konsortium. Diese Haftungsquote kann steigen auf 50 Prozent.«

der sonst postulierten Forderung nach Effizienz und dem Bekenntnis zu perfekter Leistung passen. Sie lassen eher daran denken, dass irgendwelche Momente den Konzernlenker Schrempp einst selbst dazu gebracht hatten, das Hauptquartier des Weltkonzerns im schwäbischen Möhringen als »Bullshit Castle« zu verballhornen.

Bei allem stellt sich die Frage, ob es nun wirkungsvoll wäre, alle Ecken abzuschleifen und perfekt zu sprechen? Zu viel Profilbildung ist, wie vorgeführt, hier nicht gut – zu wenig, wie bereits vermutet, schlecht. Das bestätigt sich an einem Beispiel, in dem Geschäftsleute Präsentationen halten. Jene, die völlig glatt gesprochen und ihre Sätze perfekt abgespult hatten, konnten das Publikum nicht überzeugen. Argument: Der Auftritt wirkte einstudiert, erschien zu wenig authentisch.[373] Die »Äh-freie Zone« ist demnach zu weit vom Parkett entfernt. Auch die Stimme muss somit wie alle anderen Elemente der Inszenierung den richtigen Kompromiss zwischen maskenhafter, unpersönlicher Perfektion und aussagekräftiger individueller Untauglichkeit finden.

Rhetorik

Das gesprochene Wort ist für die Wirkung der Auftritte besonders wichtig, denn im Alltag ebenso wie im Drama definiert sich die menschliche Figur vor allem durch ihr Sprechen. Die Rede, man könnte auch Vortrag[374] sagen, wirkt zwar im szenisch-kommunikativen Kontext, was bereits diskutiert wurde, verrät aber mehr über die Überzeugung der Person als Körpersprache, Kleidung oder Bühnenbild es könnten, selbst wenn die Worte aus der Feder des Redenschreibers stammen. Nach dem klassischen Verständnis ist die Person des Redners selbst einer der überzeugenden Gründe für den Rat und Appell ihrer Rede. Die Konzeption des *vir bonus*, die für Cicero und Quintilian über die mittelalterlichen Rhetoriklehren bis heute gültig ist, forderte vom Redner als Vorbild Sittlichkeit, Moralität, Recht-

373 Vgl. Clark, »Entrepreneurs' investor forum pitch presentations«, S. 12

374 Vgl. Dovifat, *Rede und Redner*, S. 33. Dovifat unterscheidet in Bezug auf Politiker zwischen dem »Vor-tragen« erarbeiteter Gedanken mit nur begrenzter Überzeugungsabsicht und einer Rede mit dem entschiedenen Willen, den Zuschauer »gesinnungsmäßig ganz zu fassen«, die immer frei gehalten wird. Für die vorliegende Untersuchung der Wirkung ist eine solche Differenzierung der Intention nicht notwendig.

schaffenheit und Tugend.[375] Diese Eigenschaften werden nicht per se vom Zuhörer erkannt sondern lassen sich im Allgemeinen mit rhetorischen Mitteln ausdrücken. Dazu gehört eine Vielzahl von Stilmitteln wie emotionale bildhafte Ausdrücke, die dem Sprecher ein Profil geben, Beifallszenen, humorvolle Einschübe, Abweichungen vom Redetext und seltene direkte persönliche Aussagen, die in den folgenden Kapiteln einzeln besprochen werden. Neben dem persönlichen Ausdruck hat die Sprache eine beeinflussende Funktion auf einer übergreifenden Ebene und die rhetorische Form ist Gegenstand der semiotischen Analyse, weil sie wie alle anderen Mittel der Selbstdarstellung nicht neutral, sondern maßgeblich für die Darstellung von Realität verantwortlich ist.

Der Einfluss geht vom Sprecher aus, der Manager kann eine gewisse Unternehmensrealität darstellen, übt jedoch nicht nur Macht aus, sondern stellt sich wiederum in einer doppelten Theatralisierung in die Macht der Zuhörer, da seine Worte Erwartungen wecken. Die Äußerungen, die der CEO vor dem Publikum macht, sind nicht spielerisch – in einer dramatischen Theaterinszenierung lohnt es sich nicht, danach zu fragen, ob Sprechakte »gelungen« sind – sondern ernst und »performative« Sprache. Jene beinhaltet nach Austin nicht nur referentielle Funktion, *beschreibt* nicht nur einen Sachverhalt oder behauptet eine Tatsache, sondern die Worte haben performative Funktion, *vollziehen* Handlungen. »Der Name [performative Sprache] stammt natürlich von ›to perform‹, ›vollziehen‹: man ›vollzieht‹ Handlungen. Er soll andeuten, daß jemand, der eine solche Äußerung tut, damit eine Handlung vollzieht – man faßt die Äußerung gewöhnlich nicht einfach als bloßes Sagen auf.«[376]

Der Firmenchef liest nicht nur Ergebniszahlen vor, sondern personalisiert mit persönlichen Statements und Aussagen wie: »Deshalb möchte ich auch gleich an dieser Stelle betonen, dass wir uns mit aller Kraft dafür einsetzen, Ihnen im kommenden Jahr wieder eine Dividende zur Ausschüttung vorschlagen zu können«[377], sind keine bloße Feststellung oder

---

375 Voraussetzung für die überzeugende Rede war demnach der moralisch handelnde Mensch. Dieser Form der Rhetorik kann man, obwohl sie »schöne« Worte zum Zweck einsetzt, anders als beispielsweise das Theater als Kunst es tut, auch eine moralische Zielsetzung unterstellen. Das Sein wird aber in verschiedenen kulturhistorischen Zusammenhängen vom Schein ersetzt, die Rhetorik hat unterschiedliche Ausprägungen gebildet, bis hin zur politischen Propaganda oder Werbung. Vgl. Ueding/Steinbrink, *Rhetorik*, S. 41

376 Austin, *Sprechakte*, S. 29f

377 Kai-Uwe Ricke, Telekom-Hauptversammlung 2004, Redemanuskript

konstative Äußerung, sondern performativ, bindend und verantwortetes Sprechen.[378] Nachfolgende Handlungen werden erwartet, gerade den Vorstandsvorsitzenden werden geplatzten Versprechen lange vorgehalten.

Den Unternehmen ist bewusst, dass man ein bisschen »Pech« mit der Prognose haben kann. So versprechen die Vorstände bei ihren Auftritten unverbindlich und emotional halbwegs wirkungsvoll einiges und sagen auf dem geduldigen Papier etwas anderes. Auf den Reden steht im so genannten Disclaimer juristisch verbindlich aber diesmal emotional wirkungslos, dass man dafür doch keine Verantwortung übernehmen könne.[379] Diese defensive Selbstdarstellungstechnik verhindert, vor Gericht haftbar gemacht zu werden, eine »Ent-Täuschung« des Publikums kann sie aber nicht vermeiden.

Die Macht, Realität durch Sprache zu beeinflussen, ist aber nicht allein darin begründet, dass man mit »Wörtern etwas tun kann«, wie Austin es beschrieben hat. Bei den Manager-Auftritten zeigt sich durchgehend, dass der Diskurs nicht nur wirkt, weil er illokutionäre Äußerungen enthält, bei denen man etwas tut, indem man etwas sagt. Die Wirkung ist vielmehr abhängig von der Machtverteilung. Damit beziehe ich mich auf Bourdieu, der das folgendermaßen beschreibt:

»Die symbolische Macht, die Macht, das Gegebene zu konstituieren, indem man es ausspricht, auf die Welt einzuwirken, indem man auf die Darstellung der Welt einwirkt, ist nicht als ›illokutionäre Macht‹ in den ›symbolischen Systemen‹ enthalten. Sie vollzieht sich vielmehr in einem bestimmten Verhältnis und durch dieses bestimmte Verhältnis, das den Glauben an die Legitimität der Wörter und der

378 Vgl. Austin, *Sprechakte*, S. 173ff. Austin zählt diese Art performativer Sprache zu den »kommisiven Äußerungen«, die den Sprecher auf ein bestimmtes Verhalten festlegen. Die Äußerungen des Versammlungsleiters lassen sich großteils den »exerzitiven Äußerungen« zuordnen, er vollzieht Handlungen indem er Sprecher einführt, Entlastungen (»Hiermit ist der Vorstand entlastet«) und Wahlergebnisse verkündet.

379 Beispielsweise der Zusatz im Redemanuskript von Josef Ackermann, Deutsche Bank-Hauptversammlung 2004: »Diese Rede enthält zukunftsgerichtete Aussagen. Zukunftsgerichtete Aussagen sind Aussagen, die nicht Tatsachen der Vergangenheit beschreiben; sie umfassen auch Aussagen über unsere Annahmen und Erwartungen. Jede Aussage in dieser Rede, die unsere Absichten, Annahmen, Erwartungen oder Vorhersagen (sowie die zugrunde liegenden Annahmen) wiedergibt, ist eine zukunftsgerichtete Aussage. Diese Aussagen beruhen auf Planungen, Schätzungen und Prognosen, die der Geschäftsleitung der Deutschen Bank derzeit zur Verfügung stehen. Zukunftsgerichtete Aussagen beziehen sich deshalb nur auf den Tag, an dem sie gemacht werden. Wir übernehmen keine Verpflichtung, solche Aussagen angesichts neuer Informationen oder künftiger Ereignisse weiterzuentwickeln.«

Personen schafft, die sie aussprechen, und sie wirkt nur in dem Maße, wie die, die dieser Macht unterliegen, diejenigen anerkennen, die sie ausüben.«[380]

Bei den Finanzveranstaltungen kann nun ein Belegschaftsaktionär, Gewerkschafter, Aktivist oder ein Journalist viele illokutionäre Äußerungen machen und wird damit trotzdem weniger erreichen können. Wer eine soziale und wirtschaftliche Autorität besitzt, die vorgegeben, unterstützt und hervorgehoben ist von Inszenierungstechniken, der kann mit seinen Worten deutlich mehr Macht ausüben.

Gerade deshalb kann man davon ausgehen, dass sich ein gewisses Potenzial der Reden entfaltet, die von der Form her zunächst sachlich und nüchtern aussehen, und im mittleren Stil gehalten sind. Sie bedienen sich aber durchaus einer Überzeugungsdramaturgie und dekorieren mit Tropen und Figuren. Die Rhetorik dieser Gruppe enthält Phraseologismen der Wirtschaftssprache,[381] charakteristische Fertigbauteile, erstarrte Fügungen und metaphorische Redensarten – Ausdrücke wie »Dividende ausschütten« oder »auf dem Parkett« werden nur im Finanzwesen verwendet – und Anglizismen, zu ihren Bausteinen gehören auch ausgetretene Sprachfüllsel des Unternehmertums, etwa die Ermunterungsfloskel »Chancen als auch Risiken«. Nicht zu vergessen das »Wachstum« in jeder Form, welches Dank des bekannten Stilmittels der Wiederholung oft eine sehr eindringliche Entwicklungsdogmatik verbreitet. Formelhafte, eingefahrene Wendungen transportieren Wertungen, beispielsweise suggeriert »Cash is King«[382], Geld sei Erfolg und einziges Ziel. Die Sprache verliert ihr Potenzial der Offenheit, die Begriffe und die Inhalte sind sinnentleerte Vokabeln, die eine gewisse Reaktion bewirken und sich nicht mehr interpretieren lassen sollen. Die Manager-Rhetorik kennzeichnet sich also nicht nur durch eine gewisse verbale Besonderheit, sondern transportiert, wie im Folgenden an zahlreichen Beispielen deutlich wird, durch ihre Inhalte, Darstellungsweisen und Rechtfertigungstaktiken auch immer eine bestimmte Ideologie. Mit ihren Vorstellungen ist sie dem Zuschauer nicht fremd, sondern längst in das Alltagsleben eingesickert und Teil von ihm und zählt sicherlich zu dem, was als disziplinierende und paradoxe Leistungsrhetorik von Anfang an erwähnt wurde.

---

380 Bourdieu/Wacquant, *Reflexive Anthropologie*, S. 183

381 Vgl. Duhme, *Phraseologie der deutschen Wirtschaftssprache*

382 Heinrich von Pierer, Siemens-Bilanzpressekonferenz 2004, Redemanuskript

Dramaturgie der Reden

Der Bericht der Vorstandsvorsitzenden dauert bei Hauptversammlungen durchschnittlich 45 Minuten (4420 Wörter), bei Bilanzpressekonferenzen rund 30 Minuten (2900 Wörter) und bei den fast immer in Englisch gehaltenen Analystenkonferenzen rund 27 Minuten (2600 Wörter). Der Konzernchef steht zwar im Vordergrund, redet aber nicht immer alleine. Bei Analystenkonferenzen spricht er im Durchschnitt 5 Prozent länger als der Finanzvorstand bei Bilanzpressekonferenzen rund 50 Prozent länger.

Der Aufbau trägt bei allen Veranstaltungen ähnliche Züge und die Grundbausteine, die oft durch ein »Meine Damen und Herren« und ein kurzes Luftholen voneinander getrennt sind, sehen so aus: Begrüßung und Kurzzusammenfassung der aktuellen Lage, Rückblick nach Geschäftsfeldern gegliedert, Zielkennzahlen, Strategie, Abschlussappell. Bei der Hauptversammlung kommen vor dem Schluss noch die Ergebnisse des ersten Quartals und verschiedene Kommentare zu sozialpolitischen Themen. Hier wurden 33 Reden aus dem Sample[383] untersucht.

Die Untersuchung hat gezeigt, dass die Gewichte der Teile durchaus variieren, je professioneller die Zuhörer, desto länger wird über die Zukunftsstrategie gesprochen, vor Aktionären hingegen entfällt fast ein Fünftel der Rede auf Politisches. Zur Erläuterung werden im Folgenden die Disposition, die Anordnung der Redeteile und der Inhalt, sowie die Akzentuierung, also das Gewicht der Teile beziehungsweise deren relatives Ausmaß, in kurzen Beispielen mit den gängigsten Tricks und Feinheiten

---

383 Herbert Hainer, Adidas-Hauptversammlung, Bilanzpresse- und Analystenkonferenz 2005, Michael Diekmann, Allianz-Hauptversammlung und Bilanzpressekonferenz 2005, Jürgen Hambrecht, BASF-Hauptversammlung, Bilanzpressekonferenz und Analystenkonferenz 2005, Helmut Panke, BMW-Hauptversammlung, Bilanzpressekonferenz und Analystenkonferenz 2005, Klaus-Peter Müller, Commerzbank-Hauptversammlung 2004 und Bilanzpressekonferenz 2004, Jürgen Schrempp, DaimlerChrysler-Hauptversammlung 2004 und 2005 und Bilanzpressekonferenz 2005, Josef Ackermann, Deutsche Bank-Hauptversammlung 2004 und 2005 und Bilanzpressekonferenz 2005, Wulf Bernotat, EON-Hauptversammlung, Bilanzpressekonferenz und Analystenkonferenz 2005, Dieter Rampl, HypoVereinsbank-Hauptversammlung 2004 und Bilanzpressekonferenz 2005, Wolfgang Mayrhuber, Lufthansa-Hauptversammlung 2004, Bilanzpressekonferenz und Analystenkonferenz 2004, Heinrich von Pierer, Siemens-Hauptversammlung 2005 und Bilanzpressekonferenz 2004, Kai-Uwe Ricke, Telekom-Hauptversammlung und Bilanzpressekonferenz 2005, Bernd Pischetsrieder, VW-Hauptversammlung und Bilanzpressekonferenz 2005. Hinzu kommen weitere Reden und Video-Transkripte, die kein Teil der empirischen Untersuchung, aber Teil der qualitativen Betrachtung sind.

vorgestellt. Dafür wurde das Sample in Abschnitte unterteilt, und aus der Länge (Anzahl der Wörter), wurden prozentuale Durchschnittswerte gebildet. Darüber hinaus wird dargestellt, wie das Überzeugungspotenzial der Teile aussieht und dieses wird bei den deutschsprachigen Reden an der bildhaften Sprache festgemacht, die sich besonders dazu eignet, Schwierigkeiten zu überspielen.[384]

Die Reden beginnen mit einer *Begrüßung*, die einen *kurzen Rückblick auf das Vorjahr* beinhaltet. Dieser Teil macht immer rund 7 Prozent der Gesamtzeit aus, das sind zwei bis drei Minuten.

Bei Hauptversammlungen werden meist alle Gruppen im Publikum begrüßt, auch mal »herzlich«. Man freut sich über das »Interesse« der (lieben) Aktionäre, Aktionärsvertreter, Vertreter der Presse und Gäste, begrüßt manchmal auch jene, die über das Internet teilnehmen.[385] Die Begrüßung ist generell wichtig für die Stimmung, da sie als Höflichkeitsbestandteil die Anwesenden von vorneherein als Teilnehmer legitimiert und eine Gemeinschaft kreiert.[386] Besondere Schmeicheleien gibt es bei Bilanzpresse- und Analystenkonferenzen allerdings nicht, es heißt beispielsweise knapp: »Ja, Ladies and Gentleman. From my side just a few remarks. You have heard, a very successful 2004 […].«[387]

Auf den Empfang folgt ein kleines Eigenlob, an das sich eine möglichst optimistische Zusammenfassung der augenscheinlichen Lage anschließt. War die Vergangenheit halbwegs gut, dann berichtet der CEO, wieder »auf die Erfolgsspur zurückgekehrt« zu sein und den »Kurs auf profitables Wachstum im vergangenen Geschäftsjahr weiter stabilisiert«[388] zu haben. Ist das Jahr sehr gut gelaufen, hört sich das bei allen Publikumsgruppen ähnlich an: »Ich freue mich, dass ich Ihnen auch in diesem Jahr wieder fast ausschließlich Positives über unseren Konzern berichten kann. [...] Und auch unsere Aussichten für 2005 sind glänzend.«[389] Nicht alle nutzen die Chance, sich hier gut darzustellen. Ackermann verliest bei der Präsentation der äußerst erfolgreichen Jahreszahlen erst einmal eine ganz Seite über die

---

384 Siehe dazu Kapitel *III.Bildhafte Sprache*

385 Dieses Prinzip ist nicht das Neueste, schon Albert Einstein hatte seine Eröffnungsrede zur Internationalen Radioausstellung 1929 in Berlin mit den Worten »Liebe An- und Abwesende« eingeleitet.

386 Vgl. Goffman, »On Face-Work«, S. 34

387 Henning Kagermann, SAP-Analystenkonferenz 2005, Videotranskript

388 Kai-Uwe Ricke, Telekom-Bilanzpressekonferenz und Hauptversammlung 2005, Redemanuskripte

389 Herbert Hainer, Adidas-Hauptversammlung 2005, Redemanuskript

wirtschaftlichen Rahmenbedingungen: »In den Vereinigten Staaten stieg das Bruttoinlandsprodukt um 3,5 Prozent, in China sogar um fast 10 Prozent [...].«[390] Erst danach fällt der Begriff »Rekordjahr«.

Nach einem schlechten Geschäftsjahr wird gerade der Aktionär oft dort abgeholt, wo er emotional eingekehrt ist: Bei Skandalen, die sich nicht leugnen, oder Kursrückgängen, die sich nicht übersehen lassen. »Im Vorfeld dieser Veranstaltung haben Sie uns in vielen Briefen, Anrufen und e-mails Ihre teils auch kritische Meinung mitgeteilt«[391], sagt Schrempp und erwähnt dann erst den »Ergebniseinbruch«. Eine Selbstanklage am Redebeginn immunisiert im Verlauf gegen gegnerische Argumente und ist ein bekanntes Überzeugungsmittel.

Trotz dieser lebendigen Beispiele lassen sich bei der kurzen Standortbestimmung im Durchschnitt nicht besonders viele Sprachbilder zählen, denn viele CEOs »rattern« einfach die wichtigsten Kennzahlen wie Umsatz und Ertrag, Konzernüberschuss, Free Cash-Flow, Netto-Finanzverbindlichkeiten herunter. Allerdings lassen sich hier bereits erste Autoritäten herbeizitieren wie die Auszeichnung »Bank des Jahres 2003« oder das »Goldene Lenkrad« von Automobilzeitschriften, die als von außen herein gebrachte Befürwortungen der eigenen Erfolge den Zuhörer gewöhnlich beeindrucken.[392] Diese doppeln sich im Bild auf den Leinwänden und finden sich auf Papier in den Pressemappen und wirken so noch verstärkt.

Bei Hauptversammlungen wird hier noch kurz die Dividende genannt: »Wir legen Ihnen heute eine unveränderte Dividende von 1,50 Euro pro Aktie zur Entscheidung vor. Das entspricht einer Dividendensumme von 1,5 Milliarden Euro und ist die höchste Barausschüttung unter den Dax-Unternehmen.«[393] Die häufig gewählte Formel des »Vorschlagens« ist über-

---

390 Josef Ackermann, Deutsche Bank-Bilanzpressekonferenz 2006, Redemanuskript

391 Jürgen Schrempp, DaimlerChrysler-Hauptversammlung 2004, Redemanuskript

392 Vgl. Ueding/Steinbrink, *Rhetorik*, S. 249

393 Jürgen Schrempp, DaimlerChrysler-Hauptversammlung 2004, Redemanuskript. Zwar gehört die Eigenwerbung zu den fett gedruckten Sätzen, mit der auch die Pressemitteilung beginnt: »Deutliche Ergebnisverbesserung für 2005 und 2006 erwartet. Aktionäre entscheiden über konstante Dividende von 1,50 Euro je Aktie. Höchste Dividendensumme aller Dax-Unternehmen.« Aber sie findet keinen Platz angesichts der heftigen Kritik am Vorstand. In einem Sample (einbezogen wurden acht Zeitungsberichte aus FAZ, FR, HB, Junge Welt, Tagesspiegel, taz und Die Welt vom 7.4. und 8.4.2004 über die Hauptversammlung) wird über die angepriesene Dividendensumme kein Wort verloren. Außer in negativer Form in der Frankfurter Rundschau: »Die Ausschüttung einer relativ hohen Dividende von 1,50 Euro wirke angesichts der finanziellen Risiken bei Mitsubishi und Chrysler wie ›zur Schau getragener Zweckoptimismus‹, sagt [Fonds-

trieben, die Aktionäre stimmen zwar formal über die Dividende ab, ein der Vokabel anhaftendes »Vereinbaren auf Augenhöhe« ist das aber nicht. Immerhin signalisiert der Begriff Respekt. Vor den Analysten wird die Ausschüttungsquote nur kurz als Zeichen der »attractiveness of E.ON shares«[394] gedeutet, vor der Presse lobt sich ein Vorstand ebenfalls mit einer Banalität der Art, »dass die Beteiligung der Aktionäre am Unternehmenserfolg für uns hohe Priorität hat«.[395]

Danach folgt der *Rückblick auf das vergangene Geschäftsjahr*, der längste Redeteil bei Bilanzpressekonferenzen und der zweitlängste bei Hauptversammlungen und Analystenkonferenzen. Er ist nicht mit vielen Sprachbildern ausgeschmückt und meist gegliedert nach Geschäftsfeldern, beispielsweise bei Banken in Privatkundengeschäft und Investmentbanking, nach Regionen wie Europa, Asien, Amerika oder nach Produktgruppen wie Automodelle. Bei der Zusammenfassung von Ergebnis- und Umsatzzahlen hangeln sich manche an selbst aufgestellten »Meilensteinen« entlang oder auch – tatsächlich! – an »halben« Zielen: »[Wir] haben unsere Kosten seit 2003 bereits um 590 Mio. Euro gesenkt. Mehr als die Hälfte unseres Ziels, bis 2006 eine Milliarde Euro einzusparen, ist damit bereits erreicht.«[396]

Der Rückblick nimmt bei Hauptversammlungen knapp 29 Prozent der Redezeit ein. Auch hier variiert die Länge, wer aber ein »schlechtes Jahr« hatte, fasst sich wie DaimlerChrysler lieber kürzer: Der Teil beträgt im Jahr 2004 nach hohen Verlusten nur 18 Prozent, der Strategieteil 55 Prozent. 2005 geht es den Zahlen wieder besser und der Rückblick beträgt 50 Prozent und der Strategieteil 10 Prozent.

Zu bemerken ist, dass die Vergangenheit bei der CEO-Rede ziemlich kurz kommt, obwohl im Aktienrecht von einer Vorlage des Jahresabschlusses die Rede ist.[397] Aktionäre monieren oft in der Generaldebatte, dass der Teil zu knapp gehalten sei. Von der Logik her ist dies aber möglich, denn einerseits sind die relevanten Informationen über das Vorjahr im Geschäftsbericht ausführlich dargelegt und durch die Bilanzpressekonferenz schon bekannt, dort ist der Rückblick viel länger, er beträgt fast 43 Prozent. Zweitens sind alle Ereignisse der Vergangenheit schon im Kurs-

---

manager] Kaldemorgen.« Biehl, »Aktionäre greifen Strategie von DaimlerChrysler-Chef Schrempp an«, S. 13

394 Wulf Bernotat, EON-Analystenkonferenz 2005, Redemanuskript

395 Ders., EON-Bilanzpressekonferenz 2005, Redemanuskript

396 Ebd.

397 Siehe § 120 III AktG

verlauf enthalten, den Analysten sind die Informationen der vorangegangenen Pressekonferenz schon bekannt und sie beobachten das Unternehmen regelmäßig. Hier beträgt der Rückblick fast 31 Prozent, dafür wird länger über die Zukunft, Prognosen und die Strategie gesprochen.

Meist werden vor der Strategie die *Zielkennzahlen* für das laufende Geschäftsjahr formuliert, sonst direkt danach oder vor dem Schlussappell. Diesen Teil gibt es nur bei acht der 15 untersuchten Hauptversammlungsreden und er macht durchschnittlich nur 2 Prozent aus. Vor der Presse ist er, mit einem Ausblick auf das ganze Marktumfeld, etwa 7 Prozent lang, vor den Analysten 18 Prozent. Alle Redner machen hier Mut, der Adidas-Chef beispielsweise betont: »We can deliver our highest operating margin ever and come within striking distance of our 2006 target of 10 percent.«[398] Bescheidene sprechen von einer »Aufholjagd im europäischen Wettbewerb«[399].

Der Abschnitt mit der *Strategie* ist der längste Teil der Reden, er macht durchschnittlich 30 Prozent bei Hauptversammlungen, 35 Prozent bei Pressekonferenzen und 38 Prozent bei Analystenkonferenzen aus. Was kommt, steht bekanntlich noch nicht fest und so ist es kaum überraschend, dass sich hier, vom kurzen Schlussappell abgesehen, die meisten Sprachbilder finden, mit denen sich gewöhnlich das Unfertige und Offene der Gegenstände ausmalen lässt.[400]

Danach, auch mal nach dem Rückblick auf das Vorjahr, werden bei vielen Hauptversammlungen die *Zahlen des ersten Quartals* genannt, die bei der Presse- und Analystenpräsentation zur Jahresbilanz noch nicht vorliegen. Diese Passagen machen durchschnittlich 5 Prozent des Textes aus. Es wird versucht, eine positive Entwicklung und eine Rechtfertigung der Strategie abzuleiten: »Damit zeigt das 1. Quartal eindrucksvoll, dass unsere Maßnahmen und Anstrengungen weitere Früchte tragen und das motiviert uns zusätzlich, den eingeschlagenen Weg konsequent weiter zu gehen.«[401] Falls die Zahlen schlecht sind, ist eine positive Veränderung schon im Gange, aber noch nicht sichtbar. Auf jeden Fall besteht kein Grund zur Besorgnis: »Auch wenn im ersten Quartal diesen Jahres aufgrund anstehender Modellwechsel – wie wir das auch ausgeführt haben – der Absatz

398 Herbert Hainer, Adidas-Analystenkonferenz 2005, Redemanuskript

399 Dieter Rampl, HypoVereinsbank-Hauptversammlung 2004, Redemanuskript

400 Vgl. Ueding/Steinbrink, *Rhetorik*, S. 274

401 Michael Diekmann, Allianz-Hauptversammlung 2005, Redemanuskript

unter dem Vorjahr liegt, werden wir unsere Führung unter den Premiumanbietern behaupten.«[402]

Kommentare über den Standort Deutschland, soziale Verantwortung und der Dank an die Mitarbeiter – diese Themen lassen sich unter *Politisches* subsumieren – erscheinen gerade auf der Hauptversammlungsbühne, obwohl der Aktionär gleich zu Anfang belehrt wird: »Die Hauptversammlung darf nicht zur Agitation und als weltanschauliches Forum genutzt werden [Applaus]. Vielen Dank. [›Das zeigt, dass Sie einer Meinung sind!‹]«[403] Der Politik-Anteil der Vorstandsreden beträgt hier aber durchschnittlich 21 Prozent, bei der Presse lediglich 4 Prozent und ist bei Analysten praktisch nicht vorhanden. 13 von 15 Rednern äußern sich beispielsweise in einem Extra-Absatz von vier bis fünf Minuten (11 Prozent) über den Standort Deutschland und beschweren sich über Wettbewerbsverzerrungen und fehlende Zukunftsaussichten. Vor der Presse tun dies nur drei, vor den Analysten keiner. Die Hälfte der CEOs verwendet einen Absatz, 6 Prozent ihrer Rede, um sich bei den Mitarbeitern zu bedanken. Vor der Presse werden sie höchstens kurz gelobt, vor den Analysten nur als Wettbewerbsvorteil gepriesen.[404] Jeder zweite Firmenchef baut bei Hauptversammlungen einen Absatz über Spenden und die so genannte gesellschaftliche Verantwortung, Corporate Social Responsibility, ein, welcher sich an alle Stakeholder[405] und nicht nur an Shareholder richtet. Nur drei führen das bei Presseveranstaltungen aus (Allianz, Deutsche Bank, EON), keiner bei Analystentreffen. Nur wenige CEOs geben im Untersuchungszeitraum eine Stellungnahme zu Corporate Governance ab oder sprechen über die Vorstandsvergütung. Einzig die Commerzbank erläutert vor dem Schlussteil noch die Punkte der Tagesordnung wie das Aktienrückkaufprogramm.

---

402 Jürgen Schrempp, DaimlerChrysler-Hauptversammlung 2004, Redemanuskript

403 Jürgen Weber, Aufsichtsratssprecher, Lufthansa-Hauptversammlung 2004, Videotranskript

404 Bspw. Wulf Bernotat, EON-Analystenkonferenz 2005, Redemanuskript: »But I am always fully conscious of the continual efforts of all E.ON employees to improve their personal performance, and that is why I have taken such a close personal interest since taking over as CEO in the development of a single company ethos that reflects our employees' dedication.«

405 Stakeholder sind dem Unternehmen durch Kunden-, Arbeitsbeziehungen oder anderes verbunden, wie Vertreter der Zivilgesellschaft, Umwelt- und Menschenrechtsorganisationen, Gewerkschaften und auch (potenzielle) Investoren.

Der *Schlussteil* der Rede, in der Rhetorik *peroratio* genannt, soll den Inhalt stets einprägsam zusammenfassen und emotional ansprechend sein, um den Hörer zu gewinnen.[406] Auch die Manager verwenden in diesen Sekunden (4 Prozent der Redezeit, vor Analysten 6 Prozent) die meisten bildhaften Formulierungen. Dann heißt es: »Wir sind strategisch sehr gut unterwegs und haben Top-Mitarbeiter.«[407] Wahlweise auch unterstützt mit Erbauungsparolen wie: »Wir sind auf dem Weg nach vorn.«[408] Auf Hauptversammlungen nutzen fast alle den Schluss zu einem Appell, bei dem sie die Zukunftsfähigkeit der Firma betonen und sagen, dass sie an das Unternehmen glauben. Nur wenige hören einfach mit einem Dank für die Aufmerksamkeit auf.[409] Vor der Presse allerdings verschenkt jeder Dritte die Chance eines persönlichen Schlussappells.

Persönliche Aussagen und Abweichungen vom Redemanuskript

Zur Persönlichkeitsdarstellung gehört wie bereits erwähnt eine Vielzahl von rhetorischen Mitteln wie Humor und bildhafte Sprache. Am Offensichtlichsten sind zunächst direkte persönliche Aussagen im geschriebenen Text, die hier zuerst beschrieben werden. Danach werden situative Abweichungen vom Redetext mit persönlichen Einschüben auf Ebene des übergreifenden Performance-Texts betrachtet, denn diese sind als eine Reaktion auf eine gefühlte Stimmung zu interpretieren.[410] Auf jedem Redetext steht: »Es gilt das gesprochene Wort«, und sie fallen offensichtlich als persönliche und emotionale, auch als verräterische und aussagekräftige Stellungnahmen auf, da das Publikum gern mitliest und vergleicht.[411] Das

---

406 Vgl. Ueding/Steinbrink, *Rhetorik*, S. 255

407 Dieter Rampl, HypoVereinsbank-Hauptversammlung 2004, Redemanuskript

408 Jürgen Schrempp, DaimlerChrysler-Hauptversammlung 2003, Redemanuskript

409 Bspw. Michael Diekmann, Allianz-Hauptversammlung 2005, Redemanuskript: »Ihnen, meine Damen und Herren, danke ich für Ihre Aufmerksamkeit. Ich freue mich auf eine lebhafte und faire Aussprache.«

410 Vgl. Goffman, »The Lecture«, S. 177

411 Journalist, DaimlerChrysler Bilanzpressekonferenz 2005: »Herr Schrempp, [...] Sie haben ja auch bei Chrysler gesagt in punkto Qualität, abweichend vom Manuskript, ›Man sieht, es geht mit der Qualität.‹ Frage, Mercedes, man sieht, es ging nicht. Warum ging es eigentlich nicht, was sind denn da die tieferen Gründe.« Schrempp antwortet: »Woher wissen Sie, wann ich vom Manuskript abgewichen bin? [Dickes Grinsen, Pause 1.0.] Ich bin's in der Tat. Und die Frage, die Sie stellen ist, wenn ich so sagen darf, au-

zeigt, wie wichtig es ist, die rhetorische Analyse mit der Theatersemiotik zu ergänzen, die nicht nur den Text betrachtet, sondern seine Adaption auf der Szene.

Direkte persönliche Aussagen kommen im linguistischen Text der Redemanuskripte selten vor. Die Topmanager loben zwar die Leistungen des Unternehmens, aber trotz Podest und allem, was szenisch das Gewicht einer gültigen rhetorischen Zeugenschaft mitbringt, erscheinen sie blass, weil sie nicht über sich sprechen und die erste Person Singular praktisch nicht eingesetzt wird. Anders als in der Politik, wo Volksvertreter dazu neigen, sich übertrieben positiv und selbstglorifizierend darzustellen.[412] Generell wird Persönliches nur sehr kurz angeführt, wie hier bei Ackermanns Ablenkungsmanöver: »Dabei stört mich weniger, dass diese [als Kapitalismuskritik bekannte]Kritik zum Teil auf die Deutsche Bank und auch auf mich persönlich gerichtet ist. Dies finde ich beschämend. Darüber hinaus lenkt es vom eigentlichen Problem ab. Es geht hier um weit Wichtigeres. Es geht um die grundsätzliche wirtschaftspolitische Ausrichtung unseres Landes für die Zukunft.«[413] Andere Einschätzungen des Manuskripts klingen ebenfalls dünn und werden dann noch freudlos vorgelesen: »Ich meine, das ist schon bemerkenswert. [...] Das Wachstum [...] zieht sich über alle Regionen und fällt zurzeit besonders hoch aus in Asien und dort vor allem in China. Da kommt echt Freude auf.«[414]

Einige Manager berichten von ihren Erlebnissen und zeigen so Einsatz und vermitteln den Eindruck von Er-*fahr*-ung um die operative Vorgehensweise zu legitimieren. Siemens-Chef Kleinfeld betont häufig, dass er in der Türkei und in Kroatien vor Ort war und die Lage als sehr positiv wahrgenommen, und in Shanghai die Stimmung für den Transrapid ebenfalls als günstig empfunden habe. Auch Worthülsen erhalten so noch den Anschein eines Arguments: »Ich selbst habe an einer Reihe von Dialogveranstaltungen teilgenommen und war beeindruckt von dem offenen und konstruktiven Gedankenaustausch. Aufgrund dieser und anderer Erfahrungen und Eindrücke weiß ich: Die Mitarbeiter stehen hinter unserem ehrgeizigen Projekt.«[415] Durch die Verwendung des Personalpronomens

---

ßerordentlich berechtigt. Äh, und dass wir hervorgehoben haben die Qualitätsverbesserung bei Chrysler [...].«

412 Vgl. Laux/Schütz, *Selbstdarstellung von Politikern*, S. 46ff

413 Josef Ackermann, Deutsche Bank-Hauptversammlung 2005, Redemanuskript

414 Klaus Kleinfeld, Siemens-Bilanzpressekonferenz 2005, Videotranskript

415 Henning Schulte-Noelle, Allianz-Hauptversammlung 2002, Redemanuskript

wird die Perspektivität der Aussagen als subjektivierte Information verdeutlicht, sie wirken nachdrücklicher und authentischer.

Beim Extemporieren hingegen geben die Manager wie ein Testimonial in der Werbung zumindest einige nicht ganz so trockene subjektive und lobende Einschätzungen à la »ich finde« zum »respektablen« Ergebnis und anderen Geschäftsergebnissen ab. Auch beim Ablesen des Manuskripts ändern manche den Text und bauen persönliche Einschätzungen ein.

Häufig sind Abweichungen an Stellen zu finden, an denen geschönt und positiv verstärkt wird. Beispielsweise sagt Schrempp: »Diese Qualitätsoffensive macht sich [›ganz eindeutig‹] bei den heute produzierten Fahrzeugen deutlich bemerkbar«, und er betont, den Besitzern defekter Fahrzeuge werde man »[›außerordentlich‹] kulant zur Seite stehen«[416]. Die Commerzbank, so heißt es, werde in einem Bereich »schneller [›und auch besser‹] in die Gänge gekommen als erwartet«[417]. Kai-Uwe Ricke scheint es besonders ernst zu meinen, als er sich 2003 zum ersten Mal den Telekomanlegern zeigt und setzt oft nachdrücklich, angekündigt von »bitte hören Sie genau hin« und unterstrichen von erhobenem Finger, hinzu: »Wir müssen kämpfen. Wir werden alles tun, wir werden alles tun, ich wiederhole es noch einmal«.[418]

Die Ergänzungen beeinflussen situativ und sind möglicherweise im Nachhinein nicht mehr zu erinnern, aber aufgrund des positiven Grundtenors nicht ganz vergessen. Stünden sie im Text, würde dieser unsachlicher wirken. Wenn man darüber nachdenkt, könnte man auch mutmaßen, dass es zwei Text-Versionen gibt und die persönlichen Einschübe nur spontan wirken, es aber nicht sind.

Der Zuschauer, besser gesagt Mitleser, kann schmunzelnd bemerken, wenn sich der Redner mit seinem Manuskript unwohl fühlt. Beispielsweise wenn sich »nun plötzlich der ganze Bankensektor auf diese Kundengruppe ~~zu stürzen scheint~~ [›zurück zu besinnen scheint‹]«[419]. Mayrhuber rückt unpassende Ausdrücke distanzierend in die indirekte Rede: »[›Einer hat mal gesagt:‹] Das Dach muss man decken, solange die Sonne scheint.«[420] Besonders deutliches Zeichen der Not und der Nervosität sind eingesetzte Appelle an »Meine Damen und Herren«. Ron Sommer hatte auf der tur-

416 Jürgen Schrempp, DaimlerChrysler-Bilanzpressekonferenz 2005, Videotranskript
417 Klaus-Peter Müller, Commerzbank-Bilanzpressekonferenz 2005, Videotranskript
418 Kai-Uwe Ricke, Telekom-Hauptversammlung 2003, Videotranskript
419 Klaus-Peter Müller, Commerzbank-Bilanzpressekonferenz 2005, Videotranskript
420 Wolfgang Mayrhuber, Lufthansa-Herbstpressekonferenz 2004, Mitschrift

bulenten Telekom-Hauptversammlung 2002 diesen Zusatz 14 Mal beschwichtigend eingebaut. Umsonst, fast 10.000 Damen und Herren hatten ihn ausgepfiffen.

Abweichungen können auch peinlich werden, wie bei Jürgen Schrempp: »Das smart Produktprogramm wird im Laufe der nächsten zwei Jahre weiter ~~attraktiviert~~ [›attraktivitiert – interessantes Wort!?‹]«. Später: »Die Chrysler-Group zeigt, dass sich Kosteneffizienz und eine ~~schlagkräftige~~ [›schlagartige‹] Produktoffensive – [›äh schlag*kräftige* Produktoffensive‹] nicht ausschließen.«[421] Bei schriftlicher Kommunikation kann das nicht passieren, denn geschriebene Reden werden nur so ausgeteilt, wie sie sind. Beim Vortrag hingegen kann schon die Korrektur eines kleinen Fehlers enthüllen, dass der Sprecher die ganze Zeit mühsam den Anschein gewahrt hat, auf Tuchfühlung mit »seinen« Worten gewesen zu sein, es aber nicht war – peinlich, wie jeder weiß.

Besonders »erfrischend« wirkt der *fresh talk* im Falle von Ausrutschern, wie sie Großbänker Rolf-E. Breuer mal passieren. Er wirkt etwas datterig unter seiner gesunden Bräune und eröffnet die Hauptversammlung mit: »Ich möchte Sie im Namen der Opfer – äh, der Verwaltung begrüßen.«[422] Dann erwähnt er Bezüge in Höhe von »375 Euro – äh, 375-*Tausend* Euro«. Beim Verkünden der Präsenz spricht er von »107-Tausend – äh *Millionen* Aktien.« Im Gesamteindruck scheint es so, als könne schon mal etwas verloren gehen, auch ein paar – äh, tausende Arbeitsplätze ... egal. Vor dem immer noch präsenten »Peanuts«-GAU und der Diskussion um die Realitätsferne von Topmanagern tragen die vergessenen Nullen wenig zu einem Anschein von Sorgfalt oder eines Wertverständnisses bei. Gerade das kritische Publikum kann derlei Abweichungen vom Redetext als sehr persönliche, verräterische Stellungnahmen interpretieren, die einen ungeplanten Blick hinter die Maske ermöglichen.

Humor und Selbstironie

Die meisten Firmenchefs wirken wenig charismatisch, was auch am fehlenden Humor liegt. Darunter auch jene, die bei wirklich ernsten Angelegenheiten wie vor Gericht nicht unbedingt an sich halten und auf Fotos

---

421 Jürgen Schrempp, DaimlerChrysler-Bilanzpressekonferenz 2005, Videotranskript

422 Rolf-E. Breuer, Aufsichtsratssprecher, Deutsche Bank-Hauptversammlung 2005, Mitschrift. Folgezitate

scherzend ein Victory-Zeichen formen. Albernheit ist nicht gefragt, auch in der Malerei gibt es keine lachenden Herrscherbildnisse, vielmehr geht es um den gekonnten Einsatz von humorvollen Techniken. Schon in der antiken Rhetorik war Humor als wirkungsvolles Mittel zur Erregung von Aufmerksamkeit bekannt um Situationen wohlwollend zu entkrampfen. Auch Manager setzen ihn üblicherweise ein, um ihre Aussagen zu verstärken und das Publikum auf ihre Seite zu ziehen.[423]

Wie wird nun das Publikum zum Lachen gebracht? Die Komik arbeitet mit originellen Normverstößen, intendierten Stilbrüchen und bewussten Abweichungen vom Konventionellen. Erfahrungsgemäß ist jede umständlich vorgebrachte Pointe der Tod und das Ende aller Komik. So geschehen bei Jürgen Schrempp. Er versucht mit leichtem Grinsen witzig zu sein und erklärt die Bedeutung des Kostensenkungsprogramms »Core«. Es steht für: »Cost down, Revenues up, Execution. [›Und da das möglicherweise zu Missverständnissen führen kann, Execution bedeutete Umsetzung‹, angedeutetes Grinsen].«[424] Das Auditorium bleibt eiskalt. Diese Szene zeigt Aktion und Reaktion, was eine bekannte Grundregel zusammenfasst: Den Ernst des Gegners solle man durch Gelächter zerstören, sein Gelächter durch Ernst.

Einmal hatte aber Schrempp alle Lacher auf seiner Seite, als er vor Aktionären eingestand: »Wir alle [Applaus] wir alle sind mit dem Verlauf unserer Aktie nicht zufrieden. [Applaus 3.0. Schrempp grinst. ›Und ich sagte: wir alle.‹ Schrempp grinst wieder. Pause 1.0. Lacher aus dem Publikum].«[425] Hier kann der Beziehungsaufbau durch Betonen von Gemeinsamkeiten und gemeinsames Lachen über Bedenken die Stimmung verbessern, da sich das zustimmende Publikum psychologisch verpflichtet.[426]

Allerdings lachen Aktionäre nicht besonders oft mit, sondern reagieren meist distanziert mit Schweigen auf die Aussagen des CEO, was sich in den Transkripten der Veranstaltungen zeigt. Abgesehen von Beifallsspenden als Reaktion auf entsprechende Stilmittel folgen Lachen und Applaus sehr häufig auf Fragen anderer Aktionäre. Gerade nach ironischen Kontrasten: »Sie sagen, Ihr Ziel ist es, ein angemessene Dividende zu bezahlen. [2.0] Ja, warum tuuun sie das dann nicht? [Applaus].«[427] Die Aktionäre aus

423 Vgl. Greatbatch/Clark, »Lectures of Management Gurus«, S. 1532

424 Jürgen Schrempp, DaimlerChrysler-Bilanzpressekonferenz 2005, Videotranskript

425 Ders., DaimlerChrysler-Hauptversammlung 2003, Videotranskript

426 Vgl. Clark/Pinch, »Recontextualising Sales Resistance«, S. 642

427 Hans-Martin Buhlmann, Proxy Agency VIP, Post-Hauptversammlung 2004, Mitschrift

den Zuschauerreihen, aus dem gleichen lokalen und rechtlichen Stand, nehmen die Chance war, sich akustisch zu beteiligen. So wird Gelächter auch als »Waffe des Volkes«[428] bezeichnet.

Ironie ist selten bei Pressekonferenzen zu beobachten, weil es für die Journalisten eine Gratwanderung bedeuten kann, mitzulachen und den Vorstand quasi auszulachen. Bei eindeutigen Situationen lacht aber selbst das Analystenpublikum mit der Bühne. Das verbindet besonders, wenn man sich von einer dritten, die nicht lacht, abgrenzt. Beispielsweise erteilt Allianz-Vorstandsmitglied Achleitner bei einer Fragerunde einem Analysten das Wort. Dann ist erst Mal Pause. Er hat noch kein Mikrofon bekommen. Die Bühne scherzt: »Microphones are coming – I guess, the execution is surprised.«[429] Einmütiges Lachen über die verschlafenen Saaldienerinnen, die aufgescheucht nach einer Lösung suchen.

Ein Vorstand darf als souveräne Führungsperson, so ein Allgemeinplatz der Managementliteratur, nicht über Untergebene lachen, sondern sollte Witze machen, die auf seine eigenen Kosten gingen. Begreiflicherweise, alles andere wirkt bösartig wie im obigen Beispiel. Obwohl Lachen uneindeutig ist und der Handelnde immer noch versuchen kann, sich dahinter zu verstecken, dass alles nicht so gemeint war. Die wirklich feine Art von Humor ist die Selbstironie, als gespielte Distanz zu sich selbst. Eines der seltenen Beispiele ist Kai-Uwe Ricke, der auf einer Hauptversammlung ankündigte, mit so genannten Welcome Managern den Service in den T-Punkten zu verbessern: »›Bisher ist uns kein besserer deutscher Begriff eingefallen‹, räumte der Topmanager des T-Konzerns ein, gegen dessen Vorstand Anträge auf Nicht-Entlastung wegen überflüssiger englischer Modewörter gestellt wurden. ›Aber wir arbeiten daran‹, setzte er mit breitem Grinsen unter Gelächter der Anleger nach.«[430] Andere Journalisten beschreiben: »Es ist ein entschuldigendes Grinsen, und die Aktionäre begleiten es mit einem belustigten Aufstöhnen, keinem zornigen.«[431] Dieses Witzeln, wie man es ein wenig im anfangs angeführten Schrempp-Beispiel erkennen und häufiger bei geübten Politikern beobachten kann,[432] wird als sympathisch empfunden.

---

428 Bachtin, *Literatur und Karneval*, S. 39

429 Paul Achleitner, Finanzvorstand, Allianz-Analystenkonferenz 2005, Videotranskript

430 Biehl/fw, »Telekom-Chef plant Übernahmen im Osten«, S. 13

431 Freitag/Slodczyk, »Aufgetaucht aus dem Schuldenmeer«, S. 22

432 So punktete US-Präsident Bush im Wahlkampf mit inszenierten Lacherfolgen. »Erst unlängst wieder lag das Publikum Bush glucksend und prustend zu Füßen. Er machte

Applaus

Neben dem gesprochenen Wort wirkt gerade in der stimmungsvollen Situation der Gegenwart das, was es auslöst: Beifall. Den Managern wird nicht auf Pressekonferenzen applaudiert, denn Journalisten zeigen eine Distanz und betonen, dass sie am Ritual nur eingeschränkt teilnehmen wollen. Analysten klopfen manchmal am Ende der Veranstaltung auf die Tische. Aber die Aktionäre klatschen. Der Beifall hat viele Politiker groß gemacht und wirkt auch beim Manager gut. Die charismatische Wirkung, auf die er vermeintlich antwortet, ist aber weder naturgegeben noch Zufall, sondern der Effekt von Performance-Techniken, die verbal und nonverbal zum Applaus einladen und positiv personalisieren.

Die rhetorischen Stilmittel, die Beifall provozieren, werden *claptrap* genannt, und bestehen häufig aus einer dreiteiligen Klimax oder einem zweiteiligen Kontrast.[433] Die *claptrap* signalisiert eindeutig, dass Zustimmung erwartet wird, und macht es den Teilnehmern einfach, wie eine einzige Person zu handeln.[434] Bei Versammlungen, die als Gemeinschaftsereignis auf das Empfinden jedes Anwesenden wirken, steht der Zuschauer unter einem gewissen Druck, soziale Kompetenz zu zeigen und nicht aus der Reihe zu tanzen. Er neigt instinktiv zum Mitklatschen. Demnach wäre es der Wirksamkeit der Inszenierung zuträglich, Claqueure im Publikum zu verteilen, was aber kein Organisator zugibt.

Einen effektvollen Kontrast mit Applaus hört man beispielsweise vom ehemaligen EON-Chef Hartmann bei einer Hauptversammlung, als er Stimmung gegen einen Politiker macht:

---

sich über seine eigenen Probleme mit der englischen Sprache lustig (›Wenn Worte sterben wollen, begeben sie sich auf meine Lippen‹).« Koydl, »Witzeln ist Macht«, S. 11

433 Vgl. Atkinson, *Our Masters' voices*, S. 48 und Atkinson, »Public speaking«, S. 379ff

434 In künstlerischer Praxis gibt es verdeutlichende Gegenbeispiele von Situationen, in denen mit der Verunsicherung und dem Unwohlsein des Zuschauers absichtlich gespielt wird: Beispielsweise fällt im Theater der Vorhang, sofern überhaupt vorhanden, nicht und damit bleibt auch der nach diesem Zeichen normalerweise aufbrandende Applaus aus. Oder die Performer treten nicht ab um sich beklatschen zu lassen, sondern starren in das Publikum. Beispielsweise blieben bei einer *Trainspotting*-Aufführung (Volksbühne am Rosa-Luxemburg-Platz, Berlin, Dezember 2002, Inszenierung: Frank Castorf) die Darsteller einfach auf der Bühne. Das Publikum musste, um den Raum verlassen zu können, über das Podium hinweg zur einzigen Tür laufen. Erst nach mehreren Minuten ging einer los, ein Schauspieler hielt ihn aber auf, schüttelte die Hand, fragte, ob das Stück gefallen hätte – sehr ungewöhnlich. Verunsicherung und nervöses Gelächter auf den Bänken. Nach 20 Minuten wurde der Ausgang frei gegeben.

»Herr Trittin: Das ›auf und ab‹ [illustriert durch Gestik] der Preise – das ist der Markt! Und was Ihnen ›undurchsichtig‹ vorkommt, das sind die Kräfte von Angebot und Nachfrage. [...] In Wahrheit will der Umweltminister keinen Wettbewerb, sondern [...] umfassende Kontrolle des Marktes [Applaus].«[435]

Im gemeinsamen Beifall stimmen die Anwesenden zu, sie werden involviert, anders als es bei einem Fernsehzuschauer möglich ist. Solche Verbal-Attacken sind von Managern aber selten zu hören, und das zeigt auch, warum bei Hauptversammlungen im Gegensatz zu beispielsweise Wahlkampfveranstaltungen relativ wenig applaudiert wird. Politiker sprechen nicht nur emotionaler, sondern auch aggressiver. Heritage und Greatbatch haben belegt, dass es für konstruktive Vorschläge und selbst für Eigenlob weit weniger Applaus gibt als für Attacken des Gegners.[436] Bei Massenveranstaltungen schließen sich die Individuen eher im Negativen zusammen. In der Buh-Politik können sich zwei Parteien wirkungsvoll des Versagens bezichtigen – bei Hauptversammlungen stellen sich dafür mit demonstrativem Applaus höchstens mehrere Tausende hinter die kritische Position eines Mitaktionärs. Insgesamt kann man davon ausgehen, dass die Zustimmung des Auditoriums– wie so oft – kein Hinweis auf die Weisheit der Worte ist. Wie auch im folgenden Beispiel:

»Eine starke Deutsche Bank ist gut für unser Land. Deutschland als größte Volkswirtschaft Europas, drittgrößte der Welt und größte Exportnation braucht eine starke deutsche Bank. Umgekehrt gilt: Die Deutsche Bank braucht ein prosperierendes Deutschland [Applaus].«[437]

Der Zuschauer bleibt mit aneinander gereihten positiven Sachverhalten sich selbst überlassen und erfährt nicht, warum eine »starke« Deutsche Bank »gut für unser Land« sein soll, auch wenn sie Arbeitsplätze abbaut. Dafür wird der Aktionär zum Reaktionär und spendet artig Beifall.

Neben den aufgeführten rhetorischen Stilmitteln sind beifallsichere Signale die Namensnennung zur Einführung und der Gang über die Bühne zum Pult, bei dem wie auch in jedem Dorftheater oder Kabarett fast automatisch Auftrittsapplaus aufbrandet, und ebenso das letzte Wort der Rede, welches stets im artigen Beifall versinkt, während der Vorstand meist schon hastig das Pult verlässt. Zudem folgt auf das Lob der Mitarbeiter stets Applaus:

435 Ulrich Hartmann, EON-Hauptversammlung 2003, Videotranskript
436 Vgl. Heritage/Greatbatch, »Generating applause«, S. 120f
437 Josef Ackermann, Deutsche Bank-Hauptversammlung 2005, Videotranskript

»Ich möchte an dieser Stelle allen unseren Mitarbeiterinnen und Mitarbeitern, von Auburn Hills über Stuttgart bis Tokio, vom Entwicklungsingenieur bis zum Kundenberater, vom Lehrling bis zur Führungskraft ausdrücklich [Pause 1.0] und von ganzem Herzen für ihre hervorragende Arbeit danken! [Applaus]«[438]

Auch das Erwähnen von Investitionen in den Standort Deutschland wird gerne freudig beklatscht. Dazu gehört auch, dass fast jeder CEO für die Aktionäre, nicht für die Analysten, die Kontrollillusion *home bias* bedient, und sich ein Bekenntnis zum »Heimatmarkt« abquält, in dem das Unternehmen so etwas wie »Wurzeln«[439] haben soll:

»Bereinigt um Ausgliederungen schuf das Unternehmen insgesamt 1.722 neue Arbeitsplätze, davon drei Viertel [›hier‹] in Deutschland [Applaus]. [›In der Öffentlichkeit wird ja auch regelmäßig das Thema der Auszubildenden diskutiert. Wir haben‹] Die Zahl der Auszubildenden ~~stieg~~ im vergangenen Jahr [›im Jahr 2004‹] um 3,7 Prozent auf 4.464 [›Auszubildende erhöht‹] [Applaus]. Betrachtet man die Entwicklung der vergangenen Jahre [›mal etwas länger‹], hat die BMW Group von Ende 2000 bis Ende 2004 über 12.000 zusätzliche Arbeitsplätze geschaffen, [›allein in Deutschland‹] davon 11.000 in ~~Deutschland~~ [›diesem Zeitraum‹] [Applaus].«[440]

Man sieht, dass sich der BMW-Chef Panke wirklich positiv um aktive Formulierungen bemüht. Etwas hölzern wirkt allerdings schon wieder, dass er, wie die anderen Vorstände auch, entweder ungeschickt über den aufbrandenden Applaus hinwegholpert und später erst innehält, oder jäh aufhört, sobald der Beifall ertönt. Emotionalität? Fehlanzeige. Der deutsche Manager macht impulsiv das einfachste, er koordiniert die Interaktion mit dem schweigenden aber leiblich anwesenden und klatschenden Zuschauer wie in einem Gespräch Zug um Zug und spricht erst weiter, wenn Ruhe herrscht.

Anders als bei so manchem geübten Politiker: John F. Kennedy und Martin Luther King haben über den aufbrandenden Applaus hinweg gesprochen, was Atkinson schildert.[441] Das sieht nicht nur engagiert aus, sondern auch spontan. Der Redner wirkt auch weniger gewieft und nicht wie einer, der eine erfolgreiche *claptrap* eingebaut hat und jetzt genießt, dass sie tatsächlich gezogen hat. Er erscheint als Mann mit weisen Worten, die das Publikum beklatscht, weil sie ihm aus dem Herzen sprechen. Damit

438 Jürgen Schrempp, DaimlerChrysler-Hauptversammlung 2003, Videotranskript

439 Redemanuskripte Deutsche Bank-Hauptversammlung 2004, Telekom-Hauptversammlung 2005, BASF-Hauptversammlung 2005, Adidas-Hauptversammlung 2005

440 Helmut Panke, BMW-Hauptversammlung 2005, Videotranskript

441 Vgl. Atkinson, *Our Masters' voices*, S. 102

das Publikum die nächste Stilfigur auch ja nicht überhört, ruft der Politiker allerdings nur Füllsel wie »Ja, das meine ich!« gegen den Beifall, oder wiederholt einfach die letzten Worte. Wie lange? Der gute Performer unter den Rednern weiß, dass ein üblicher Abschnittsapplaus immer acht Sekunden dauert.[442] Nach sechs Sekunden setzt Redner bestenfalls genau ohne den üblichen Neustart wieder an und spricht fließend weiter.

Zudem ergänzen paralinguistische Elemente wie schnelleres und lauteres Sprechen den Aufforderungscharakter und auch eine Pause kann Beifall ermuntern: »Schon deshalb muss Schluss sein mit dieser unsinnigen Debatte [über Steuerfreiheit]. [Pause 2.0. Applaus nach 2.5 Sekunden]«[443] Die Anwesenden reagieren fast automatisch, weil sie an den Mechanismus gewöhnt sind. Auch körpersprachliche Signale helfen, wie das Hochziehen der Augenbrauen. Es ist ein Sozialzeichen, liegt als stilles Sprachsignal unter dem normalen Aufmerksamkeitslevel und wird benutzt, um Zustimmung zu erhalten.[444] Im Folgenden Beispiel funktioniert das nicht, das Publikum sieht zwar, dass der Sprecher einen Gang zulegt, lässt ihn aber auflaufen:

»Wir können dabei weiter auf die Kompetenz und oft bewiesene Leistungsbereitschaft unserer Mitarbeiterinnen und Mitarbeiter vertrauen. SIE waren gerade 2001 besonders gefordert, zumal [Augenbraue] diejenigen, die durch den Integrationsprozess mit der Dresdner Bank eine doppelte Belastung zu bewältigen hatten. Ihnen allen und den Betriebsratsgremien gilt an dieser Stelle meine Anerkennung und mein herzlicher Dank [Pause 2.5. Kein Applaus].«[445]

Das Publikum erkennt hier die Struktur nicht als Aufforderung zum Applaus, da Vorstände den Begriff »Betriebsrat« üblicherweise in einem Atemzug mit so etwas wie »negativen Rahmenbedingungen« nennen. Auf jeden Fall sind diese leisen Sekunden lauter Ausdruck fehlender Zustimmung und eine Machtdemonstration von Ablehnung, die auch viele andere Redner trifft, wenn das Publikum einfach keinen Beifall spendet. Die so manifeste Resistenz weist auf die Bipolarität der theatralen Situation hin: Der Zuschauer hat zwar kaum etwas zu sagen, kann die Kommunikation aber auch verweigern. In solchen Momenten zeigt sich die Zweischneidigkeit von performativen Stilmitteln, die dann eher schaden als dass sie die Persönlichkeit positiv unterstützen.

---

442 Ebd., S. 110

443 Schulte-Noelle, Allianz-Hauptversammlung 2002, Videotranskript

444 Vgl. Lewis, *Body-Talk*, S. 73f

445 Henning Schulte-Noelle, Allianz-Hauptversammlung 2003, Videotranskript

Darstellung von Erfolgen und Misserfolgen

Gerade der Rückblick auf das Geschäftsjahr ist wie in anderen sozialen Ritualen eine emotionale Stütze und festigender Bestandteil.[446] Im Sinne der Selbstdarstellung ist die Argumentation auch hier nicht neutral, trotz zahlengespickter, rational wirkender Folien und trockener Sprache. Hier geht es nicht nur um das Management von Erwartungen, wie es in der Unternehmensführung so schön heißt, sondern, da sie eben nicht immer eintreffen, um das Management von Enttäuschungen.

Um zu zeigen, wie Manager mit Erfolgs- und Versagensmeldungen umgehen, wurden alle Redeteile über Zurückliegendes wie die Abschnitte mit dem Kurzrückblick, Rückblick auf das vergangene Geschäftsjahr und die Kommentare über das bereits abgelaufene erste Quartal in positive und negative Punkte aufgeteilt.[447]

Tatsächlich hat jeder CEO mehr Positives wie gestiegene Umsatzzahlen zu vermelden, als Negatives wie Dividendenausfälle oder Verluste. Die Anzahl negativer Punkte hat etwas mit der Lage zu tun, in der sich das Unternehmen befindet. Ist die Situation schlecht wie bei DaimlerChrysler 2005, werden bei der Hauptversammlung zwar neun negative Punkte genannt, die jedoch mit 34 Erfolgsmeldungen serviert werden. Bei den Hauptversammlungen im Jahr 2005 der BASF beträgt das Verhältnis 23 zu eins, bei EON 12 zu null. Das Vorgehen nennt sich *amplifikatio*, die Vergrößerung oder Erhöhung der für die eigene Partei nützlichen Redegegenstände, *minutio* ist die Verringerung oder Abschwächung einer Sache, hier der negativen Meldungen.[448] Erfolgloses mit einem Feuerwerk von angeblichen Erfolgsmeldungen zu überdecken ist ein allgemein bekanntes Vertuschungsmanöver, eine Strategie, die auch in anderen Teilen der Investorenkommunikation wie Aktionärsbriefen eingesetzt wird.[449] Sie kann allerdings auch sehr negativ auffallen:

»Wie weit des Chefs Version der Wirklichkeit von der seiner Aktionäre entfernt ist, macht auch der erste Satz des Rechenschaftsberichts auf der Hauptversammlung

---

446 Vgl. Turner, *Vom Ritual zum Theater*, S. 18

447 Die Punkte wurden so gewertet, wie sie dargestellt werden. Negativ: »Die Mercedes Car Group musste einen deutlichen Rückgang des Ergebnisses verzeichnen.« Positiv: »Im Jahr 2004 haben wir darüber hinaus mehr als 20 faszinierende Produkte in den Markt gebracht.« (Jürgen Schrempp, DaimlerChrysler-Hauptversammlung 2005, Redemanuskript)

448 Vgl. Ueding/Steinbrink, *Rhetorik*, S. 252

449 Vgl. Ebert/Piwinger, »Aktionärsbriefe«, S. 357

2005 klar: ›Ereignisreich‹ nennt Schrempp das vergangene Jahr. Aktionäre bringen Stunden damit zu, die Katastrophen zu beklagen, vom verlustreichen Ausstieg bei Mitsubishi bis zum Gewinneinbruch bei Mercedes.

Schrempp verliert darüber aber nicht viele Worte. Die Ergebnisse bei Smart seien ›inakzeptabel‹, doch ansonsten laufe es eigentlich recht gut. ›Alle Geschäftsfelder sind positiv.‹ [...] ›Wir haben klare Fortschritte erzielt.‹ Später pariert er Attacken mit dem nonchalanten Verweis auf die Relativität der Maßstäbe: ›Bei der Bewertung der Ergebnisse kommt es nur darauf an, welche Benchmark Sie nehmen.‹ [...] ›Das Ergebnis schön zu reden, scheint ein Teil der Unternehmenskultur zu sein‹, sagt DWS-Fondsmanager Klaus Kaldemorgen später in seinem Redebeitrag.«[450]

Man könnte erwarten, dass in Hauptversammlungsreden vor den Nicht-Profis die meisten positiven Punkte zu finden sind. Das ist aber nicht so. Hier kommen auf einen negativen Punkt durchschnittlich fünf positive Meldungen, bei Pressekonferenzen sechs, bei Analystenkonferenzen zehn. Generell ist davon auszugehen, dass die Firmenchefs versuchen, schlechte Nachrichten wie sinkende Gewinne zu vermeiden, denn negative Meldungen sind trotz Bilanzpolitik zustande gekommen und wiegen deshalb schwerer als positive, die unter Umständen zustande gekommen sind, weil Accounting-Spielräume ausgenutzt wurden.[451] Deshalb gilt die Erwartungen weckende Positiv-Taktik besonders vor den Analysten als wichtigste Zielgruppe. Dem Aktionär hingegen wird mit Entschuldigungen erläutert, warum die Dividende ausfällt oder der Kurs so niedrig ist.

Es kann und soll hier nicht geklärt werden, bis zu welchem Teil die Wirtschaftslage und bis zu welchem Teil die Konzernführung die Ergebnisse beeinflusst. Hier soll vielmehr auf das Paradox in den Aussagen der Manager hingewiesen werden. Im Reden-Sample wird nur bei weniger als jeder fünften Meldung überhaupt ein Verantwortlicher benannt,[452] dabei liefern die Manager für nur jeden siebten Erfolgsfall einen Verantwortlichen mit, allerdings für mehr als jeden zweiten Misserfolg. Das ist schon ein Hinweis darauf, dass Erfolge quasi automatisch einzutreten scheinen, Misserfolge aber begründet werden müssen.

Bei näherem Hinweisen schärft sich dieses Bild: Bei jenen Erfolgen, für die ein Verantwortlicher benannt wird, sind in nur 4 Prozent externe wie

---

450 Busse, »Schrempps Welt«, S. 25

451 Vgl. Ernst u.a., *Verhalten und Präferenzen deutscher Aktionäre*, S. 24f

452 Es werden 841 Punkte genannt, 719 positive und 122 negative. Bei nur insgesamt 168 Fällen wird ein Verantwortlicher benannt, 100 sind davon Erfolgsfälle und 68 sind Misserfolge.

die »im Jahresverlauf freundlicheren Aktienmärkte«[453] der Grund. In 96 Prozent der Fälle sind es interne Faktoren: »Die Mercedes Car Group hat im abgelaufenen Jahr einen Gewinn von 1,7 Milliarden Euro erzielt.«[454] Die Organisationseinheit wird hier personifiziert und für den Zuschauer scheint es so, als gäbe es keine agierenden Personen, sondern Personifizierungen, bei denen wie auch in den Passivkonstruktionen (»Im Konzernbereich Automobile konnte mit 1,9 Milliarden Euro ein deutlich positiver Netto-Cash-Flow erreicht werden.«[455]) der Handelnde verdeckt wird. Es gibt, glaubt man dem CEO, nur ein einziges Interesse, das des Konzerns. Was die Ideologie transportiert, dass es keine gegensätzlichen Interessen zwischen Kapital und Arbeit oder als Agency-Problem zwischen Management und Kapitalgeber gebe.[456] Zu den anderen hausgemachten Erfolgsgründen gehören die Mitarbeiter, auch in der Wir-Perspektive: »Wir haben [das Umbauprogramm] auch in jedem einzelnen Punkt erfolgreich und wie angekündigt umgesetzt.«[457] Weitere Verantwortliche sind die eigenen Strategien und Programme: »Wir führen den Rückgang des Vorsorgebedarfs auf unser effizientes Risikomanagement und auch auf den konsequenten Abbau von Klumpenrisiken zurück«.[458]

Für Misserfolge ist selten das Management verantwortlich. Schwierigkeiten werden einerseits als gegeben hingenommen und beispielsweise hier hinter der phänomenalen Wortschöpfung »große Problemlage« versteckt: »Besonders groß ist die Problemlage bei den Mobiltelefonen. Auf diesem Gebiet fahren wir seit dem Sommer letzten Jahres Verluste ein.«[459]

Misserfolge sind aber zu mehr als der Hälfte erklärbar und jene, für die ein Verantwortlicher benannt wird, sind in 30 Prozent der Fälle interne Gründe und in 70 Prozent externe »schuld«. Wenn es hausgemachte Misserfolge waren, sind die Gründe häufig in »außerplanmäßigen Abschreibungen«[460] oder »Wertberichtigungen«[461] zu finden. Begebenheiten wie »Mo-

453 Klaus-Peter Müller, Commerzbank-Bilanzpressekonferenz 2004, Redemanuskript
454 Jürgen Schrempp, DaimlerChrysler-Hauptversammlung 2005, Redemanuskript
455 Bernd Pischetsrieder, VW-Bilanzpressekonferenz 2005, Redemanuskript
456 Diese Camouflierung des Handelnden wurde auch in der Wirtschaftspresse festgestellt. Vgl. Svensson, »Ein heißgelaufener Motor auf einer Woge widriger Winde«, S. 115
457 Dieter Rampl, HypoVereinsbank-Bilanzpressekonferenz 2005, Redemanuskript
458 Klaus-Peter Müller, Commerzbank-Bilanzpressekonferenz 2004, Redemanuskript
459 Klaus Kleinfeld, Siemens-Hauptversammlung 2005, Redemanuskript
460 Michael Diekmann, Allianz-Hauptversammlung 2005, Redemanuskript
461 Wolfgang Mayrhuber, Lufthansa-Hauptversammlung 2004, Redemanuskript

dellwechsel«[462] bei Autobauern suggerieren ebenfalls, der Rückstand sei nur temporär entstanden und das Vorstands-Ich bleibt immer hinter der selbstsicheren Maske.

Trotz aller vorangegangenen Versprechen und Verantwortungsbekundungen finden sich die Sündenböcke meist außerhalb. Dazu gehören um 2005 besonders Wechselkurseffekte und der starke Euro, außerdem Besteuerungen und Schwankungen am Markt und eine »schwierige weltwirtschaftliche Entwicklung«.[463] Manche werden kreativ: »Doch die gesamtwirtschaftliche Entwicklung insbesondere in unserem deutschen Heimatmarkt blieb weit hinter den Erwartungen aller Fachleute zurück. Den fehlenden Rückenwind haben wir an verschiedenen Stellen in der Bank gespürt.«[464] In den Vorjahren gestaltete sich das bunter: Es liegt am Staat, »Zwangsrabatten«[465], dem Preisdruck durch die »Liberalisierung des Sprachtelefondienstes«[466], berechenbare und unberechenbare Gründe sind eine »zyklische Kulmination der Kreditrisiken«[467] und die Psychologie, Anlegerpessimismus und schlechte Konjunkturlage. Gefolgt von der plakativen Verstärkung der Weltlage mit einer »heimtückischen Atemwegsinfektion SARS«[468] oder dem »mörderischen Anschlag«[469] vom 11. September. Auch auf das leiblich anwesende Publikum wird keine Rücksicht genommen: »Wir sehen uns vielmehr nach wie vor nervösen Endverbrauchern, einem enormen Preisdruck und einem schwachen Euro gegenüber.«[470] Wie das dem »nervösen Endverbraucher«, der obendrein keinen Sinn für Qualität hat, weil er keine Adidas-Golfschläger mit optimierbarem Schlägerkopf kauft, im Parkett gefällt?

Die Lufthansa hatte die Unberechenbarkeit der Märkte mit einem Widerpart dramatisiert und dafür das Schlagwort »Krise« in den Varianten »Doppelkrise«, »Dreifachkrise« und »Mehrfachkrise« langfristig institutio-

---

462 Jürgen Schrempp, DaimlerChrysler-Hauptversammlung 2005, Redemanuskript

463 Jürgen Schrempp, DaimlerChrysler-Bilanzpressekonferenz 2004, Videotranskript

464 Dieter Rampl, HypoVereinsbank-Bilanzpressekonferenz 2005, Redemanuskript. Später wird aber abgemildert: »Offensichtlich ist es uns aber gelungen, uns quer durch den Konzern unseren eigenen Rückenwind im Bankgeschäft zu verschaffen: Im Geschäftsfeld Deutschland haben wir im Privatkundengeschäft zum Beispiel mit dem Starterpaket für junge Kunden neue Wege beschritten.«

465 Nikolaus Schweickart, Altana-Hauptversammlung 2004, Redemanuskript

466 Ron Sommer, Telekom-Hauptversammlung 2002, Redemanuskript

467 Dieter Rampl, HypoVereinsbank-Hauptversammlung 2003, Redemanuskript

468 Jürgen Schrempp, DaimlerChrysler-Hauptversammlung 2003, Redemanuskript

469 Henning Schulte-Noelle, Allianz-Hauptversammlung 2002, Redemanuskript

470 Herbert Hainer, Adidas-Hauptversammlung 2002, Redemanuskript

nalisiert. Erstmals 2002 aufgetaucht, als »Doppelkrise« aus »konjunkturellem Abschwung und Folgen der Terroranschläge«[471], ein Jahr später als die »Dreifachkrise«, in wenig sachlichem aber phantasievollem Aufbau von Weber ausgemalt:

»Die Wucht der sich in 2003 gegenseitig potenzierenden Ereignisse jedoch verwirrt. Es scheint, die Menschheit habe das Gefühl, die apokalyptischen Reiter von Krieg, Not und Pestilenz sind über uns gekommen. Und die Berufspessimisten haben wieder Hochkonjunktur. Wenn eine müde Weltkonjunktur sich mit einer blassen Binnenkonjunktur, ein Irak-Krieg mit weit verbreiteter Terrorfurcht sowie der weltweit aufgetretenen Lungenseuche SARS verbindet, dann ist Stehvermögen gefragt.«[472]

Der Nachfolger Mayrhuber greift die »Dreifachkrise«[473] auf und berichtet, wie Geschäftsfelder von der »Kumulierung der genannten Krisen getroffen«[474] wurden. Das kommt beim Publikum gut an, ein Aktionärsschützer spricht bei der Hauptversammlung von einem »Horrorszenario in Ihren Worten«, und findet, die Lufthansa habe sich »gut geschlagen«. Anfang 2005 hat sich die dramatische Situation urplötzlich in Luft aufgelöst: Die Lufthansa kauft die Swiss und bei der Bilanzpressekonferenz fällt kein Wort mehr von der »Krise«.

Im verbalen Teil der Inszenierung kommen stärker als im nonverbalen Teil Techniken zum Einsatz, die man als defensiv klassifizieren kann: Untertreibungen, Entschuldigungen, Rechtfertigungen und Ausreden sollen den positiven Eindruck verteidigen, währen auf der szensich-visuellen Ebene assertive Techniken wie ein hohes und beleuchtetes Podium vorteilhafte Eindrücke vermitteln sollen.

Entpersonalisierungen im Falle von »Zahlen«, die »niedriger ausfielen« und die Personifizierungen wie die »schlechte Konjunkturlage« transportie-

---

471 Jürgen Weber, Lufthansa-Hauptversammlung 2002, Redemanuskript

472 Jürgen Weber, Lufthansa-Hauptversammlung 2003, Redemanuskript. Die apokalyptischen Reiter sind eine Anleihe an den IATA-Generaldirektor Giovanni Bisignani. »2001 und 2002 habe die Branche insgesamt 30 Milliarden Dollar Verluste zu verkraften gehabt. Regionale Krisen hätten ein ›globales Desaster ausgelöst. [...] Unsere Industrie ist von den vier Reitern der Apokalypse – dem 11. September 2001, der Weltwirtschaftskrise, dem Irakkrieg und Sars – getroffen worden‹, klagte der IATA-Generaldirektor.« DPA/AFX, »IATA: Milliardenschaden wegen Irak und Sars«

473 Wolfgang Mayrhuber, Lufthansa-Hauptversammlung und Bilanzpressekonferenz 2004, Redemanuskripte.

474 Wolfgang Mayrhuber, Lufthansa-Bilanzpressekonferenz 2004, Redemanuskript. Bei der Fragerunde wird in der spontanen Antwort auf eine Journalistenfrage aber auch noch mal die »Doppelkrise« angeführt, wahlweise auch die »Mehrfachkrise«.

ren eine Ideologie von einem wie auch immer gearteten Markt als Regulierer, die gespeist wird von einer gewissen Hilflosigkeit. Diese rührt daher, dass kaum eine Theorie das wirtschaftliche Handeln völlig erklären oder kontrollieren kann. De facto treten die tatsächlich Handelnden nicht mehr wie vor 200 Jahren als konkurrierende Kapitaleigner von der Fabrik nebenan in Erscheinung, sondern bleiben im Zeitalter undurchsichtiger Kapitalverflechtungen und Anlagemöglichkeiten über Fondsmodelle unsichtbar. Tatsächlich ist die Vorstellung von so etwas wie einem Super-CEO nicht haltbar. Nach Khurana ist die Unternehmens-Performance zu 30 bis 45 Prozent von Branchenentwicklungen bestimmt, 10 bis 20 Prozent seien ökonomische Rahmenbedingungen: »Thus, the best anyone can say about the effect of a CEO on a company's performance is that it depends greatly on circumstances.«[475]

Hier liegt ein Paradox, dass sich in den Auftritten zeigt. Das Unternehmen erscheint selbstbestimmt bei Erfolgen, bei Misserfolgen wirkt es wie in einem abgeänderten Motiv der Tragödie wie ein Spielball der Entwicklungen. Das Theater liefert hierbei allerdings ein Bild von Niederlagen durch Nichtbeherrschbarkeit, Konflikte werden zwar beendet, aber in dem Sinne offen gelassen, dass ein Urteil über Recht oder Unrecht nicht gefällt wird. Die philosophische Grundposition zeigt eine Form praktischer Skepsis, wie sie *Ödipus* und *Hamlet* angesichts der Unfähigkeit ausdrücken, Handlungen zielführend steuern zu können.[476] Auf der Finanzbühne wird der Konflikt mit einer anderen Wahrnehmungspolitik durch affirmative Täter-Opfer-Rollenzuschreibung mit einem Sündenbock entschieden, eingebunden und scheinbar kontrolliert. Die neuen strategischen Pläne verkündet der Vorstand dann wieder im Gestus eines unabhängigen Subjekts, welches die Unternehmensgeschicke lenken kann.

Wie die Dramaturgie der Darstellung versucht auch die rhetorische Haltung der Manager, jeden Anschein von Unsicherheit zu vermeiden. Zwischen den Mahlsteinen aller Anforderungen hat sich bei den Vorstandschefs ein trotziger Zweckoptimismus verfestigt. Nicht ohne eine gewisse Drolligkeit zeigt sich das in einem Beispiel aus der spontanen Rede in ernstem Ton von Ackermann auf einer Hauptversammlung: »Die Deutsche Bank musste im vergangenen Jahr 15 Banküberfälle registrieren. Im

475 Khurana, »The Curse of the Superstar CEO«, S. 63
476 Vgl. Menke, *Gegenwart der Tragödie*, S. 162

europäischen Vergleich können wir uns mit dieser Zahl durchaus sehen lassen.«[477]

Generell bedient sich die Rede nicht an an Mitteln wie des scheinbaren hilflosen Zweifels (*dubitatio)*, auch gibt es keine vorgetäuschte Gedankenmitteilung (*communicatio*), bei der das Publikum scheinbar um Rat gefragt wird im Stile von: Was hätte denn geschehen können? Vielmehr enthalten die Abschnitte häufig ein den monologischen Redeaufbau belebendes fingiertes Frage- und Antwortspiel, die *subiectio,*[478] in der der Redner vorgebliche Fragen und Einwände, welche von den Aktionären kommen können, in seinem Sinne beantwortet. »Auch wenn der Kursverlauf im vierten Quartal steil nach oben wies, war er über das Gesamtjahr betrachtet enttäuschend. Woran lag's?«[479] Antwort: »Offensichtlich war das Vertrauen nach den jüngsten Kapitalmarktschocks noch nicht gefestigt genug.« Dann folgt: »Wir haben im vergangenen Jahr alle Zielvorgaben erfüllt – und viele sogar übertroffen. Jetzt werden wir die Messlatte noch höher legen.« Hier zeigt sich das typische Muster: Versagen feststellen, versichern, dass man alles unter Kontrolle hat, bescheiden optimistische Lösung anbieten, welche dann tendenziell positiv überraschen kann. Kontrollverluste und Unsicherheiten haben auf dieser Bühne der Welt keinen Platz.

Bildhafte Sprache

Die Topmanager verwenden viele bildhafte Ausdrücke wie Metaphern, die unter emotionale und symbolische Kommunikation fallen.[480] Durchschnittlich[481] lassen sich in den untersuchten Hauptversammlungsreden von rund 4400 Wörtern rund 110 bildhafte Ausdrücke zählen, bei Presse-reden von rund 2900 Wörtern rund 90 dieser Tropen. Das entspricht in etwa drei Metaphern pro Minute. Sie bestehen oft aus mehrgliedrigen Ausdrücken, die alle zusammen leicht ein Zehntel des Textes ausmachen kön-

---

477 Josef Ackermann, Deutsche Bank-Hauptversammlung 2004, Mitschrift

478 Vgl. Ueding/Steinbrink, *Rhetorik*, S. 287

479 Michael Diekmann, Allianz-Bilanzpressekonferenz 2005, Redemanuskript. Folgezitate

480 Siehe dazu auch Biehl, »Rhetorik der Top-Manager«, S. 1–32

481 Zum Sample gehören alle 26 Reden von Hauptversammlungen und Bilanzpressekonferenzen aus der Dramaturgie-Untersuchung, nicht die englischsprachigen Analystenkonferenzen und auch nicht die englischsprachige Bilanzpressekonferenz-Rede von Adidas 2005. Hinzu kommen weitere Reden und Video-Transkripte, die kein Teil der empirischen Untersuchung, aber Teil der qualitativen Betrachtung sind.

nen. Das erscheint erst wenig, aber das liegt daran, dass an manchen Stellen diese Ausdrücke gar nicht verwendet werden. An anderen sind sie aber so dicht gesetzt, dass sich einer an den anderen reiht.

Diese Sprachbilder besitzen ein besonderes Wirkungspotenzial. Bedeutungsübertragungen und Ähnlichkeitsmodelle überzeugen, weil sie das eigentliche Wort durch einen vergleichbaren Ausdruck aus einem ähnlichen Bereich ersetzen und ein Bild in den Köpfen der Zuhörer entstehen lassen, welches besondere Eigenschaften des Bezeichneten betont und andere versteckt.[482] Der uneigentliche Ausdruck erreicht, dass der Gegenstand nicht nur erkannt, sondern durch seine Bildlichkeit gewissermaßen »empfunden« werden kann. Durch den offenen Charakter von Sprachbildern lassen sich Sachverhalte und Vorstellungen ausmalen, ohne allzu konkret und abschließend sein zu müssen. Beispielsweise bemüht der ehemalige Siemens-Chef Pierer vage Bilder, um die Zukunftsfähigkeit des Unternehmens zu beschreiben: »Innovationen standen an der Wiege unseres Unternehmens. Und sie haben uns seitdem getragen. Sie sind sozusagen unser Lebenselixier. [...] Internationalität ist uns also in die Wiege gelegt worden.«[483] Bildersprache zeigt einen gewissen Vermittlungsdruck und wird auch in spontaner Sprache häufig benutzt, wenn Schwierigkeiten auftauchen, also fehlende Zustimmung des Gegenübers antizipiert oder registriert wird.[484] So verwundert es nicht, dass die Analyse ergeben hat, dass sich die höchste Bilderdichte im Schlussteil findet, der noch einmal emotional an den Hörer appellieren soll, und am zweithäufigsten im Strategie-Teil, wenn es Zeit ist, noch offene Visionen auszumalen – zu visionieren.

Unter den Oberbegriff bildhafte Sprache, im Folgenden auch unter Metaphern zusammengefasst, fallen in der Untersuchung mehrere Stilfiguren. Dazu gehören Metaphern wie das »Produktfeuerwerk« oder die »strategischen Säulen« als Bild aus der Architektur zur Beschreibung einer Konzernstruktur. Zusätzlich verwandte Tropen, die beispielsweise Aktivitäten »unter dem Dach von T-Systems«[485] als Pars pro Toto, eine Form der Synekdoche, welche der Metonymie ähnelt, beschreiben. Mitgerechnet werden auch Personifizierungen: »Jede Marke zeigt ihr eigenes Gesicht.«[486]

---

482 Vgl. Ueding/Steinbrink, *Rhetorik*, S. 273

483 Heinrich von Pierer, Siemens-Hauptversammlung 2005, Redemanuskript

484 Vgl. Clark u.a. »Prospect affiliation«, S. 20; Drew/Holt, »Figures of speech«, S. 495

485 Kai-Uwe Ricke, Telekom-Bilanzpressekonferenz 2005, Redemanuskript

486 Bernd Pischetsrieder, VW-Hauptversammlung 2005, Redemanuskript

Ebenso beschönigende Periphrasen, die normalerweise zur Umschreibung von peinlichen Sachverhalten angewendet werden,[487] und hier als die »überstandenen Ertragsdellen«[488] anstelle des »Verlusts« auftauchen. Mit aufgenommen werden auch Katachresen als Bezeichnung für Dinge, die nicht wie bei der Metapher eine eigene und andere Benennung besitzen, sondern keine eigene haben wie das »Mezzanine«-Kapital, ein Begriff für ein Zwischengeschoss aus der Architektur, der in der Betriebswirtschaft Finanzierungsformen bezeichnet, die sowohl Eigen- als auch Fremdkapitaleigenschaften besitzen. Ebenso dabei sind umgangssprachliche Phraseologismen und allgemeinsprachliche idiomatische Wendungen wie »auf das Parkett bringen«. Jene beschreiben die wirtschaftlichen Sachverhalte nicht nur anschaulich, sondern auch humorvoll, steigern die Expressivität und emotionalisieren.[489] Eingang in die Analyse haben auch so genannte abstrakte Metaphern gefunden, kaum noch erkennbare und verblassten Metaphern, wie beispielsweise der »Personalabbau«, der fast unerkannt und ohne Wimpernzucken im öffentlichen Diskurs verwendet wird. Man kann aber davon ausgehen, dass sich auch in den alten Metaphern eine ideologische Funktion und charakteristische Spracheigenschaft kristallisiert, was später diskutiert wird.

Die Vielzahl an Bildern ließ sich in Kategorien sortieren und folgendes Ranking gibt einen Überblick. Generell liegen Bilder aus dem Bereich der *Architektur* (Kostenbasis, stabil, Säule) mit Abstand vorne. An zweiter Stelle kommen Ausdrücke aus dem Bereich des *Sports* (Fortschritte, Schlussspurt), die Energie und Handlungsfreude konnotieren und besonders häufig auch von amerikanischen Managern[490] verwendet werden.

Dicht gefolgt von *Mechanik*-Bildern an dritter Stelle, die hier nicht gesondert untersucht werden. Nur soviel: Ihr Einsatz ist überraschend widersprüchlich, als dass sie anders als emotionale Leitmotive von der »Leidenschaft« überholte Tayloristische Auffassungen von einem ständigen Wettbewerbs-, Margen- und Kosten-»Druck« und vom Angestellten als Maschinenteil ausdrücken, nebenbei den CEO als einen inszenieren, der den »Ertragshebel« einsetzt, um das »Know-how in der Bank [zu] verzah-

---

487 Vgl. Ueding/Steinbrink, *Rhetorik*, S. 268

488 Heinrich von Pierer, Siemens-Hauptversammlung 2005, Redemanuskript

489 Vgl. Duhme, *Phraseologie der deutschen Wirtschaftssprache*, S. 156

490 Vgl. David/Graham, »Epic Metaphors«, S. 24; Hirsch/Andrews, »The Language of Corporate Takeovers«, S. 145–155

nen«[491]. Schon hier wird deutlich, dass sich die untersuchten Dax-Repräsentanten stark um ein Bild der Kontrolle und Stabilität bemühen, allerdings macht es die Vielzahl an Analogien von Architektur und Mechanik schwer, gleichzeitig Leidenschaft und Kreativität zu vermitteln.

Bilder aus dem Bereich der *Agrikultur und Biologie* (Früchte ernten, Kerngeschäftsfelder und Managementfelder, Kernkompetenzen, nicht zu vergessen die zyklisch wiederkehrende Floskel von der »Konzentration auf das Kerngeschäft«[492]) besetzen den vierten Platz. Knapp gefolgt von *Militär*-Ausdrücken (Produktoffensiven). Auf den letzten Plätzen liegen Bilder der *Landschaft* (Wegstrecken, Meilensteine), dem Bereich der *Medizin* (Verschlankung), und dem der *Nautik* und der *Luftfahrt* (Kurs halten, gegensteuern).

Alle anderen Sprachbilder zusammen genommen kämen auf den fünften Platz. Dazu zählen soziale Vergleiche (Produktfamilie) und andere (Produktfeuerwerk, auf die Fahne schreiben, nahtlos, maßgeschneidert). Biblische Ausdrücke (Licht und Schatten), sind äußerst selten, werden unter anderem wohl versehentlich wie etwa im plakativen aber negativen Ausspruch von den »mageren Jahren«[493], die noch anstünden, verwendet. Das weite Fehlen von religiöser Sprache, von »Visionen« abgesehen, und die Vielzahl von »fassbaren« Vokabeln lässt die Vorhaben sehr diesseitig klingen.

Bilder aus dem Tier- und Zoobereich, die Organisationsforscher als weitere Wortkategorie zur Beschreibung von Wirtschaftsdingen anführen,[494] gibt es nur in äußerst seltenen Erwähnungen des »Löwenanteils« und in Form von Produktattributen: »Der Lamborghini Murciélago Roadster bringt die Urgewalt eines Kampfstiers mit 580 PS auf die Straße.«[495] Sehr selten aber heldenhaft ist ein Vergleich, mit dem der Siemens-Chef erklärt, warum man das hoch defizitäre Mobilfunkgeschäft nun endlich verkauft habe: »I think you got to catch the monster while it's little.«[496] Nicht zu vergessen folgendes unglückliches und unkollegiales darwinistisches Schreckensszenario:

491 Dieter Rampl, HypoVereinsbank-Bilanzpressekonferenz 2005, Redemanuskript
492 Wolfgang Mayrhuber, Lufthansa-Bilanzpressekonferenz 2005, Redemanuskript
493 Klaus-Peter Müller, Commerzbank-Hauptversammlung 2004, Redemanuskript
494 Vgl. Mangham, *Power and Performance in Organizations*, S. 11
495 Bernd Pischetsrieder, VW-Hauptversammlung 2005, Redemanuskript
496 Klaus Kleinfeld, Siemens-Analystenkonferenz 2005, Videotranskript

»Wir sind im internationalen Wettbewerb. Und dieser Wettbewerb wartet nicht – auch nicht auf ein Deutschland, das sich gerade fit macht. Mit dem Wettbewerb verhält es sich bekanntlich ähnlich wie mit der Flucht vor einem Bären. Wer überleben will, muss zwar nicht unbedingt so schnell laufen können wie der Bär, aber bitte doch schneller als die Mitläufer.«[497]

Auch Ackermanns Warnung vor dem »Raubtier-Kapitalismus« in eben dieser Rede macht sich bildhafte Formulierungen zu Nutze.

Abb. 13: Bildhafte Formulierungen sollen in den Reden überzeugen

(Quelle: Verena Landau, Videostandbild mit Montage des Redeausschnitts)

Die Untersuchung hat darüber hinaus ergeben, dass sich geordnet nach Branchen interessante Unterschiede feststellen lassen. Es werden Sprachbilder mit organisations- und branchenspezifischer Prägung verwendet. Im Bankensektor (Ackermann, Rampl, Müller) liegen Architektur-Bilder vorne. In der Automobilbranche (Schrempp, Pischetsrieder, Panke) wird mehr in Bewegungsausdrücken und Sportbegriffen (Adidas) gesprochen. Eine Besonderheit ist beim Lufthansa-Vertreter Mayrhuber zu sehen, der viele Ausdrücke von »Aufwinden« und andere Flugverkehrsbilder verwendet. Demgegenüber benutzt BASF-Chef Hambrecht kaum Metaphern aus seinem Industriezweig. Das bietet sich auch kaum an, weil Sprachbilder aus

497 Josef Ackermann, Deutsche Bank-Hauptversammlung 2005, Redemanuskript. Das Bild erinnert an den Gesang des Chors der Kleinen Spekulanten, der in Brechts *Die heilige Johanna der Schlachthöfe* (S. 297) die Börse zur Entscheidungsinstanz erhebt – auch wieder eine Karikatur der Theatermetapher: »Wehe! Ewig undurchsichtig sind die ewigen Gesetze Der menschlichen Wirtschaft! Ohne Warnung Öffnet sich der Vulkan und verwüstet die Gegend! Ohne Einladung Erhebt sich aus den wüsten Meeren das einträgliche Eiland! Niemand benachrichtigt, niemand im Bilde! Aber den letzten beißen die Hunde!«

der Chemie meist negativ besetzt sind – »Gerüchte kochen hoch« und »Informationen sickern durch«.[498]

Um die Wirkung von bildhafter Sprache beschreiben zu können muss man wissen, dass Worte auf drei Ebenen die Wahrnehmung beeinflussen. Die Sprache wirkt auf Objektebene, indem sie Sachverhalte wie die »tragenden Säulen« in einem bestimmten Licht, hier als »stabil«, erscheinen lässt, und auf Subjektebene, indem sie Rückschlüsse auf die Persönlichkeit des Redners zulässt. Beispielsweise könnte der sprachliche Ausdruck als Strategie der Heroisierung das Bild eines zupackenden Menschen entstehen lassen, wenn davon berichtet wird, dass man »ungeachtet dieses schwierigen Umfelds [...] die Marktführerschaft in Westeuropa, China und Deutschland verteidigen konnte«[499]. Der Ausdruck wirkt auch auf Beziehungsebene. Im jeweiligen Stil drückt sich das Rollenverständnis aus, welches die Rhetorik als »äußere Angemessenheit« bezeichnet, das *äußere aptum*. Es bezieht sich nicht nur auf die Person des Redners, sondern ebenfalls auf das Publikum. Das zeigt sich in auf den Adressaten abgestimmter Wortwahl, wie beispielsweise in der Vereinfachung von EON-Chef Bernotat in seiner Stellungnahme gegen die Energiepolitik: »Warum ist Photovoltaik in Deutschland so teuer? Die Antwort kann jeder deutsche Spanien-Urlauber geben: Weil in Deutschland nicht mal im Sommer zuverlässig planbar die Sonne scheint. Da helfen auch alle Subventionen nicht.«[500] In Bezug auf die Metaphern könnte ein sportbegeisterter Adidas-Aktionär das Gefühl bekommen, er läge mit dem CEO quasi auf einer Wellenlänge, wenn dieser häufig schwungvolle Vergleiche wie von der »übersprungenen Hürde« bemüht.

Man könnte vermuten, dass Hauptversammlungsreden mehr bildhafte Ausdrücke als Pressereden enthalten, weil die Selbstwahrnehmung des Unternehmens als abstrakte juristische Person und die Vorgänge am Kapitalmarkt dem privaten Investor mit einem vergleichenden Bild aus einem anderen Bereich einfacher darzustellen sind. Das trifft jedoch nicht zu. Der Quotient von bildhaften Ausdrucken und der gesamten Wörterzahl des Vortrags liegt bei Reden vor Fachjournalisten im Durchschnitt um ein Viertel höher. Das liegt empirisch betrachtet daran, dass bei den Journalisten Redeteile mit niedrigem Bildanteil wie Dividende, Zahlen für das

498 Der BASF-Finanzvorstand Kurt Bock hatte diese These in einem persönlichen Gespräch bei einem Besuch der Firma im September 2005 bestätigt.

499 Bernd Pischetsrieder, VW-Hauptversammlung 2005, Redemanuskript

500 Wulf Bernotat, EON-Hauptversammlung 2005, Redemanuskript

erste Quartal und Mitarbeiterlob fehlen, dafür mehr über die stets bilderreiche Strategie gesprochen wird. Metaphern sind also gegenüber jeder Zielgruppe ein wichtiges Mittel. Auch für die Analysten, denn häufig werden die Reden von der Bilanzpressekonferenz mit den gleichen oder adäquaten Bildern ins Englische übersetzt. Sonst finden sich bei Analystenkonferenzen wesentlich weniger Elemente der bildhaften Sprache, weil dort spontan referiert wird und die alltagssprachliche Improvisation derlei Vergleiche nicht so häufig entstehen lässt wie der geschriebene Text. Im freien Vortrag vor Analysten und in den Frage- und Antwortrunden haben Metaphern eine andere Qualität, wenn man davon ausgeht, dass sie spontaner und persönlicher Ausdruck des Redners sind. Diese beiden Phänomene, das vom Redenschreiber Inszenierte und das spontan dargestellte »Natürliche«, werden ebenfalls beschrieben.

Architektonische Metaphern

Architekturbilder setzen die Manager besonders häufig ein. Die Rede ist dann von Konzernbereichen, die auf »eine solide Ertragsbasis gestellt« wurden, und von »Grundlagen«, die für den Ausbau »geschaffen« wurden. Zur Standardphrase ist mittlerweile die Versicherung geworden, der Konzern sei »gut aufgestellt«[501]. Allerdings wird die Beständigkeitsrhetorik äußerst häufig mit dem Begriff »Ausbau« kombiniert, mit der Erwähnung von »Säulen«, die ständig »strategisch und strukturell« neu »ausgerichtet«[502] werden. Dennoch erscheint die Lage kontrolliert, semiotisch wird mit Architekturbildern Ernsthaftigkeit und Rationalität transportiert.[503] So lässt sich ferner auf Beziehungsebene die mit der Unberechenbarkeit der Märkte verbundene Verunsicherung und die Angst vor Instabilität dämpfen. Alles in allem erscheint es stimmig, dass diese Bilder – einschließlich sprachlicher Baufehler von der »breit gestreuten Investorenbasis«[504] – besonders von Bankern benutzt werden. Finanzprodukte sind ein klassisches Vertrauensgut, der Treuhänder muss seriöser erscheinen als ein Sportartikelhersteller.

---

501 Josef Ackermann, Deutsche Bank-Hauptversammlung und Bilanzpressekonferenz 2004, Redemanuskripte

502 Kai-Uwe Ricke, Telekom-Hauptversammlung 2005, Redemanuskript

503 Vgl. Bazil, *Impression Management*, S. 139

504 Josef Ackermann, Deutsche Bank-Bilanzpressekonferenz 2005, Redemanuskript. Er meint den frei handelbaren Streubesitz.

Weitere Überzeugungskraft erhält das Gesagte, wenn sich beim Auftritt die Bilder in Wort und Anblick doppeln: Bei der Commerzbank läuft während der Generaldebatte sozusagen als Echo der Rede ein Film mit dem Commerzbank-Tower und bei der Allianz zeigen sich die »Säulen« auch mal im simplifizierten Bauhausstil auf einer Folie. Redner doppeln das geschickt, aber wohl oft unbewusst, mit einer Platz einnehmenden Körperhaltung, bei der sich beide Arme an den Seiten des Pultes abstützen.

Hier sei angemerkt, dass sich Formulierungen, die nicht das Werkeln *an* Konstruktionen, sondern das unauffällige Wirken innerhalb eines Hauses beschreiben, geringer Beliebtheit erfreuen. »Weibliche« Haushaltsführung wird in den Bereich der Sozialität eingeordnet,[505] diametral gegenüber der sonst von Managern verwendeten erlebnisorientierten Bilderwelt. Zudem klingen im Banker-Jargon benutzte Beschreibungen wie »Bilanz bügeln« zu Recht unseriös. An mehreren Stellen sprechen die CEOs aber von »Bilanzbereinigung« und geben an, »gespart und aufgeräumt«[506] zu haben. Pflichtbewusst klingt die gängige Phrase von den »Hausaufgaben«, die man gemacht oder »gewissenhaft und erfolgreich abgearbeitet«[507] hat.

Eines der architektonischen Bilder, über dessen Implikationen man nachdenken sollte, ist der »Personalabbau«. Er gehört zu den abstrakten und mittlerweile wenig auffälligen Metaphern und bezeichnet das Vermindern der Angestelltenzahl einschließlich Aufhebungsverträgen und Fluktuation. Zunächst trifft diese Formulierung nur die Angestellten. Ein »Abbau der Führungsriege« ist in keiner der Reden zu finden. Wenn Vorstände von sich sprechen, heißt es eher, die Führungsriege werde »verschlankt« während 10 Prozent der Belegschaft »abgebaut« werden.[508] Der medizinische Begriff verweist auf eine Person, nicht auf ein Objekt, wie der architektonische. Die Metapher ist Ausdruck einer bewegten Wirklichkeit, in der Positionen wie tot und lebendig, lebend und mineralisch, austauschbar sind. Das nüchterne architektonische Bild des Abbaus verdeckt die möglichen Folgen für das Unternehmen und seine Anteilseigner und verschleiert, dass die (finanzielle) Teilhabe am sozialen Leben für den betroffenen Arbeitnehmer, auch zum Nachteil der Gesellschaft, zunächst beendet sein kann.

---

505 Vgl. Bazil, *Impression Management*, S. 52

506 Wolfgang Mayrhuber, Lufthansa-Bilanzpressekonferenz 2004, Redemanuskript

507 Klaus-Peter Müller, Commerzbank-Bilanzpressekonferenz 2004, Redemanuskript

508 Vgl. Wolfgang Mayrhuber, Lufthansa-Bilanzpressekonferenz 2004, Redemanuskript

Diese Verdinglichung des sonst paradoxerweise als kreativen Leistungsträger gelobten Angestellten, auch mal zum »Kapital« oder »Asset«[509], degradiert ihn hier zur Kostenstelle und da zum Personalkostenfaktor. In dieser Terminologie werden menschliche Werte nur an den Shareholder Value gekoppelt, rechtfertigen und beschönigen ein von der Logik des ökonomischen Werts geprägtes Menschenbild, ohne anzudeuten, dass es noch einen Selbstwert mit unveräußerlicher Würde gibt. Das könnte für den Mitarbeiter und auch Zuhörer berechtigte Fragen aufwerfen: Was ist mit (mir als) dem Asset, wenn die Rendite nicht mehr stimmt?

Auch die Unternehmenskommunikation scheint die negativen und verletzenden Implikationen dieser Analogien erkannt zu haben und passt sich vorsichtig an die Zielgruppe an. Das zeigt sich am Vergleich der drei Varianten für Analysten, Presse und Aktionäre am Beispiel der Deutschen Bank im Jahr 2005, als Massenentlassungen gleichzeitig mit einem Milliardengewinn angekündigt wurden.

Im Kreise der Analysten tritt nicht Dr. Josef Ackermann auf, sondern ein vom Moderator vorgestellter »Joe Äckermän«, der auch so spricht. Er erwähnt »Überhänge« in der Kundenbetreuung, die, mit einer militärischen Metapher ausgedrückt, »eliminiert« werden müssten: »If you have overlaps, inefficiencies, competing elements in an organization, get rid of it and you will see more revenues and you will see of course lower costs.«[510]

Zu der Presse spricht er am selben Tag weniger kaltblütig, mit architektonischen und mechanischen Bildern und sensibler Wertung am Schluss. Hier ist der Handelnde auch nicht das Management, sondern ein Programm.

»Das Business Realignment Program sieht einen Stellenabbau von insgesamt 6.400 Arbeitsplätzen vor. Durch die Integration von Kundenbetreuungs- und Produktbereichen entfallen ungefähr 2.700 Stellen in den Geschäftsbereichen von CIB und PCAM. Der Großteil, ungefähr 3.700 Stellen, betrifft Infrastrukturbereiche, wobei hier gleichzeitig rund 1.200 Arbeitsplätze durch Smartsourcing-Initiativen, d.h. Verlagerung von Arbeitsplätzen in Regionen mit niedrigerem Kostenniveau, neu geschaffen werden. [...] Diese Entscheidungen sind uns nicht leicht gefallen. Wir werden mit allen Betroffenen fair und verantwortungsvoll nach Lösungen suchen.«[511]

---

509 Henning Schulte-Noelle, Allianz-Hauptversammlung 2003, Redemanuskript

510 Josef Ackermann, Deutsche Bank-Analystenkonferenz 2005, Videotranskript

511 Ders., Deutsche Bank-Bilanzpressekonferenz 2005, Redemanuskript

Der Begriff »Smartsourcing«, der die Beschäftigung von Niedriglohnarbeitern bei gleichzeitig hohen Gewinnen und Entlassungen wie eine vernünftige Handlung wirken lassen will, erscheint bei den fünf Millionen Arbeitslosen zynisch. Journalisten werten diese Ankündigung als den »größten Kommunikationspatzer aller Zeiten«[512] und öffentliche Proteste folgen.[513] Die Unternehmenskommunikation reagiert und Ackermann gibt sich auf der Hauptversammlung menschlich-nachdenklich, senkt seine Stimmlage und das Tempo etwas ab und spricht:

> »Wir werden leider nicht umhin kommen, in einzelnen Bereichen, wie angekündigt, unsere Personalstärke zu reduzieren. [...] Diese Maßnahmen sind schmerzhaft. Weder mir noch meinen Kollegen im Vorstand fällt es leicht, Stellenkürzungen vorzunehmen. [›Und wir haben alles getan, die Zahl nach unten zu drücken.‹ Seine rechte Hand fährt von Schulterhöhe auf Brusthöhe herunter – die einzige Gestik innerhalb von mehreren Minuten]. Wir wissen sehr wohl, welche Bedeutung der Arbeitsplatz für jeden einzelnen und seine Familie hat.«[514]

Keine Rede mehr von »Abbau«, keine Rede mehr von »Smartsourcing«, dafür moralische Aufladung. Dass sich Mitgefühl nicht besonders authentisch verkörpern lässt, wenn der Redner am Pult hoch über den eventuell betroffenen Mitarbeitern steht, macht hier auch schon nichts mehr aus.

Sportbilder

Bilder aus dem Bereich des Sports werden von den Managern am zweithäufigsten verwendet. Obwohl die Vorstandsvorsitzenden meist starr hinter dem Pult stehen, behaupten manche, sie seien »voller Selbstbewusstsein in dieses neue Jahr gestartet« und hätten den »erwarteten und vor einem Jahr versprochenen Sprung in die Gewinnzone«[515] geschafft. Wie im Sport stirbt die Hoffnung auch in der Unternehmensführung stets zuletzt. Also sprach Pierer: »Aber gerade nach einem guten Jahr gilt: ›Nach dem Spiel ist vor dem Spiel!‹ Das macht uns aber nicht bange. Im Gegenteil: Das Unternehmen ist in der Lage, hart am Wind zu segeln und gleichzeitig strategi-

---

512 Institut für Demoskopie Allensbach, *Kommunikationsverhalten deutscher CEOs*, S. 22

513 Kurz angemerkt sei hier, dass Manager generell versuchen, das Verhältnis von Kapital und Arbeit mit immer neuen Begriffserfindungen zu verfremden, wie »Prozessoptimierungen« und »Personalmaßnahmen« und einer »Straffung der Standorte in Deutschland«, Klaus Kleinfeld, Siemens-Bilanzpressekonferenz 2005, Redemanuskript.

514 Josef Ackermann, Deutsche Bank-Hauptversammlung 2005, Redemanuskript

515 Klaus-Peter Müller, Commerzbank-Bilanzpressekonferenz 2004, Redemanuskript

sche Hausaufgaben zu machen.«[516] Der Redner reiht sich mit der Reminiszenz an Sepp Herberger in direkt in die Tradition von Fußballersprüchen ein. Was mag der Hörer denken, der diese Bilder in Kombination visualisieren will – »Ich habe fertig«?

Der Redner selbst wirkt durch Sportbilder tendenziell vorwärtsstrebend sowie erlebnisorientiert und lebensfreudig.[517] Die zumindest auf Textebene bestehende Dynamik doppelt sich, wenn schon nicht in Tonfall und Gestik, dann bestenfalls im Bühnenbild mit aufschwingenden Logos. Vor allem klingen die Inhalte verständlich, auch für den finanzwirtschaftlich oft wenig versierten Kleinaktionär, denn Sportklischees begreift jeder. Fußball-Analogien von einem Vorstand, der scheinbar »dieselbe Sprache« spricht, mögen gerade die Herren als eine Art Mann-zu-Mann-Gespräch schätzen. Adidas-Chef Hainer verwendet passend zum Selbstverständnis des Konzerns diese Metaphorik am häufigsten. Er verkündet einen »ausgezeichneten Start in das neue Geschäftsjahr«, man habe in Nordamerika »nach einem schwachen Start den Turnaround geschafft« und »zudem machte die Profitabilität der Marke adidas einen guten Sprung nach vorne«[518]. Die Sprache passt auch zur Medien-Persönlichkeit des ehemaligen Stürmers des Drittligisten Spielvereinigung Landshut, der offensichtlich auf seine Figur achtet und angibt, sich mit Laufen und Skifahren fit zu halten.[519]

Bei den Autobauern liegen Motorsport- und Bewegungsbilder als branchen- und organisationsspezifische Prägung an erster Stelle, es werden »Kostenbremsen getreten« um dann schwungvoll den »Turnaround« einzuleiten. Bei VW werden weniger stimmig ständig Schritte gemacht, wenigstens »deutliche Schritte«.[520] Schrempp verkündet in rennsportlicher Sprache, mit neuen Produkten »das Tempo hoch«[521] zu halten. Gehäufte Bilder transportieren die Vorstellung, dass der oberste DaimlerChrysler-Mitarbeiter »Benzin im Blut« hätte, wie man so schön sagt und wie er selbst andeutet, wenn er an anderer Stelle versichert, die Firma sei nicht sein »Job«, sondern seine »Leidenschaft«[522].

Auf der Objekt- und Beziehungsebene eignen sich diese Bilder, positiv oder negativ im Sinne des Sprechers getünchte diffuse Vorstellungen zu

516 Heinrich von Pierer, Siemens-Bilanzpressekonferenz 2004, Redemanuskript
517 Vgl. Bazil, *Impression Management*, S. 136
518 Herbert Hainer, Adidas-Hauptversammlung 2005, Redemanuskript
519 Vgl. Hofer, »Höher, schneller, weiter«, S. 20
520 Bernd Pischetsrieder, VW-Hauptversammlung 2005, Redemanuskript
521 Jürgen Schrempp, DaimlerChrysler-Hauptversammlung 2005, Redemanuskript
522 Ders., DaimlerChrysler-Hauptversammlung 2004, Redemanuskript

vermitteln, ohne strategische Zusammenhänge deutlich zu machen. Es wird nicht klar, warum sich für die BASF das Asien-Geschäft genau lohnen soll, wenn Hambrecht sagt: »Ich versuch, dass mal kurz zu machen. Asien ist ein Wachstumsmotor. Während Europa, ich sag' das mal, mit dem 25 Zylinder-Motor auf vielen Zylindern stottert und nicht einheitlich läuft.«[523] Der Zuschauer dürfte, wie auch schon der Sprachwissenschaftler Svensson bemerkt hat, die Vorstellung gewinnen, dass das Unternehmen »irgendwie läuft«, oder auch nicht, so wie ein Automotor für einen Laien eben funktioniert.[524] Er erfährt auch nicht, wo die – scheinbar nicht hausgemachten – Probleme liegen, wenn der Mann an der Spitze von Siemens von »some bumps in the road on the customer side«[525] berichtet.

Auch hier lohnt es sich, die Konnotationen von Sportbildern einmal zu hinterfragen. Im Phänomen des Sports geht es nicht nur um das Dabeisein, das »alles« sein soll, sondern um die Unterscheidung Siegen/Verlieren. Auf Ebene des Subjekts hier wird der moderne Mythos einer selbstbestimmten eigeninitiativen und im schlimmsten Fall selbstverschuldet scheiternden Existenz aufgeführt.[526] Solche Aufsteiger-Ideale benutzen auch die Manager, beispielsweise spricht Herbert Hainer über die Markenkampagne »Impossible is nothing« und zeigt David Beckham, die Rapperin Missy Elliott und T-Mac und Kevin Garnett, zwei schwarze Basketballspieler. Sie rücken für alle – wohlgemerkt – Kunden den Erfolg in greif- oder kaufbare Nähe. Im ökonomischen Kontext unterstützen diese Darstellungen das Disziplinierungsmodell des sich selbst verwirklichen Subjekts, weil sie zeigen, dass Verlierer mit genug Leistung und Leidenschaft die Gewinner von morgen sein können.

Auch das Unternehmen wird durch Aussagen wie »der Konzern hat einen guten Start hingelegt« personifiziert und erscheint als sportlicher Aufsteiger. Man kann nach Lakoff und Johnson davon ausgehen, dass hinter den sprachlich geäußerten konkreten Metaphern eine konzeptuelle Metapher steht, ein Bündel von Implikationen, die das Publikum automatisch mitdenkt.[527] Um Textkohärenz herzustellen, muss der Zuhörer über die konzeptuelle Metapher »Unternehmen als Sportler« verfügen. Die Präferenz-Implikation von »Sportler« lautet nicht: besessen, gedopt, masochis-

---

523 Jürgen Hambrecht, BASF-Bilanzpressekonferenz 2005, Videotranskript

524 Vgl. Svensson, »Ein heißgelaufener Motor auf einer Woge widriger Winde«, S. 114

525 Klaus Kleinfeld, Siemens-Analystenkonferenz 2005, Videotranskript

526 Vgl. Alkemeyer, »Sport als aufgeführte Mythologie«, S. 213

527 Vgl. Lakoff/Johnson, *Metaphors we live by*

tisch, militärmanisch – wie es das Theater mit Elfriede Jelineks *Sportstück*[528] in bitterem Witz darstellt – sondern: leistungsbereit, aufstrebend.

Ein Unternehmen ist aber kein Sportler und deshalb ist Vorsicht angesagt. Bei der Deutsche Bank-Hauptversammlung 2005 protestieren Mitarbeiter gegen Entlassungen, doch Ackermann sieht das sportlich: »[Wir] müssen uns an den globalen Wettbewerbern orientieren. Hier allerdings zeigt sich, dass wir von der Weltklasse noch ein Stück entfernt sind.«[529] Der Konzern müsse (durch Stellenkürzungen) »effizienter werden«.

Diese angeblich positive Auslese der besten »Global Player« prägt ein marktgesellschaftliches Empfinden und deutet sozioökonomische Tatbestände um. Die Welt des Sports kann, wenn sie als Leitbild benutzt wird, gesellschaftliche Werte von Solidarität abwerten, weil ihre Regeln irrigerweise mit Moral gleichgestellt werden. Kann es nicht sein, dass die Spielregeln eine bestimmte Form des Wirtschaftens bevorzugen, jenen begünstigen, der sich des »Ballasts« in der Mannschaft entledigt und deshalb leichter an die Spitze spurten kann?

Im Kontext der gesamten Inszenierung wirken die im selben Moment draußen vor den Toren demonstrierenden Angestellten, als würden sie den »Sportler« quasi »behindern«. Ihnen wird oft vorgeworfen, sowieso nur »neidisch«[530] auf den Erfolg der Sieger auf der Vorstandsbühne zu sein. Anstatt echten Sportsgeist zu zeigen und »fair« das Spielfeld zu verlassen und sich weiter, immer weiter – bis wohin? – durchreichen zu lassen, monieren sie noch, dass die Gewinner auf der Vorstandsbühne ihre Siegerprämien in Form von Millionenbezügen und Aktienoptionen immer weiter anhäufen und die Unterschiede ganzer Klassen zu einem uneinholbaren Vorsprung ausweiten. »Spielverderber!«

Im Kontext gehäufter Sportvokabeln wirkt auch der Staat schnell wie ein »Spielverderber«, wenn er nicht nur wie ein Schiedsrichter am Rand steht, sondern zugunsten der Chancengleichheit und sozialen Gerechtigkeit den »Unternehmenssportler« bremst. So mahnt der Allianz-Chef, Deutschland gerate »auf die Verliererstraße«, »wenn wir glauben, uns von der Glo-

528 Vgl. Jelinek, *Ein Sportstück*

529 Josef Ackermann, Deutsche Bank-Hauptversammlung 2005, Redemanuskript. Folgezitat.

530 Der angeblich typisch deutsche Neid wird häufiger erwähnt, auch von Managern, die wegen des »mangelnden Verständnisses der Öffentlichkeit« ihre Gehälter lieber nicht offen legen wollen, siehe auch Kapitel *III.Freundliche Abwehrstrategien auf Angriffe* (Stichwort »Neiddebatte«).

balisierung abkoppeln zu können«[531] und – Klammer auf: wenn gewisse Gruppen in Deutschland glauben, sich gegen undurchsichtige Kürzungen wehren zu müssen, Klammer zu. Schrempp warnt, »eine Reformpause einzulegen, wäre fatal für den Standort Deutschland«[532]. Diese Beispiele sind exemplarisch für die Ergebnisse der empirischen Analyse, denn in den Ausführungen über den Standort Deutschland finden sich besonders viele bildhafte Elemente, vor allem Bewegungsbilder, die einen Vorwärtsdrall sowie ein Gefühl des Zuspätkommens suggerieren. Die Belegschaft ist durch die Globalisierung erpressbar geworden und wird vor die Wahl gestellt, einer Mehrarbeit zuzustimmen, oder Stellen ins Ausland abwandern zu sehen, obwohl Zugeständnisse Standortschließungen nicht unbedingt verhindern. Verkündet wird von den Bühnen trotz Rückgang der Vollzeitbeschäftigung und Anstieg der Arbeitslosigkeit eine Art Motto unternehmerischer Utopie: »Mehr Arbeit für weniger Geld!« oder »Mehr Arbeit für gleiches Geld!«[533] Soziale Verantwortung und Umsicht wird durch dieses Vokabular von Sportwerten wie einzig erstrebenswert scheinenden Wettkampfsiegen verdrängt.

Militärische Ausdrücke

Manche Manager benutzen aggressive Militärmetaphorik, die als hyperbolische Darstellung suggeriert, Unternehmensführung sei Kriegsführung. »Offensiven« in jeder Form, wie auch die »Marktoffensive«[534] bei BMW, neben der »conquest rate« (»Eroberungsrate«)[535], und die »Kostenoffensive«[536] bei der Telekom sind zahlreich. Hier gilt nicht nur: Die ganze Welt ist eine Bühne, sondern, frei nach einem Zitat von George W. Bush: Die ganze Welt ist unser Schlachtfeld.

Jürgen Schrempp bedient sich, wie die anderen Automobil-Vorstände[537] und danach die Banker, am häufigsten aus diesem Bildervorrat.

531 Michael Diekmann, Allianz-Hauptversammlung 2005, Redemanuskript

532 Jürgen Schrempp, DaimlerChrysler-Hauptversammlung 2005, Redemanuskript

533 Wolfgang Mayrhuber, Lufthansa-Herbstpressekonferenz 2004, Redemanuskript

534 Helmut Panke, BMW-Bilanzpressekonferenz 2005, Redemanuskript

535 Ders., BMW-Analystenkonferenz 2005, Videotranskript

536 Kai-Uwe Ricke, Telekom-Hauptversammlung 2005, Redemanuskript. Die »Agenda 2004« bestand sogar aus sechs »Offensiven«: Breitband, Geschäftskunden, Personal, Qualität, Innovation und Effizienz.

537 VW allerdings wirkt etwas verzagt: »Neben dem stetig steigenden Incentive-Niveau haben asiatische Wettbewerber nach Eroberung des amerikanischen Marktes nun die

In Daimler-Deutsch besetzt der Konzern die »unangefochtene Stellung als weltweit größter LKW-Hersteller« und besitzt eine »Qualitätsoffensive«, die in der »umfassenden« Form als »bereit« und »gestartet« daherkommt, flankiert von vielfältigen »Produktoffensiven«, mit denen man »intensiv daran arbeitet, die führende Marktposition in Japan zurückzuerobern«.[538] Dabei hilft die »über 115-jährige Tradition als Technologie- und Innovationsführer in der Automobilindustrie«.[539] Der unhaltbare Drang zum Militärischen scheint selbst beim sozialen Engagement in der Sprache widerzuhallen, beispielsweise dehnt das Unternehmen den »Kampf gegen HIV/AIDS systematisch auf [seine] weltweiten Unternehmensstandorte aus«.[540] Übrigens: Trotz dieses Einsatzes und der Spenden für Tsumani-Opfer hat das Kinderhilfswerk Unicef seine Kooperation mit dem Konzern aufgrund seiner immer noch bestehenden Rüstungsbeteiligungen eingestellt.[541]

Es gibt auch Topmanager, denen die Sterne nicht nur in der Stimme, sondern auch auf der Schulter liegen. Der oberste Commerzbanker Müller ist als echter *homo militaris* ein so genannter »OLt. d. R.«, Oberleutnant der Reserve, wie er in seinem offiziellen Lebenslauf schreibt.[542] Er kultiviert dieses Image mit der Wortwahl. Die Commerzbank will die »beste flächendeckende Bank in Deutschland«[543] sein und das Jahr 2004 werde »das Jahr des Aufbruchs mit kontrollierter Expansion«. Müller spricht in der Pressekonferenz von »Kampfkonditionen«, die »erkämpft« wurden und nutzt die Gunst der Stunde, um auf die Frage einer italienischen Journalistin mit verbaler Selbstanzeige positiv zu personalisieren. Er spricht von sich selbst als der »Preußische Vorstandssprecher«, wobei der durchschnittliche Empfänger den Begriff »Disziplin« mitdenkt, verbunden mit der Aussage, er

---

Eroberung des europäischen Marktes angekündigt. Ihnen treten wir mit einer umfassenden Modellstrategie entgegen [hier folgt dann laut Redemanuskript der Chart ›DSG – Doppelkupplungsgetriebe‹].« Bernd Pischetsrieder, VW-Hauptversammlung 2005, Redemanuskript. Die Doppelkupplung wirkt angesichts des so bedrohlichen Gegners, als würde der Manager mit einem Ölzweig antreten. Die Presse hört eine fast identische Rede, aber genau dieser Satz schien nicht passend und ist gestrichen.

538 Jürgen Schrempp, DaimlerChrysler-Hauptversammlung 2005, Redemanuskript

539 Ders., DaimlerChrysler-Hauptversammlung 2004, Redemanuskript

540 Ders., DaimlerChrysler-Hauptversammlung 2005, Redemanuskript

541 Vgl. Grässlin, *Das Daimler-Desaster*, S. 139

542 Lebenslauf Klaus-Peter Müller, https://www.commerzbank.de/aktionaere/governance/vorstand/mueller_d.pdf (Abruf: März 2006)

543 Klaus-Peter Müller, Commerzbank-Bilanzpressekonferenz 2004, Redemanuskript. (Ursprünglich bezeichnete der Begriff »flächendeckend« die Kanonade der Artillerie.)

hätte die Geschäfte gern noch schneller vorangetrieben, wären da nicht die (typisch) italienischen Partner.

»Ich bedauere sehr, dass wir den Namen Mediobanca vergessen haben, oder bisher versäumt haben – oder ich es versäumt habe, den Namen Mediobanca zu erwähnen. Eine hervorragende italienische Investmentbank, der wir uns unverändert freundschaftlich und eng verbunden fühlen. Aber Ihnen als Italienerin – fällt es mir schwer, jetzt Sie darauf hinzuweisen, dass Dinge in Italien schon mal besondere Reifeprozesse haben, und nicht immer so schnell gehen, wie sich das der eine oder andere Preuße so vorstellt und insofern bitte ich Sie, Ihren Landsleuten mit etwas mehr mediterranem Einfühlungsvermögen zu begegnen [leises Lachen überall] und insofern zu verstehen, dass die Dinge nicht ganz so schnell sich entwickelt haben wie sich das der Preußische Vorstandssprecher hier vorgestellt hat.«[544]

Das Vorstands-Ich speist sich hier wie auch in den anfangs angeführten Beispielen aus einem kämpferischen Wortschatz von Angriff und Sieg, wirkt kämpferisch[545] und dominant. Solche Auftritte kombinieren angebliche Traditionswerte von »Führerschaften« mit neoliberalen Ökonomievorstellungen wie »Kostenoffensiven« und lassen einen markigen Manager-Typ erscheinen, der die Welt mit ihrer abstrakten Klischeehaftigkeit scheinbar unter Kontrolle hält, auf jeden Fall aber beherrscht. Die Metaphern bedienen ein Führer-Klischee und wirken undemokratisch.[546] Sie halten zudem ein Männlichkeitsstereotyp wach, welches Grenzen von Geschlechterbildern betont und im Gegensatz zu beziehungsorientierten, partizipativen und demokratischen weiblichen Führungsstrategien[547] steht.

Auch auf Ebene des Performance-Texts der Auftritte ist die Wortwahl als diskriminierend anzusehen, da sie für Männer leicht imitierbar ist, für Frauen jedoch kaum. Zu groß die Diskrepanz zwischen Inhalt und Form, kraftmeierischen Worten und dem Anblick einer Frau, ihres sozialen Rollenbildes und der durchschnittlichen weiblichen Physis. Eine Managerin kann so wenig glaubhaft vom »eliminierten Kostentreiber« reden, wie ein bulliger Manager wie Steve Ballmer von Microsoft ohne Komik so wie der dünne Lufthansa-Chef behaupten kann, er hätte den Dax »überflügelt«[548].

---

544 Ders., Commerzbank-Bilanzpressekonferenz 2005, Videotranskript

545 Vgl. Bazil, *Impression Management*, S. 142

546 Vgl. David/Graham, »Epic Metaphors«, S. 36

547 Vgl. Oshagbemi/Gill, »Leadership styles«, S. 288–98; Rigg/Sparrow, »Gender, Diversity«, S. 9–16

548 Um keine szenische Komik entstehen zu lassen müsste jener besser berichten, wie er den »Karren aus dem Dreck zieht«.

In Anbetracht der zeitgemäßen spielerischen und »passionierten« Wirtschaftmodelle stellt sich die Frage, ob man einen Rückzugstrend bei dieser aggressiven Sprache beobachten kann. Bedienen vielleicht gerade die CEOs alter Garde, allen voran der gelernte Kraftfahrzeugmechaniker Schrempp mit seiner harten Hemdsärmligkeit und seinem alten Ruf als »Rambo der deutschen Industrie«[549] das Klischee des Heerführers? Die Inszenierungsanalyse kann das nicht bestätigen. Telekom-Chef Ricke arbeitet bevorzugt mit diesen Bildern und auch der Siemens-Chef Kleinfeld, der ebenfalls zu den Jüngeren zählt. Er referiert in freier Rede vor der Presse auffällig häufig von Zielen, die er »im Visier« hat, berichtet von der »erste[n] Welle des asiatischen Angriffs«, versichert anderorts: »Da schießen wir ganz klar in diese Richtung«[550]. Den Analysten berichtet er von einer harten Situation, »this extremely brutal, really brutal environment«, der Finanzvorstand kämpft mit, er will sich in Bezug auf einen Aktienrückkauf »das Pulver trocken« halten und hat die Bilanzkennzahl CapEx (Investitionen ins Anlagevermögen) auf dem »radar-screen«.

Insgesamt kommen die CEOs nicht allzu offensiv daher, was das Bild vom starken Mann in den neuen Wirtschaftskämpfen betrifft. Die militärischen Bilder sind auf dem fünften Platz, werden halb so häufig benutzt wie Bewegungs- und Sportausdrücke, die aber ähnlich sind, da der Sport viele Ausdrücke wie den »Angriff« aus der Kriegsphäre übernommen hat. Alles in allem blitzt zwischen den anderen Sprachbildern eine tendenziell verhandlungs- und kompromissbereite Rhetorik hindurch. Auch in den Strategieprogrammen – Churchill riet einst, Militäreinsätzen würdevolle Namen zu geben, gar auf antike Mythologie zurückzugreifen[551] – tönen lediglich harmlose Mythen der Business-Welt wider wie »Excellence«, »Save for growth« (Telekom), »Grow to win« (Commerzbank), »ForMotion-Programm« (VW), »PRO Prozess-Redesign und Optimierung« (HVB). Zwar gibt es im Wirtschaftsleben trotz aller Deals sehr wohl Sieger und Besiegte, doch generell versucht die Manager-Sprache der kapitalistischen

549 Hein, »Der Herr der Sterne«, S. 3

550 Klaus Kleinfeld, Siemens-Bilanzpressekonferenz 2005, Videotranskript. Folgezitat Analystenkonferenz. Danach Heinz-Joachim Neubürger, Finanzvorstand.

551 Riskante Militäreinsätze sollten würdevolle Namen tragen, die den wahren Charakter des Vorhabens verschleiern. Keinesfalls sollten sie große Gefühle ausdrücken wie »Triumphant«, Despotentum ausstrahlen wie »Massacre« oder frivolen Charakter haben, damit keine Mutter sagen müsste: »Mein Sohn ist in der Operation ›Bunnyhug‹ (oder ›Ballyhoo‹) gestorben.« Vgl. Roman/Raphaelson, *Writing that works*, S. 44

Praxis zu vertuschen, dass ihr Triumphzug über namenlose Verlierer hinweg zieht.

Bilder aus dem Reich der Luftfahrt und der Nautik

Der Lufthansa-Chef Mayrhuber verwendet häufig seltene branchenspezifische Bilder aus dem Bereich der Aeronautik. Man konnte »gegensteuern«, auf »Erfolgskurs steuern«, denn man will »manövrierfähig sein« und den »richtigen Kurs einschlagen«.[552] Bei Schwierigkeiten spricht die Führungsriege öfter von »turbulenten« Jahren und ein Steuermann muss schon mal richtig durchgreifen, so scheint's: »Der Aviation Konzern lebt. Das sagt Alles [sic]. Wo Leben ist, gibt es Veränderungen. Und diese steuern wir. Das Wort von der Profilschere hat ja schon die Runde gemacht. Also wir trimmen den Aviation Konzern nach wirtschaftlichen und strategischen Kriterien.«[553]

Die nautischen Bilder drücken bei diesem Manager, der sich auch schon mit Steuerhorn auf der Bühne präsentiert hatte, eine besondere Überzeugung in die Firma und eine Identität als scheinbar wahrer Lufthanseat aus. Die Metaphern sind stärker vertreten als bei einem Vergleich aus dem nahen Kollegen-Kreis: Michael Frenzel, Chef des TUI-Konzerns, der mit Touristik und Schifffahrt sein Geld verdient, benutzt die typischen Wörter wie »Wachstumskurs« und »Rückenwind«, allerdings nicht in signifikantem Ausmaß. Aber auch bei ihm herrscht ein gewisses Firmenwetter: »Im Sommer 2004 hatte die TUI-Aktie einige unruhige Wochen zu überstehen«, und das Geschäftsjahr war ebenfalls »turbulent«.[554] Ansonsten setzt Frenzel viele Bilder aus ganz anderen Bereichen ein: Er konnte die »Ernte der Effizienzverbesserung im vergangenen Jahr einfahren«, spricht von der »Trumpfkarte«, von »Steigerungen der Bunkerkosten« und von »Baustein-Produkten im Flug- und Hotelbereich«.

Es stellt sich die Frage, ob eine fast übertriebene Airliner-Ausdrucksweise vielleicht eher das maskenhafte Klischee des überzeugten CEO nachbaut, als dass sie eine besondere Persönlichkeit inszeniert. Es geht auch anders, wie sich an Mayrhubers Vorgänger im Amt zeigt. Jürgen Weber präsentierte sich auch mit Fliegersprache, aber ebenso mit einer von mechanischen Ausdrücken geprägten Ausdrucksweise. Er redet von »Ba-

552 Wolfgang Mayrhuber, Lufthansa-Hauptversammlung 2004, Redemanuskript

553 Ders., Lufthansa-Bilanzpressekonferenz 2004, Redemanuskript

554 Michael Frenzel, TUI-Hauptversammlung 2005, Redemanuskript. Folgezitate

lance halten«, »Gleichgewicht wieder ins Lot bringen«, »Flexibilität und Augenmaß wahren«, »Motor einer mobilen Gesellschaft zu sein«, »Maßstäbe zu setzen«, außerdem hätten die »Instrumentarien des Krisen- und Kostenmanagements gegriffen«[555]. Die Wortwahl passt zu Weber, der als Ingenieur, genauer gesagt Aerodynamiker, bekannt ist. Er trägt und pflegt auch in der Presse ein nicht negatives Image vom »biederen Techniker aus Baden«[556], welches landläufig angeblich deutsche Sekundärtugenden wie Disziplin und Präzision beschwört.

Auch sein Nachfolger hat sämtliche Bereiche der Technik durchlaufen, das hört man ihm nicht an, ahnt es nur bei Wort-Neuschöpfungen wie der »Profilschere«, welche laut Redenschreiberin tatsächlich von ihm kommen. Jene verleiht ihm ein wenig Persönlichkeit, kann aber im oben zitierten Kontext auf unangenehme medizinische Vorgänge mit der Schere am lebenden Firmenkörper verweisen und weitere eher abstoßende als sympathische Konnotationen nach sich ziehen.

Anders als Luftfahrtbilder werden nautische Metaphern von keiner bestimmten Firma verwendet und liegen im Manager-Ranking weit hinten. Das hat seinen Grund, denn Vergleiche mit der Schifffahrt werden bei Misserfolgen bemüht, die Vorstände generell nicht besonders ausbreiten. Beispielsweise kann sich im Auf und Ab der Finanzmärkte »plötzlich der Wind drehen und einem voll ins Gesicht blasen«, und zwar mit voller Breitseite: »Eine regelrechte Insolvenzwelle mit 40.000 Insolvenzfällen schwappte über uns.«[557] Vergleiche mit Wetter und Wasser bedienen das Unberechenbarkeitsbild des Kapitalmarkts und werden im als kontrolliert dargestellten unternehmerischen Erfolgsfall nicht benutzt. Wasserwogen können überzeugend einschüchtern, Autoren verweisen auf eine männliche Furch vor einem unberechenbaren Fließen, das alles Feste (Männliche) bedroht.[558]

Die Deutsche Bank vermag es hingegen, die Metapher des Bootes in ihrem positiven Sinn eindrücklich in Szene zu setzen. Zunächst ist das Konzernschiff nach Aussage des damaligen Vorstandsvorsitzenden auf die »erreichte Internationalität ebenso stolz« wie auf »unsere starke Veranke-

555 Jürgen Weber, Lufthansa-Hauptversammlung 2002, Redemanuskript

556 Genger/Notz, »Zu viel Ballast an Bord«, S. 25

557 Henning Schulte-Noelle, Allianz-Hauptversammlung 2002, Redemanuskript

558 Vgl. Svensson, »Ein heißgelaufener Motor auf einer Woge widriger Winde«, S. 114 und Theweleit, *Männerphantasien*, S. 289ff

rung im Heimatmarkt Deutschland«.[559] Diese Metapher umschifft die Verunsicherung über ein Unternehmen, dessen hohe Bauten und Banktürme scheinbar Präsenz zeigen, das aber eigentlich nirgendwo seinen Heimathafen hat.

Beim Auftritt wird die Metapher zum eindrücklichen szenischen Leitmotiv, das einen sinnfälligen Zusammenhalt ermöglicht. Das Boot-Motiv lässt sich im Inszenierungstext auf der »Brücke« beginnen, wo sich die Vorstände um den »Steuermann« gruppieren. Breuer inszeniert mit diesem Bild eine Schwellensituation: »Unser Schiff ist gut in Schuss, die Crew stark [hier erhebt sich der Mann mit der gesunden Gesichtsfarbe] und an ihren Plätzen. Der neue Kapitän [der Nachfolger Ackermann] ist an Bord und nun heißt es: Leinen los, Segel setzen und allzeit gute Fahrt!« Diese Autoritätsinszenierung bietet dem Aktionär eine Kapitänsfigur, an der er sich aufrichten darf. Gleichzeitig zeigen Videoleinwände ein Segelschiff. Es fährt im Wind (des Fortschritts) mit geblähtem Segel nach rechts, natürlich nicht nach links, und dort steht: »Allzeit gute Fahrt«. Diese Inszenierung überlagert, dass Breuer nicht aus dem Unternehmen aussteigt, sondern als Chef-Kontrolleur auf dem Aufsichtsratposten immer noch dabei ist. Sie verdeckt auch, dass Bühne und Aktionärspublikum zwar räumlich »im selben Boot« sitzen, aber nicht wirtschaftlich, denn im Schadensfall müssen Manager nur in seltenen Fällen persönlich haften.[560]

Sprachbilder im freien Vortrag

Das aus dem Stehgreif gesprochene Wort hat generell eine andere Qualität als geschriebene Rede-Rhetorik. Auftritte können aber widersprüchlich werden, wenn ein Vorstand beim Extemporieren gänzlich andere Ausdrücke wählt als jene, die ihm der Redenschreiber in den Mund gelegt hatte. Falls keine Abstimmungen gemacht wurden – es soll Ingenieure unter den Vorstandsvorsitzenden geben, die geistesgegenwärtig das liebevoll ausgesuchte Goethe-Zitat des Redenschreibers mit den Worten »Nein, das bin nicht ich!« abgeblockt haben – erscheint entweder die Manuskriptversion

559 Rolf-E. Breuer, Deutsche Bank-Hauptversammlung 2002, Redemanuskript. Folgezitat

560 Ironischerweise läuft wenige Jahre später eine Klage gegen Breuer, der mit unbedachten Aussagen über die Kreditwürdigkeit der Kirch-Gruppe diese in den Ruin getrieben haben soll. Seinen Aufsichtsratsposten bei der Deutschen Bank musste er Anfang 2006 niederlegen. Ob seine Managerhaftpflichtversicherung für das Fehlverhalten einspringt, steht im Untersuchungszeitraum nicht fest.

als nicht besonders »authentisch«, oder die ganze Person. Sie wirkt dann mit dem szenischen Wechsel vom Rednerpult mit dem Manuskript zum Sitzplatz und der freien Rede eher wie ein Schauspieler im Theater, der nach dem Fall es Vorhangs aus seiner fiktiven Rolle tritt.

Ein Beispiel sind Reden der Deutschen Bank, die nicht so kongruent wirken, als dass sich bei den Zuschauern ein Gefühl von Josef-Ackermann-inszeniert-Josef-Ackermann einstellen könnte. Eine Nachfrage im Konzern ergab, dass es keine Redenschreiber gibt, sondern seine Vorträge je nach Anlass von der IR- oder Kommunikations-Abteilung oder von den Assistenten geschrieben und im Baustein-Prinzip zusammengesetzt werden.

Wenn der Chefbanker vor Analysten die Folien interpretiert, benutzt er zwar architektonische Bilder wie auch in den vorgeschriebenen Reden, diese sind aber von anderer Qualität. Es geht nicht mehr um die »solide Basis«, sondern um »structures«, »key messages«, »key issues« und einen »five year build up plan«[561]. Auch die medizinischen Anleihen suggerieren sonst Vorteilhaftes, beispielsweise die »Verschlankung unserer Infrastruktur«. Vor Analysten wird nicht abgespeckt, Lästiges wird einfach wegoperiert, die Rede ist von »reducing head count« und »not cutting too much«. Dem Geschäft geht es schlecht: »CIB is a little bit suffering«, anderen Unternehmen geht es aber noch schlechter: »The value collapse of Allianz [...] and many others has been dramatic.« Mittendrin gipfelt bei Ackermann die Erklärung zum notwendigen Erhöhen der Eigenkapitalrendite in einer bisher noch nicht benutzten Bergsteigermetapher.

»If you want to climb the Mount Everest you are doing everything to get there. If you have a tremendous snow storm on the third highest camp, you may say it's not possible, so we are not committing suicide because of that but we are committed to reach the top. And-and but, it's not a life and death situation. So I just want to make it a little bit relative. It is our goal and we are doing everything to achieve it.«

Die Analogie von Stürmen und Selbstmord ist sehr negativ, evoziert Vorstellungen von Kälte, Angst, und Unsicherheit. Auf die positive Gipfelstürmer-Seite des Bergsteigens wird hier nicht angespielt. Auch der Widerspruch, dass es keine Frage von Leben oder Tod sei, man aber doch alles tun werde und quasi müsse, um das Ziel zu erreichen, wirkt weniger kontrolliert und selbstsicher als verkrampft und zwanghaft.

561 Josef Ackermann, Deutsche Bank-Analystenkonferenz 2005, Videotranskript. Folgezitate

Zudem kann der Zuhörer ob der im Schweizerdeutsch prononcierten Vergleiche bemerken, dass er einem im Alpenstaat Beheimateten lauscht. Das kommt auch bei einer Antwort auf der Hauptversammlung durch: »Darf ich Ihnen als Schweizer mal etwas sagen: Wenn Sie sich vorbereiten auf ein Abfahrtsrennen, üben Sie auch keinen Telemark-Schwung. Damit gewinnen Sie keine Goldmedaille. Auch die Deutsche Bank setzt jetzt nur Ressourcen und Kapital ein, wo Verdienste möglich sind.«[562] Der Architekten-Banker von vorher, der die Wurzeln im deutschen Heimatmarkt gepriesen hatte, lässt sich nicht mehr erkennen.

In der Fragerunde beweisen auch andere Manager ihren großen aktiven Wortschatz – bisweilen ohne Rücksicht auf Verluste. An schwierigen Stellen ist die Rede von »Preiswölfen« und »Kostenwölfen«, mit denen man »heulen« müsse, das Aktienrückkaufprogramm wird erklärt als »Kuchen«, der auf »weniger Stücke verteilt«[563] wird, und schließlich ist der Konzern in des BMW-Boss' Bilderwelt ein Sparschwein:

> If you have a piggy bank at home, a Sparschwein. And each time you put money in there and the money accumulates [...] and you then, on Sunday afternoon crack the piggy bank you don't know where the Euro came from that you take in order to buy some ice cream. It is a similar situation that we have within the company.[564]

Für den Vergleich entschuldigt sich der Chef wenige Sekunden später, der Finanzvorstand bestätigt aber noch mal: »Helmut loooves piggy banks!« Das Bild und der Nachsatz gibt dem Sprecher den Anstrich von, kaum überraschend, einem Kostensparer. Eine Eigenschaft, welche die Führungsriege im weiteren Verlauf noch als »part of the culture«, Bestandteil der Unternehmenskultur, bezeichnet.

Mayrhuber verdreht in einer seiner Antworten einen bekannten Ausdruck zu: »Wir haben Früchte gesät«[565] anstatt gerntet, Panke mahnt, nicht »Äpfel mit Bananen«[566] zu vergleichen. Englischsprachigen Analysten dürfte auch die falsch übersetzte Redewendung »you hit the nail on the top«[567] anstelle von »you hit the nail on the head« aufgefallen sein. Hier gilt die eigentlich selbstverständliche, aber nie unproblematische höchste Regel

562 Ders., Deutsche Bank-Hauptversammlung 2003, Mitschrift

563 Helmut Panke, BMW-Bilanzpressekonferenz 2005, Videotranskript

564 Ders., BMW-Analystenkonferenz 2005, Videotranskript. Folgezitat Stefan Krause, Finanzvorstand

565 Wolfgang Mayrhuber, Lufthansa-Bilanzpressekonferenz 2004, Mitschrift

566 Helmut Panke, BMW-Bilanzpressekonferenz 2005, Videotranskript

567 Wolfgang Mayrhuber, Lufthansa-Analystenkonferenz 2005, Mitschrift

des Sprachausdrucks, auf die auch Ueding hinweist: die *latinitas*, die auch in Wortverbindungen syntaktische wie idiomatische Richtigkeit fordert.[568] Fehler können gegen das *aptum* des Redners verstoßen und inkompetent wirken.

Da hilft es auch nicht, dass es eine spezielle Eigenart der Manager-Sprache zu sein scheint, Substantive mit Verben zu verbinden, die nicht passen. Eine Bank wird »Klumpenrisiken im Kreditgeschäft weiter zurückfahren«[569] anstatt zu minimieren. »Wichtige Meilensteine« werden »planmäßig realisiert«[570] statt erreicht, und traurig hinken Visionen durch die Arena, wenn ein CEO bekundet, er wolle »den profitablen Wachstumspfad fortsetzen«[571] statt ihn weiter zu verfolgen. Die hermeneutische Desorientierung betrifft nicht nur den Redner, sondern den Redenschreiber, denn diese Beispiele stammen aus den Vortragsmanuskripten.

Strategien in Frage- und Antwortrunden

Mit dem Beginn der Fragerunde ist die ungestörte Selbstinszenierung der Vorstände beendet. Fragen zu beantworten ist nicht einfach, denn die Regeln und Konventionen, welche das Hin und Her bestimmen, sind komplex und werden oft stillschweigend angenommen. Es sind die Nuancen, die Feinheiten, der Aufbau, die Wortwahl, die Präferenzen der Fragen und die jeweilige Reaktion der Bühne, welche die Atmosphäre prägen und die Wahrnehmung beeinflussen. Dieses Zusammenspiel wird im Folgenden beschrieben und zwar hauptsächlich an Presse- und Analystenkonferenzen,[572] vergleichende Beobachtungen aus Generaldebatten bei Hauptversammlungen[573] werden lediglich ergänzt.

568 Vgl. Ueding/Steinbrink, *Rhetorik*, S. 207

569 Klaus-Peter Müller, Commerzbank-Bilanzpressekonferenz 2004, Redemanuskript

570 Dieter Rampl, HypoVereinsbank-Hauptversammlung 2004, Redemanuskript

571 Josef Ackermann, Deutsche Bank-Hauptversammlung 2005, Redemanuskript

572 Die Datenbasis besteht aus 16 Veranstaltungen: Adidas-Analystenkonferenz 2005, Altana-Bilanzpressekonferenz und Analystenkonferenz 2005, BASF-Bilanzpressekonferenz und Analystenkonferenz 2005, BMW-Bilanzpressekonferenz und Analystenkonferenz 2005, DaimlerChrysler-Bilanzpressekonferenz 2004 und 2005, Deutsche Bank-Bilanzpressekonferenz und Analystenkonferenz 2005, SAP-Bilanzpressekonferenz und Analystenkonferenz 2005, Siemens-Bilanzpressekonferenz und Analystenkonferenz 2005, Telekom-Analystenkonferenz 2004. Auch hier ergänzen weitere Mitschriften von besuchten Veranstaltungen wie die Lufthansa-Bilanzpresse- und Analystenkonferenz

Bestimmend für den grundlegenden Ablauf ist zunächst einmal die Sprecherorganisation, *turn taking system*[574], welche die Frage- und Antwortrunden reguliert. Die hier untersuchten Veranstaltungen sind ein besonderes Genre, unterscheiden sich von Gesprächen in kleinen Gruppen, Fernsehinterviews, Vieraugengesprächen unter Vorständen und Großinvestoren oder gar vom Kreuzverhör vor Gericht. Dort gilt folgende Regel: Wer eine Frage stellt, kann im Anschluss noch eine stellen oder die Antwort zumindest bewerten. Presse- und Analystenkonferenzen sowie Hauptversammlungen bilden wie auch Pressekonferenzen mit Politikern[575] das andere Extrem: Nachfragen geht nicht, oder nur selten. Im Grunde sind alle Teilnehmer auf eine einzige Wortmeldung beschränkt. Das ist eine implizite Vereinbarung und jedem bewusst, zudem werden Mikrofone wieder abgenommen und der Moderator bittet um kurze Beiträge.

Diese Spielregeln werden nicht oft gebrochen. Die Auswertung aller Fragen in der Datenbasis ergab, dass pro Konferenz im Durchschnitt lediglich zwei Journalisten einmal nachfragen, bei Analysten aber etwa fünf. Nur bei kleinen Analystenkonferenzen bieten sich diese Anschlussfragen, *follow-ups*, als Zangentaktik an: Ein Analyst erklärt auf Nachfrage, er bringe zuerst leichte Fragen, um sich den Menschen »zurechtzulegen« und dann sei später bei schwereren Themen »eher eine Antwort drin«. Die Vorstöße sind auch relativ kurz: 50 Sekunden bei Analysten, 56 Sekunden bei Journalisten. Es gibt durchschnittlich zwölf beziehungsweise 15 Fragen.

Das Nachfragen lässt eine lebendigere und weniger distanzierte Stimmung entstehen. Für den CEO wirken Anschlussfragen aber nur bedingt

---

2005 – bei der der Konzern keinen Videomitschnitt hat machen lassen – und andere, darunter die Altana-Herbstpressekonferenz 2004, die im Quellenverzeichnis markiert sind, als qualitative Beobachtungen das entsprechende Kapitel. Hinzu kommen weitere Erkenntnisse aus Hauptversammlungsbesuchen. Einige Anmerkungen zur Methodik: Als Grundlage wurden die Videomitschnitte der Frage- und Antwortrunden einschließlich Zeitangaben (Minuten, Sekunden) transkribiert, teilweise vollständig, manche auch in Stichworten. Die Länge von Fragen und Antworten wurden auch notiert. Es sind 97 Frage- und Antwortrunden bei Pressekonferenzen und 118 Frage- und Antwortsituationen bei Analystenkonferenzen. Das sind mehrteilige Sequenzen, denn ein Journalist stellt mehrere Fragen bei einer Meldung und erhält oft auch Antworten von mehreren Vorständen. Siehe auch: Biehl, »Antworten und Ausweichen«, S. 1–22

573 Für eine Darstellung der Generaldebatten, von denen es keine Videos und damit auch keine Transkripte gibt, verweise ich auf meine Magisterarbeit, bzw. eine Kurzfassung: Biehl, »Die Jahreshauptversammlung als Inszenierung«, insb. S. 27–33

574 Vgl. Clayman/Heritage, *News Interview*, S. 8

575 Vgl. Sacks, *Lectures on conversation*, S. 51

gut, denn dieser Normbruch – jeder weiß, er sollte nur einmal fragen – kann respektlos erscheinen und darauf hinweisen, dass die Antwort ausweichend, auffällig eigennützig oder inakzeptabel war.[576] Wer das letzte Wort hat, bleibt unwidersprochen und wirkt deshalb glaubwürdiger.

Da kein einzelner Interviewer wie bei Fernsehsendungen die Kontrolle behält, ist es für Vorstände leichter, ihre eigene Agenda zu verfolgen. Sie können aber nicht beliebig über eigene Themen sprechen – wie der Medienberater des konservativen Fernsehpredigers Pat Robertson in einer Interviewpause während der US-Sendung *Larry King Live* geraten haben soll: »*You*'re answering the questions. You can talk about anything you *want* to.«[577] Wenn ein Vorstand zu sehr ausweicht, fragt häufig einer der Gäste nach. Billige Ausflüchte können zudem das negative Klischee vom zur Selbstdarsteller oder Politiker bestätigen, der keine Verantwortung übernimmt, nur von Konzernvisionen und Managerphantasien schwadroniert.

Die Situation ist für Manager nicht besonders einladend zur freien Eigenwerbung, weil die Fragen auch hinreichend verschachtelt sind und durch ihren Aufbau Druck ausüben. Mit der Konversationsanalyse lassen sich die Vorstöße in formalen Kategorien einordnen wie: einfache Frage, Frage mit Vorrede, mehrfache oder superkomplexe Frage.[578] Bei den hier untersuchten Presse- und Analystenkonferenzen ist die Verteilung ähnlich. Es sind nur 15 beziehungsweise 8 Prozent der Fragen einfach gehalten, mit einem einzelnen Fragezeichen und ohne Vorrede, beispielsweise: »Zu Enterprise Networks wüsste ich gern noch, ob weitere Maßnahmen angedacht sind?«[579] Eine solche einfache Frage, *simple question*, baut keinen großen Zwang auf, der CEO könnte einfach mit Ja oder Nein antworten und sie als Steilvorlage zur Selbstdarstellung nutzen.[580]

Das geht weniger gut bei weiteren 18 Prozent (Journalisten) beziehungsweise 25 Prozent (Analysten) der Fragen, die noch eine Vorrede, *preface*, besitzen, welche nicht nur als dramaturgisches Mittel Hintergrundinformationen[581] für die anderen Teilnehmer im Publikum gibt, sondern

576 Vgl. Clayman/Heritage, »Questioning Presidents«, S. 758

577 Zit. n. Clayman/Heritage, *News Interview*, S. 238

578 Vgl. Clayman/Heritage, »Questioning Presidents«, S. 756

579 Journalist, Siemens-Bilanzpressekonferenz 2005, Videotranskript

580 Man denke an andere bekannte Beispiele: Der unvorbereitete Fernsehjournalist hält einem Politiker einfach das Mikrofon hin und sagt: »Und?« Oder in der Sportreporter- und Boulevard-Methode: »Wie fühlen Sie sich?«

581 Vorreden werden vom Befragten immer ohne Unterbrechung erduldet, einzuhaken würde die Objektivität des Interviewers angreifen. Vgl. Clayman/Heritage, *News*

die Antwortmöglichkeiten begrenzt. So eine Konstruktion ist, unabhängig von Tonfall und Thema, schon formal mehr entschlossen als die einfach gehaltene Frage.[582] Beispielsweise gibt ein Journalist mit vorausgeschickten Überlegungen die Richtung vor: »Ja, wenn Sie sagen, dass Sie künftig vor allem kleinere Unternehmen dazu gewinnen, dann hab ich mir überlegt: Verschieben sich dann die Anteile, was Sie an Einnahmen haben aus Softwarelizenzen Beratung und Wartung?«[583]

Noch geringeren Antwortspielraum bieten die restlichen Fragen, die stärkere Entschlussfreude ausdrücken, weil sie verschachtelt und mehrteilig sind, so genannte *multiple questions* und *supercomplex questions*.[584] Das sind hier in der Untersuchung 70 Prozent der Fragen. Vergleichend lässt sich bemerken, dass bei Pressekonferenzen der US-Präsidenten Eisenhower und Reagan nur 40 Prozent der Fragen in diese Kategorien fielen,[585] auch in englischen und amerikanischen TV-Interviews wehte ein schwächerer Wind.[586]

Neben dem Aufbau der Fragen ist für eine Einschätzung der Situation noch die Thematik der Fragen relevant, der Ton und Adressatenbezug.

Journalisten interessiert zuvorderst die Strategie des Unternehmens (46 Prozent), gefolgt von den Kennzahlen (24 Prozent) und der Prognose (16 Prozent), sowie von der Öffentlichkeit immer sensibel aufgenommenen Personalthemen (8 Prozent),[587] Kommentaren zu anderen Unternehmen (2 Prozent) und schlussendlich persönliche Fragen (2 Prozent). Bei den Analysten ist die Verteilung dagegen tendenziell paritätisch. Auch von ihnen werden die meisten Fragen zur Strategie gestellt (37 Prozent), auf Platz

---

Interview, S. 177. Aktionäre hingegen werden gerne mal abgeschnitten, auch mit Appellen wie: »Geben Sie Gas!« Ein weiterer Aspekt: Der Eingangstext ist nicht nur sachdienlich als Hintergrundinformation, befragte Journalisten geben zu, sie selbst oder zumindest »profilneurotische« Kollegen wollten die Anwesenden beeindrucken.

582 Vgl. Clayman/Heritage, »Questioning Presidents«, S. 754ff

583 Journalist, SAP-Bilanzpressekonferenz 2005, Videotranskript

584 Vgl. Clayman/Heritage, »Questioning Presidents«, S. 755

585 Ebd., S. 756

586 Vgl. Heritage/Roth, »Questions and questioning«, S. 1–60. Die *simple questions* nahmen über die Zeit ab, was nach Heritage am zunehmenden journalistischen Wagemut, stärkerer Konkurrenz und abnehmender Zensur liegt.

587 Diese Zurückhaltung verwundert, aber die Ruhe ist häufig trügerisch. Wie bei der Deutschen Bank, die nach dem in der Pressekonferenz 2005 kommunizierten »Personalabbau« – angekündigt wurde er schon drei Monate vorher – heftig kritisiert wurde. Beim Treffen hatten lediglich drei Teilnehmer nach den Arbeitsplätzen gefragt. Ein Gespräch mit einem Pressesprecher 2006 ergab, dass die ausgewerteten Zeitungsartikel sich erst nach drei Tagen geändert hatten, nachdem sich die Politik eingeschaltet hatte.

zwei und drei folgen die Prognose (34 Prozent) und die Kennzahlen (28 Prozent). Das Thema Personal (1 Prozent) steht mit vier Nachfragen hinten an und nach Persönlichem fragt keiner.

Der Ton der Ansprache ist respektvoll, aber nicht übermäßig freundlich. Beispielsweise wollen die Fragen nach der Strategie wissen, warum und wie dies und das gemacht werde. Damit erkundigen sie sich nicht nur danach, *was* der CEO und sein Team machen, sondern *warum*. Diese kleine Feinheit zweifelt sein Führungsverhalten tendenziell an und zwingt ihn, sich zu verteidigen, *accountability question* genannt.[588] Die im Präsenz gestalteten Fragen klagen aber nicht an, wie häufig im Perfekt gestellte *accusatory questions*[589], die man von Aktionären bei Hauptversammlungen hört: »Wie konnten/können Sie nur?«

Die Atmosphäre ist nicht besonders warm durch den Ton der Fragen. Defensiv treten höchstens ausländische Journalisten auf, etwa jener Südafrikaner: »Professor Schrempp, if you would pardon a more regional question [...].«[590] In derlei Fragen sind meist Konjunktive und unnötige Entschuldigungen zu finden, die eine Forderung weniger offensiv wirken lassen. Anfänge im Stile von »can I/could I/may I ask« oder »I was wondering whether« definieren Clayman und Heritage als unsichere und vorsichtige Selbstreferenzen.[591] Diese gibt es bei den hier untersuchten Journalisten und Analysten praktisch nicht, aber die Atmosphäre ist nicht eiskalt, Dank einer sprachlichen Feinheit, auf die Heritage und Clayman ebenfalls hinweisen: Die bei Analysten in Englisch häufig zu vernehmende Einleitung mit »could you/can you« bezieht sich auf die Fähigkeit der Person, zu antworten, abhängig nur von anderen Umständen außerhalb der eigenen Kontrolle.[592] Wesentlich respektvoller wären zwar noch die hier nicht zu vernehmenden »would you/will you«-Fragen, welche sich davon abhängig machen, ob der Interviewte gewillt ist, zu antworten. Aber beide Formen öffnen dem Befragten ein Hintertürchen, er kann dann sagen: Nein, kann ich nicht. Ähnlich bei den deutschen Pressekonferenzen. Fragen im Konjunktiv mit »könnten Sie« und »würden Sie« gibt es sehr wenige, es heißt hier respektvoll, aber nicht übermäßig zuvorkommend im Indikativ: »Können Sie darlegen...?«

588 Vgl. Clayman/Heritage, »Questioning Presidents«, S. 769

589 Vgl. Clayman/Heritage, *News Interview*, S. 221

590 Journalist, DaimlerChrysler-Bilanzpressekonferenz 2004, Videotranskript

591 Vgl. Clayman/Heritage, »Questioning Presidents«, S. 761

592 Ebd., S. 760

Ein weiterer Höflichkeitsbestandteil der Ansprache ist der Titel, den gerade ausländische Journalisten und manche deutsche übernehmen, was nicht unbedingt nötig ist und nach sozial gängigen Regeln Respekt ausdrückt. Aber es kann auch fast schleimerisch anmuten: »Doktor Ackermann, sehr geehrte Vorstände, ich hab' noch ein paar detaillierte Nachfragen.«[593] Ansonsten sind der »Herr Doktor Hambrecht« von BASF und sein Kollege »Doktor Feldmann« die einzigen, die unter allen untersuchten Analystenfragen einmal mit Titel angesprochen werden. Alle anderen Analysten verwenden den Vornamen, wie es im Englischen meist üblich ist – was für deutsche Ohren lockerer wirkt – oder sprechen keinen Vorstand namentlich an, blicken aber häufig zum Chef.

Gerade bei Pressekonferenzen ist der Adressatenbezug besonders deutlich: Jede zweite Frage wird direkt mit Namen an den CEO adressiert. Der CFO wird durchschnittlich nur ein Mal angesprochen – möglicherweise auch in der Hoffnung, er verplappere sich[594] – und ein weiterer Bereichsvorstand, sofern vorhanden, praktisch nie. Wie die Vorstände mit den Aufforderungen und Fragen im Detail umgehen, wird im Folgenden diskutiert.

Dramaturgie der Antworten

Die Dramaturgie der Antworten mit der Verteilung der Redezeit hinterlässt wirkungsvolle Eindrücke auf das Publikum, das die Vorstände zum ersten Mal gemeinsam handeln sieht. Es wird sich aus einer Ein-Mann-Show oder einem schweigenden Vorstandsvorsitzenden zwangläufig einiges über das Zusammenspiel der Führungsriege zusammenreimen, ob es stimmt oder nicht. Im Folgenden wird gezeigt, wie verschiedene Dramaturgien wirken.

Eine Grundlage für die Interpretation bilden zunächst die empirischen Ergebnisse. Meist ist es der Vorstandsvorsitzende, der zuerst spricht, und damit scheinbar eine Form der Ver-Antwort-ung übernimmt, in 80 Prozent der Fälle bei Pressekonferenzen und in 70 Prozent der Fälle bei

593 Journalist, Deutsche Bank-Bilanzpressekonferenz 2005, Videotranskript

594 Folgende Anekdote erzählen vor Ort befragte Journalisten. Festgeschrieben ist sie beispielsweise in Grässlin, *Das Daimler-Desaster*, S. 91. Bei einer DaimlerChrysler-Telefonkonferenz mit Analysten hatte CFO Manfred Gentz 2004 zugegeben, man müsse beim Verlustbringer Smart »alle möglichen Alternativen in Betracht ziehen«, was auch den Ausstieg beinhalte. Die Presse griff das auf, Kunden, Käufer und Vertrieb waren irritiert, und Schrempp versuchte angestrengt, die Aussage zu dementieren.

Analystenkonferenzen. Oder der Moderator, sofern als aktiver Teilnehmer dabei, nimmt die Fragen an und gibt sie direkt an den CEO. Vor den Medienvertretern stellen sich die CEOs generell stark heraus und sprechen rund 70 Prozent der gesamten Antwortzeit, bei den Analysten nur rund 50 Prozent. Der Rest der Zeit verteilt sich auf die CFOs und die anderen Vorstände. Insgesamt sind die Antworten bei Pressekonferenzen durchschnittlich vier Mal so lang wie die Frage, bei Analystenkonferenzen drei Mal so lang. Am meisten referiert 2005 der BASF-Vorstand Hambrecht (83 Prozent der gesamten Antwortzeit), gefolgt von Siemens-Chef Kleinfeld (82 Prozent) und Altana-Vorstand Schweickart (78 Prozent).

Ähnlich hohe Werte erreicht im Jahr 2005 Deutsche Bank-Chef Ackermann (71 Prozent) und seine Präsenz ist besonders erstaunlich. Auf der Bühne sitzen nicht nur CEO, CFO und der Pressesprecher, sondern elf Personen, die sich hätten beteiligen können. Neben dem Moderator kommen aber nur vier Manager zu Wort. Der CFO darf immerhin 15 Minuten sprechen, die anderen kommen zusammen auf ganze 267 Sekunden, auf 4 Minuten und 27 Sekunden. Den Rest von 51 Minuten übernimmt Ackermann und dominiert klar. Gegen ihn richten sich auch die nach der Pressekonferenz mit Milliardengewinn und Stellenabbau aufgebrandeten öffentlichen Proteste. Muss man sich nach einem solchen Auftritt – vom nicht besonders beliebten Victory-Zeichen einige Zeit vorher einmal abgesehen – besonders wundern?

Es beginnt schon damit, dass sich der oberste Banker bis auf eine Ausnahme immer zuerst äußert. Es gibt auch keine Runde, in der er nicht etwas gesagt hätte, lediglich ein einziges Mal lässt er eine Frage über Ergebniszahlen vom Team beantworten. Ackermann reißt auch Fragen an sich, die nicht nur an ihn gestellt waren. Ein Journalist will etwas zum Englandgeschäft wissen und setzt explizit an Ackermann dazu: »Wie gesagt, vielleicht könnte Ihnen der Kollege Parker dabei helfen.«[595] Dann sinniert zuerst Ackermann – wer sonst – über den die »verlorenen Assets«, dann verkündet Ackermann – wer sonst – seine Ansichten über Marktanteile, und danach referiert Ackermann – wer sonst – über die Konsolidierung der Branche. Parker schweigt.

Zweimal hatte Ackermann immerhin ansatzweise versucht, einen leitenden Kopf in die Outsourcing-Debatte zu involvieren: »Nun möchte ich schon Herrn Lamberti bitten, etwas zu Smartsourcing zu sagen.« Das tut

595 Journalist, Deutsche Bank-Bilanzpressekonferenz 2005, Videotranskript. Folgezitate aus derselben Veranstaltung

dieser auch, seine Gesamtredezeit beläuft sich allerdings auf unter drei Minuten, versus 51 Minuten bei Ackermann, was nicht für einen Schutzschild reicht. Lamberti darf auf einen Wink mit dem Finger hin auch eine Frage ausnahmsweise als erster beantworten, welche lautet: »Ist da nicht 'ne gewisse Gefahr, so auf das Pferd Outsourcing zu setzen?« Aber mit den Worten »Ich möchte dazu hier noch einmal etwas ergänzen« hängt sich der Bankchef mit einem fünf Mal so langen Statement an, zieht die ganze Aufmerksamkeit wieder auf sich.

Es gibt auch andere Formen der Dialog-Regie. Journalisten erzählen sich, dass Manager in den USA einen »neutralen« Pastor schlechte Botschaften wie Entlassungen verkünden ließen – Absolution inbegriffen. Andere Versteckmöglichkeiten bietet beispielsweise schon das antike Theater mit dem Motiv von Protagonist und Antagonist. Eine solche Konstellation erkennt der Zuschauer rhetorisch aufgepeppt bei der BASF. Es geht um einen Firmenverkauf, zu dem der Konzernchef nichts sagen will. Der Finanzvorstand springt in die Bresche und verkündet: »Auch auf die Gefahr hin, dass ich der bad guy bin, zu dem Thema sagen wir einfach nix mehr.«[596] Der Chef daneben kann mitleidig und ob des »Buchhalters« entschuldigend ins Parkett lächeln wirkt in Konsequenz als der milde »good guy«.

Auch der häufig freundlich lächelnde Ackermann hätte für sich das Positive wählen und den Personalvorstand Tessen von Heydebreck mit seiner passenderweise fahlen Gesichtsfarbe und der spiegelnden Glatze in den Kampf gegen die Überzahl der Mitarbeiter, die so genannten »Überlappungen im Coverage-Modell«[597], ziehen lassen können. Dieser kommt erst bei der Pressekonferenz ein Jahr später zwei Mal zu Personalthemen zu Wort und darf dann – paradoxerweise – die frohe Botschaft verkünden, dass der Branchenprimus »mehr Auszubildende an Bord«[598] nehmen werde. Der »Aufbau« von Personal scheint dem Vorstandsvorsitzenden selbst nicht so wichtig zu sein wie dessen »Abbau«. Im Jahr 2006 dürfen von Anfang an die anderen aus nicht geklärten Gründen mitspielen: Finanzvorstand Clemens Börsig kommt zehn Mal zu Wort, die Mitglieder des Managementkomitees Rainer Neske, Kevin Parker, Michael Cohrs, Pierre de Weck und Anshu Jain dürfen alle zumindest ein Mal sprechen.

596 Kurt Bock, Finanzvorstand, BASF-Bilanzpressekonferenz 2005 Videotranskript
597 Josef Ackermann, Deutsche Bank-Bilanzpressekonferenz 2005, Videotranskript
598 Tessen von Heydebreck, Vorstandsmitglied, Deutsche Bank-Bilanzpressekonferenz 2006, Mitschrift

Das sieht schon viel mehr nach »Teamplaying« aus, ein Wort, das Ackermann während der Konferenz zur Beschreibung seines Führungsstils wählt.

Das Delegieren ist bei Hauptversammlungen nicht üblich,[599] aber bei Pressekonferenzen durchaus machbar, und in Vollendung bei Jürgen Schrempp zu beobachten. Bei einer DaimlerChrysler-Pressekonferenz verkündet er gleich zu Anfang, man wolle die Fragen »partnerschaftlich«[600] beantworten und muss deshalb selbst nicht viel improvisieren. Er spricht in der Antwortrunde knapp 15 Minuten – das sind 35 Prozent, so wenig wie sonst keiner seiner Amtskollegen. Mercedes-Vorstand Cordes spricht sechs Minuten länger, insgesamt 40 Prozent der Zeit. Den Rest teilen sich CFO Bodo Uebber, die Vorstände Andreas Renschler und Dieter Zetsche. Schrempp lässt keinen Zweifel daran, dass er die »Zügel in der Hand« hält und nimmt zunächst fast jede der Fragen an, die auch zehn Mal – außerordentlich häufig – namentlich an ihn adressiert sind, um sie dann zu delegieren. Er ordnet auch ab, wenn der Fragende eigens seine Aussagen zitiert. In folgendem Beispiel macht er sich die Vorrede geschickt zu Nutze und schiebt den schwarzen Peter weiter. Der Journalist sagt:

»Ich hab eine Frage an Herrn Gentz: Ich finde im Geschäftsbericht die Angabe über die tatsächlich bezahlten Steuern im Jahr 2003 nicht, vielleicht können Sie mir da helfen. Zweite Frage an Herrn Schrempp. Nach äh den uns vorliegenden Berechnungen ist im Durchschnitt der vergangenen Jahre also bis zurück 1997 einschließlich, die durchschnittliche Steuerlast weit unter 20 Prozent gemessen an den effektiv gezahlten Steuern gewesen. Halten Sie auf dieser Basis Deutschland nach wie vor – wie das ja auch der BDI, in dem Sie ja im Präsidium sitzen, sagt – Deutschland für ein Hochsteuerland oder ist nicht jedenfalls gemessen an dem Verhältnis für DaimlerChrysler Deutschland tatsächlich ein Niedrigsteuerland. Und zweite Frage: Halten Sie das für eine angemessene Beteiligung – wenn diese Steuerquote von Ihnen bestätigt werden kann – an der Staatsfinanzierung in Deutschland, wenn Sie so wenig sich daran beteiligen. Dankeschön.«[601]

---

599 Meist liest der CEO selbst alle Antworten vom Blatt ab. Wer häufig einen Kollegen eine sein Ressort betreffende Fragen beantworten lässt, was der ehemalige Deutsche Börse-Chef »Talente zeigen« (Hauptversammlung 2003, Mitschrift) nennt, weicht nicht unbedingt aus, sieht aber das Publikum ausweichen: Sobald dort ein unbekanntes Vorstandsgesicht ohne Zuhörerautorität »talentiert« anhebt, erheben sich simultan rund 50 Personen und verlassen überschnell den Saal.

600 Jürgen Schrempp, DaimlerChrysler-Bilanzpressekonferenz 2005, Videotranskript

601 Journalist, DaimlerChrysler-Bilanzpressekonferenz 2004, Videotranskript. Folgezitat Vorstandsvorsitzender

Schrempp zeigt wenig Profil und bietet wenig Angriffsfläche indem er ungerührt antwortet: »Vielen Dank, Sie haben drei Fragen gestellt. Ich bin sicher, dass Herr Gentz alle drei souverän beantworten kann.«

Der Manager behält aber die Kontrolle, indem er im Allgemeinen die Richtung der Antworten vorgibt. Einmal wird er mit Namen von einem Journalisten angesprochen, der ihm argwöhnisch vorwirft, im Grunde seien doch alle Autos dasselbe, nur Oberfläche, Verpackung, Aufmachung, Farbe unterschieden sich. Schrempp: »Wir haben ja auch hier Chefingenieure am Tisch sitzen. Vielleicht kann ich mal den Herrn Zetsche bitten, äh aber vielleicht am konkreten Beispiel, weil die Frage ist ja sicher spannend, zu erklären, dass genau das, was Sie vielleicht befürchten in ihrer Frage, so dann NICHT eintritt.«[602] Des Chefingenieurs Antwort behandelt brav die vorgegebenen Punkte und dauert ganze 90 Sekunden. Das ist übrigens mehr als die Hälfte seines ganzen sprechenden Auftritts, denn Dieter Zetsche, ein Jahr später Konzernchef, kommt in dieser Pressekonferenz zwei Mal oder ganze 160 Sekunden zu Wort, das sind 6 Prozent der gesamten Antwortzeit.

Schrempp hatte einem anderen Vorstandsmitglied die Bühne überlassen, seinem Wunschnachfolger. Ein Mal auch mit folgenden Worten: »Die Frage, und um dieses Verständnis hatte ich ja gebeten, möcht' aber meinem *Freund* – äh, Herrn Cordes bitten, vielleicht auch was dazu zu sagen.«[603] Eckhard Cordes wurde nicht von ungefähr in der Presse als Favorit für die Nachfolge gehandelt, aufgrund seines »engen, persönlichen Drahts«[604] zum Konzernlenker, der hier offensichtlich in der Performance dargestellt wird.

Es gibt, wie deutlich wurde, dramaturgische Möglichkeiten, geschickt abzuwälzen. Es ist aber nicht überzeugend, inkongruentes Verhalten und plötzliches Schweigen zu zeigen. Der Altana-Chef Schweickart beispielsweise spricht bei der Pressekonferenz am Vormittag fast 80 Prozent der Zeit, bei den Analysten am Nachmittag aber nur 15 Prozent – Minimalrekord der hier untersuchten Daten. Das ist kein einmaliges Tief, denn auch bei den Konferenzen zu den Neunmonatszahlen im Herbst 2004 war Schweickart vormittags aktiv, nachmittags schweigsam. Vor den Analysten

---

602 Jürgen Schrempp, DaimlerChrysler-Bilanzpressekonferenz 2005, Videotranskript

603 Ebd.

604 Vgl. o.V., »Schrempp-Rücktritt«, S. 9. Im Juli 2005 legte Schrempp sein Amt nieder, Nachfolger wurde Dieter Zetsche, den Schrempp nach eigenen Worten trotz Meinungsverschiedenheiten dem Aufsichtsrat empfohlen hatte, Cordes kündigte.

spricht Heinz Radtke, Vorstand für Forschung und Entwicklung, der bei der Pressekonferenz nicht dabei war, am meisten, referiert über neue Medikamente und Zulassungen, unterstützt vom CFO und dem Vorstandskollegen Matthias Wolfgruber.

Bei diesem Team sieht man zunächst, wie sich die so genannte *one-voice-policy*, die Einstimmigkeit der Unternehmenskommunikation, zur *one*-word-*policy* steigern lässt. Wie ein Chor nennt das Ensemble das vom Umsatz her stärkste Produkt, das Magenmittel Pantoprazol, immer liebevoll »Panto«, auch in Kombination als »Panto-Umsatz«, »Panto wächst weiter«, »die Panto-Story« und »Panto-World«[605]. Auch muss jeder mindestens einmal den »Zwangsrabatt« erwähnen, vor den Analysten als »forced rebate Zwangsrabattreform of German Health Care Industry«[606] bezeichnet und schon in der Hauptversammlung 2004, garniert mit nervösem Reiben unter der Nase, vorgestellt im Zusammenhang von »Politikern, die Zwangsrabatte auf patentgeschützte, also innovative Arzneimittel eintreiben und so die Forscher vertreiben«[607].

Vor den Analysten scheint Schweickart mit seiner zurückhaltenden Performance nicht glücklich zu sein. Als er schon sieben Runden nichts mehr gesagt hat, schaltet er sich plötzlich für einen Befreiungsschlag ein, welcher allerdings nur ein fünf Sekunden langer Minikommentar zum Medikamentenabsatz ist: »This is a typical stocking effect in the last quarter [...].«[608] Dann folgen noch zwei Beiträge von insgesamt 45 Sekunden, dann schweigt er endgültig. Die situative Zurückhaltung bei den englischen Nachmittagskonferenzen könnte nun etwas mit der Fremdsprache zu tun haben, in der er sich zwar nicht unsicher bewegt, aber nicht so elegant wie andere CEOs. Das klingt nicht so gut, besonders wenn die ganze Zeit über einen amerikanischen Hauptabsatzmarkt des Unternehmens gesprochen wird. Oder schweigt Schweickart nur vor den Finanzprofis, und die Kollegen erklären die Strategie, die sie – zugespitzt interpretiert – auch selbst durchsetzen, während der CEO als bloßer Repräsentant vor die Presse geschoben wird?

---

605 Vorstände, Altana-Herbstpressekonferenz 2004, Mitschrift

606 Herrmann Küllmer, Finanzvorstand, Altana-Herbstpressekonferenz 2004, Mitschrift

607 Nikolaus Schweickart, Altana-Hauptversammlung 2004, Redemanuskript

608 Ders., Altana-Analystenkonferenz 2005, Videotranskript

Längere Ausweichmanöver

Wer in die Bresche springt, sieht erstmal aus wie jemand, der antwortet, nicht wie einer, der ausweicht. Viel zu sprechen kann eines der offensichtlichsten Antwortmanöver sein, das sich notfalls bis zur Inhaltslosigkeit steigern lässt. Beispielsweise erklärt Schopenhauer in einer Sammlung von Kunstgriffen, die helfen sollen, erfolgreich zu argumentieren und den Gegner im Sinne der Selbstdarstellung auch unabhängig von der Wahrheit zu schlagen: »Den Gegner durch sinnlosen Wortschwall verdutzen, verblüffen. Es beruht darauf daß ›Gewöhnlich glaubt der Mensch, wenn er nur Worte hört, Es müsse sich dabei doch auch was denken lassen.‹«[609]

Generell heißt sprechen nicht gleich antworten. Eine Antwort lässt sich nicht qua Länge definieren und auch nicht paralinguistisch wie eine Frage, an deren Ende sich meist die Stimme hebt. Fragen haben nach Heritage eine so genannte Agenda-Setting-Funktion und definieren Themen, auf die sich die Antwort beziehen muss, um als akzeptabel durchzugehen.[610] Sie bestimmen auch, wie eng gefasst die Antwort sein muss; besonders bei einer geschlossenen Frage, die auf Ja oder Nein hinausläuft, besteht ziemlich wenig Spielraum, anders als bei einer offenen Frage im Stile von: Wann, warum und wie die Unternehmensführung gedenke, zu handeln? Solche Fragen fordern auch eine bestimmte Handlung beziehungsweise legen die Wortwahl fest.

Dazu ein Beispiel von einer Lufthansa-Pressekonferenz, in der Mayrhuber süffisant angegangen wird: »Ihr Gehalt ist ja im Vergleich [zum Deutsche Bank-Chef] nicht so üppig. Fühlen Sie sich unterbezahlt?«[611] Das ist eine der seltenen persönlichen Fragen, zudem eine Entscheidungsfrage. Mayrhuber hebt an und spricht länger als eine halbe Minute von »Gesprächen mit der Gewerkschaft«, sagt, alle hätten ein »gemeinsames Ziel« und seien eine »lebendige Mannschaft«. Es ist stets das Publikum, welches bestimmt, ob die Sätze eine Antwort waren oder nicht. Hier fragt einer nach: »Was denn jetzt? Fühlen Sie sich unterbezahlt?« Mayrhuber antwortet endlich knapp: »Nein, ich fühle mich nicht *unterbezahlt*.« Eine Aussage wirkt wie eine Antwort, wenn sie auf die Agenda eingeht und zuerst einmal bestimmte Anschlüsse besitzt. Wer mit einem »weil« beginnt, will an das

609 Schopenhauer, *Eristische Dialektik*, S. 67

610 Vgl. Clayman/Heritage, *News Interview*, S. 196ff

611 Journalist, Lufthansa-Bilanzpressekonferenz 2004, Mitschrift. Folgezitate von derselben Veranstaltung

Fragewort »warum« anschließen, wer ein Schlüsselwort wiederholt, betont den vom Sprecher als Kern eingeschätzten Teil der Frage. Beim oben angeführten Beispiel war es der Begriff »unterbezahlt«.

Wer nicht antworten, sondern ausweichen will, muss das Manöver gekonnt maskieren. Es gibt drei Varianten, die im Folgenden dargestellt werden: Der Sprecher kann sich an die Frage anschließen, indem er erstens Schlüsselwörter umformuliert und dann über etwas anderes spricht oder zweitens die Frage paraphrasiert oder drittens die Zeitform ändert und ihr damit eine andere Dimension gibt.[612]

Der Anschluss an die Frage mit einem *umformulierten Schlüsselwort* ist beim CFO von Siemens zu beobachten. Er wird gefragt: »Wie hoch sind die Restrukturierungskosten?« Er antwortet: »Sie haben dann gefragt nach der Restrukturierung [...] wir haben einen hohen dreistelligen Millionen-Betrag zur Restrukturierung verwandt. [...] Weiterer Schwerpunkt war natürlich das Com-Geschäft [...].«[613] Dann betont er, dass er, wie der CEO auch, Handlungsbedarf sehe, spricht von gewissen Effekten, positiven Effekten und wieder vom Millionenbetrag. Der Journalist lässt nicht locker: »Ne Nachfrage. Den hohen dreistelligen Millionenbetrag konnt' ich mir jetzt selbst ausrechnen. Können Sie das konkretisieren?« CFO leicht pampig: »Wenn wir das hätten machen wollen, dann hätten wir das auch gemacht. Dass er aber über 500 Millionen liegt, davon können Sie ausgehen.«

Hier wird das Schlüsselwort wiederholt und gleichzeitig verdreht. Der Journalist hatte nicht gefragt nach der »Restrukturierung«, sondern nach den »Restrukturierungskosten«. Das Umdeuten kann Freiraum schaffen, über den Vorgang an sich zu sprechen und nicht auf den Kern der Frage eingehen zu müssen. Für ein Neuformulieren von Fragen bietet sich die Situation der Versammlungen eigentlich per se an, denn meist wird die halbe Frage wie im Beispiel noch einmal wiederholt, da die Wortmeldungen aus mehreren Teilen bestehen und verzögert beantwortet werden. Hier fiel das Ausweichmanöver aber auf.

Freiräume zu schaffen durch *Paraphrasieren* der Fragen beherrscht der Dauersprech-Rekordhalter der Pressekonferenzen, BMW-Boss Panke. Bei ihm sind die Antworten mehr als fünf Mal so lang wie die Fragen, Durchschnitt bei den anderen CEOs ist der Faktor vier. Ausgehend von fast beliebigen Stichworten redet Panke lange, wirkt aber nicht langweilig, weil

612 Vgl. Clayman/Heritage, *News Interview*, S. 246ff

613 Heinz-Joachim Neubürger, Finanzvorstand, Siemens-Bilanzpressekonferenz 2005, Videotranskript

er plakative Bilder und Vergleiche einbaut und die Zuschauer direkt – auch zu Beginn mit Namen[614] – anspricht. Gefragt, warum er so »optimistisch« über die Geschäftsentwicklung des Premium-Marktes sei, wiederholt er das Wort und dramatisiert zu »notorisch optimistisch«. Anschließend kündigt er einen »kleinen Exkurs« an – ein klassisches Mittel, das Ausschweifungen legitimiert[615] – und spricht geschlagene sieben Minuten lang über die »soziologische Verhaltensseite«, die sich auch im Unterscheidungskennzeichen zeige. Wer unter den Journalisten, fragt Panke, trage denn schon eine Uhr für 10 Euro? Genauso sei das mit den Autos.[616] Zwischendrin spricht er die »erfolgreiche« Zuhörerschaft direkt und schmeichelnd an. Man könnte sogar sagen, der Redner wird vage, weil er keine der üblichen Zah-

614 Panke beginnt viele seiner Ausführungen mit einem persönlichen Dank: »Vielen Dank, Herr Eschment. Es ist so, dass wir im vergangenen Jahr in China [...].« Eine direkte Ansprache scheint, selbst wenn sie floskelhaft ist, den Interviewer ernst zu nehmen. Bei Hauptversammlungen wird sie vorangeschickt, weil der zum Redebeitrag gehörende Name auf dem Antwortmanuskript steht, bei Presse- und Analystenkonferenzen ist das aber nicht besonders häufig. Obwohl die Namen meist bekannt sind, denn die Regie aus der Unternehmenskommunikation zeichnet Sitzplanlisten, der Moderator besitzt eine Redeliste oder der Fragende hat ein Namensschild auf dem Tisch.

615 Vgl. Clayman/Heritage, *News Interview*, S. 264. Besonders gut lässt sich das bei Politikern im Wahlkampf im Fernsehen sehen. Da werden Abweichungen immer gerechtfertigt, um den eigenen Auftritt zu legitimieren. Besonders bei Interviewrunden mit mehreren Teilnehmern wird angemerkt, dass der Vertreter der anderen Partei darüber schon etwas hätte sagen dürfen und man selbst dürfe, nein *müsse* jetzt der Fairness halber auch so einiges beitragen, selbst wenn es nicht mehr genau zur aktuellen Frage passt.

616 Helmut Panke, BMW-Bilanzpressekonferenz 2005, Videotranskript: »Das erste war, warum wir immer noch, oder warum wir so notorisch optimistisch sind hinsichtlich der künftigen Entwicklung des Premium-Marktes. Es ist so, dass man sowohl von der soziologischen, gesellschaftlichen, und Verhaltensseite kommen kann als auch von dem, was im Markt geschieht. Ich mach' mal kurz so 'nen Exkurs in Richtung, was die Soziologen hinsichtlich Werte, hinsichtlich Aufstiegsverhalten, Aufstiegsinteresse, und wie sich die äh Bürgerinnen und Bürger in den großen Märkten differenzieren wollen, da gibt es ungebrochen in allen Teilen der Welt den Trend [fuchtelt mit der rechten Hand], dass erfolgreiche Frauen und Männer das letztlich auch über ihr Konsumverhalten zeigen. Und dazu gehört auch Automobilkauf. Und insofern, also dieses Differenzieren vom Nachbarn, von der Nachbarin und Zeigen: Ich hab mehr erreicht. Ich belohne mich auch fast mit dem [gestikuliert], was ich da kaufe. Das ist nicht nur – und da können wir auch in den Raum mit Ihnen als erfolgreiche Journalisten und Journalistinnen kucken – wer trägt denn eine Uhr, die weniger als 20 Euro gekostet hat? Die sagt genauso die Zeit. Ich sage, wir finden wahrscheinlich weniger Uhrenträger, die also eine 15 Euro-Uhr anhaben als jemanden, der eine Uhr über 500 Euro Einstandspreis anhat. Das ist im kleinen Gebiet genau dasselbe und das ist im Automobilmarkt unverändert weiter so. Dass man erstmal kuckt, was eigentlich in der Automobilwelt geschieht [...].«

len erwähnt, die sonst gern als Indikator für Entwicklungen dienen, sondern den Sachverhalt ins Allgemeine redet.

Die Überzeugungskraft wird unterstützt von rhetorischen Stilmitteln. Beispielsweise ignoriert der BMW-Chef generell andere Markennamen und die mit ihnen verbundenen positiven Bilder wie den funkelnden Mercedes-Stern. Es gibt die »Wettbewerber in Stuttgart«[617] anstelle von Daimler-Chrysler, »unsere asiatischen Kollegen« steht für Toyota, Audi wird zum »near competitior out of Ingolstadt«[618]. Diese Antonomasie transportiert eine Geringschätzung und ist vor allem aus der Politik bekannt, man erinnere sich etwa an den Schröder'schen Wahlkampf-Spott über den »Professor aus Heidelberg«, den Finanzexperten der Gegenkandidatin. Dabei wird auch die performative Funktion von Worten deutlich, sie haben Handlungscharakter und können ein Mittel der Verachtung und Ausgrenzung sein. Dafür bedarf es nicht mal der illokutionären Dimension, bei der der Konkurrent mit klar erniedrigenden Begriffen bedacht wird. Es reichen Spitzen wie: »Sie können sich für die sportliche Alternative von BMW, für die, die selber fahren wollen, und eher die, naja, mir ist es wurscht wie, ich-werde-gefahren-Alternative der anderen entscheiden.«[619]

Eine andere Form des Paraphrasierens findet sich bei Ackermann, der auf eine Frage hin nicht vom Stellenabbau spricht, sondern von den Revenues. Der Journalist fragt:

»Was den Stellenabbau betrifft, ähm, Sie sagen, dass 2.700 Stellen im CIB [Corporate und Investment Banking] und PCAM [Privatkunden und Vermögensverwaltung] abgebaut werden. Können Sie ein bisschen präziser sagen, wie viele im CIB fallen und wie viele im PCAM? Und auch, ähm, WO geografisch dieser Abbau stattfindet? Meist in London und New York vermute ich, aber wenn Sie sagen könnten?«

[Ackermann:] »Ja gut. Ich meine, Ihre Frage hat wahrscheinlich einen sehr berechtigten Hintergrund. Geht das zu Lasten der Marktpositionierung oder geht das zu Lasten der Revenues? Und da ist die Antwort natürlich klar: Nein. Ich habe Ihnen ja geschildert, dass wir Überlappungen haben. Im Coverage-Modell haben wir zu viele Stellen gehabt. [...] Werden wir damit weniger Revenues haben? Nein, überhaupt nicht, wir werden MEHR Revenues haben. [...] Ich möchte jetzt nicht im Detail sagen, wie viele in London, wie viele in New York ähm, es ist so, dass

617 Helmut Panke, BMW-Bilanzpressekonferenz 2005, Videotranskript
618 Ders., BMW-Analystenkonferenz 2005, Videotranskript
619 Ders., BMW-Bilanzpressekonferenz 2005, Videotranskript

alle Regionen betroffen sind, aber natürlich nicht so, dass wir das Gefühl haben, da irgendwie Revenues zu verlieren. Ganz im Gegenteil.«[620]

Der Banker wiederholt die Frage nicht, sondern stellt sich einfach seine eigene und wiederholt diese mehrmals, führt sie dabei weg von der Personaldebatte und hin zur Zahlendiskussion. In seiner Einleitung spricht von einem »sehr berechtigten Hintergrund«, das kann kooperativ aussehen und ist vor allem als Bindeglied nötig, um das Folgende überhaupt zu legitimieren. Er schließt gekonnt mit einer seiner Sache dienlichen positiven Zusammenfassung.[621]

Eine andere Methode neben dem Wortwechsel ist der *Zeitwechsel*. Kaum ein Manager möchte, wie schon bei der Analyse der Rhetorik der Reden klar wurde, ausführlich über Missmanagement sprechen. Solches unterstellt eine negativ getönte Frage einer Reporterin der Business Week auf einer DaimlerChrysler-Pressekonferenz, die einen Kontrast zwischen Luxusmarke und Massenware enthält. Die Reporterin liest die sorgfältig ausformulierte Frage Wort für Wort von ihrem Notizblock ab:

»You said you were satisfied with the overall results of the company and that they show that the strategy is working. Seven years since the merger with Chrysler, DaimlerChryslerGroup with its luxury car advantage of Mercedes earned an operating profit, if I did my maths correctly, lower than there were no group. Could you explain why after seven years the group profit at DaimlerChrysler is less than a group profit at a mass market brand which seems to be very well managed? «

[Schrempp antwortet:] »Sie sprechen wahrscheinlich von 'nem Ergebnis, dass Renault mit großer Unterstützung von Nissan neulich vorgelegt hat. Dieses Ergebnis ist in der Tat, und zwar für das abgelaufene Geschäftsjahr. Dieses Ergebnis ist in der Tat besser, aber wir versuchten Ihnen heute darzustellen dass wir, und wir haben's auch gesagt, dass wir mit 5,8 Milliarden Euro für die Gruppe nicht zufrieden sind. Wir haben versucht, Ihnen darzustellen, wo es dieses Jahr gehapert hat, das ist im Wesentlichen natürlich äh der Ergebnisreduzierung bei der Mercedes Car Group, wir haben versucht, darzustellen wie wir das korrigieren. Da sind wir auch überzeugt, dass wir das können. Wir haben Ihnen dargestellt auch welche Ergebnisbelastungen wir im Jahre 2004 im Sinne von Toll Collect äh, Fuso, teilweise Mitsubishi, teilweise Restrukturierungskosten, da wäre noch bei Chrysler

620 Deutsche Bank-Bilanzpressekonferenz 2005, Videotranskript

621 Eine Antwort kann positiv wirken, wenn der letzte Satz bejahend ausklingt und der Redner sein Gewicht noch persönlich einbringt. Sogar soziale Dramen wie Konkursfälle der Firma Walter Bau, nach der Ackermann gefragt wird, können so wirken, als wären sie bloße Binärzahlen. Ackermann sagt knapp: »Also gut, äh, eine, eine Auskunft. Walter Bau ist zwei-null-vier erledigt. Wertberichtigt. Hat keine zwei-null-fünf-Auswirkungen aus heutiger Sicht.« (Deutsche Bank-Bilanzpressekonferenz 2005, Videotranskript)

hatten, wie das Ergebnis belastet wurde, und wir sind absolut zuversichtlich dass wir und ich hab das ja für die folgenden Jahre 2006, 2007 ausgeführt, dass wir deutlich unsere Ergebnisse steigern können, und ich glaube, wenn wir uns dann wieder sprechen, sehen die Zahlen anders aus.«[622]

Schrempp sagt als erstes, Renault habe es nicht alleine geschafft, und schwächt so den Kontrast ab. Dann übernimmt er scheinbar volle Verantwortung um sie dann teilweise auf externe Faktoren wie das Mautsystem Toll Collect zu schieben und wechselt dann die Zeit. So erscheint das Problem der Vergangenheit anzugehören, der Fokus liegt auf dem Jetzt, wo es heißt: »Wir sind überzeugt, dass wir das können.« Dazu kommt noch ein zukunftsorientiertes Versprechen, bis zum Jahr 2007 besser zu werden, was die zeitliche Orientierung im Gespräch noch weiter verändert.

Kurze Repliken und Witzeleien

Zum Antworten kann sich der Firmenchef auch kurz fassen. Dieses Manöver eignet sich als Reaktion auf einfach aufgebaute Fragen, die zwar formal als wenig angriffslustig gelten, aber auch sehr entblößend sein können. So wie die allererste Wortmeldung bei einer Deutsche Bank-Pressekonferenz, die völlig unerwartet sehr direkt die Stille unterbricht und das Publikum zu überraschtem Lachen veranlasst. »Doktor Ackermann. Waren Sie überrascht, als man Sie noch einmal zum Vorstandsvorsitzenden gewählt hat? [Erstaunte Lacher]«[623] Der Deutschbanker kontert ebenfalls knapp und souverän: »Nein, ich war nicht überrascht.«

Bündige Antworten verblüffen die Zuschauer zuerst einmal. Das gilt im interkulturellen Kontext, beispielsweise antwortet Jürgen Schrempp auf einer Vodafone-Hauptversammlung knapp auf eine Frage einer Aktionärin, der auffällt, dass er als einziger keine Unternehmensaktien besitzt: »Well I think, äh, that was a good comment and I am going out and buy some shares.«[624] Das Publikum lacht. Schrempp wartet eine Sekunde, klappt das

622 DaimlerChrysler-Bilanzpressekonferenz 2005, Videotranskript

623 Journalist, Deutsche Bank Bilanzpressekonferenz 2006, Mitschrift

624 Vodafone-Hauptversammlung 2004, Videotranskript. Aktionärin: »I noticed that, from the annual report, Professor Schrempp does not appear to hold any shares in Vodafone. Now obviously, all the– all the board apart from him are suffering through the share price, but he doesn't seem to be. Is there any reason why he doesn't have any shares after joining us on the board?« Chairman: »I think you can probably ask him that ques-

Mikrofon runter, grinst dabei. Das Lachen im Publikum ist, wie schon gesagt, sehr selten, und bedeutet nicht, dass die Antwort »witzig« war. Sondern das Verhalten ist so rar und unüblich, dass es auf Humor stößt. Es ist das einzige Mal, dass die Bühne eine klare Antwort auf eine Aktionärsfrage liefert, eine Antwort, die direkt auf die spezifische Frage eingeht und sie als legitim wertet – obwohl die Antwort genauso gut eine Lüge sein kann.

Normalerweise wird erwartet, dass der Befragte sich erklärt und länger ausholt als die Frage.[625] Knappe Antworten können deshalb ein Hinweis auf Resistenz sein und darauf, dass der Inhalt als unangenehm empfunden und umgangen wurde.

Es gibt noch den so genannten *Kennedy quip* – inspiriert von so manch geistreicher Bemerkung des amerikanischen Präsidenten – mit dem sich die Antwort verweigern lässt, ohne sagen zu müssen: Ich werde darauf nicht antworten.[626] Mit einer souverän gesetzten Witzelei reagiert der Chef eines MDax-Unternehmens auf einer Hauptversammlung, als er nach der Höhe seiner Bezüge gefragt wird. »Das kann ich nicht offen sagen, sonst weiß ja auch meine Frau, was ich verdiene und will was ab.«[627] Tatsächlich antwortet ihm freudiges Gelächter aus dem Publikum und die Diskussion ist vorerst beendet. Was in dieser Situation gut wirkt, wirkt an anderem Orte sogar noch erheiternder. Christian Strenger, Aufsichtsratsmitglied einer großen Fondsgesellschaft und Mitglied der Corporate Governance-Kommission, hat alles mitgeschrieben und zitiert diese Begebenheit bei seiner Rede bei der Hauptversammlung der Deutschen Börse. Wieder gibt es Lacher, der Vorstand der Börse, der die Gehälter offen legt, wirkt besser, die andere Aktiengesellschaft wird lächerlich gemacht.

Eine Variante davon ist die *limited access*-Antwort: Bei diesem Manöver werden persönliche Informationen angeführt, die nicht ad hoc nachprüfbar und kaum angreifbar sind, aber die Aufmerksamkeit vom Eigentlichen ablenken.[628] Schrempp beispielsweise verniedlicht die beißende Kritik an seiner Misswirtschaft mit dem Geständnis, dass das Einzige, was ihn derzeit um den Schlaf bringe, sein Säugling sei.[629] Von Ackermann erfährt der

---

tion afterwards. But, no non-executive director does have– does have an obligation to buy shares. [Blickt zu Schrempp] You gonna, if you want to say anything?«

625 Vgl. Clayman/Heritage, *News Interview*, S. 252

626 Vgl. Sacks, *Lectures on conversation*, S. 52

627 Horst Enzelmüller, Techem-Hauptversammlung 2003, Mitschrift

628 Vgl. Clark/Drew/Pinch, »Managing customer ›objections‹«, S. 453

629 Vgl. Busse, »Schrempps Welt«, S. 25

Aktionär unüberprüfbare Geschichten aus der Privatkasse, die er mit Beifall honoriert:

»Ich habe für einen Kindergarten damals eine halbe Millionen Mark gegeben. Jeder von uns, der viel verdient [dabei setzt er seine distanzierende Brille ab und schaut dem Publikum mit verkniffenen Lippen ganz tief in die Augen], gibt etwas. [Applaus]. Gehen Sie bitte davon aus, dass das Bild, was von uns gezeichnet wird, nicht ganz der Realität entspricht.«[630]

Wie sich Antworten verweigern lassen

Die Antwort offen zu verweigern ist die deutlichste Art, Widerstand gegenüber einer Frage zu zeigen, und vielleicht der stärkste Regelverstoß im Gesicht wahrenden Hin und Her des Interviewspiels.[631] Manchmal will die Bühne auch nichts sagen, weil sie Wettbewerbsnachteile befürchtet. Der Nachteil dabei: Jeder merkt, dass der CEO entweder nichts weiß oder etwas zu verbergen hat. Der Vorteil ist, dass kein weiterer Fehler gemacht wird.

Eine unterstützende Inszenierungstaktik ist hierbei das Lächeln. Beispielsweise weigert sich der BASF-Finanzvorstand, zu einem Unternehmensverkauf noch etwas zu sagen, und dies wird abgemildert, weil der CEO gleichzeitig verhalten ins Publikum lächelt. So lassen sich Verweigerungen gut vermitteln, auch in anderen Verkaufssituationen.[632] Dieser Mechanismus im Beziehungsmanagement hilft auch Schrempp, dessen Replik auf die Frage nach einer konkreten angepeilten Zahl lautet: »Herr Holler, wir kennen uns doch lang genug. Dass Sie das jetzt fragen finde ich richtig und gut, das ist Ihr Job. Und dass ich das nicht konkret beantworte ist auch richtig und gut, das ist mein Job. Ich glaub', die Prognose ist das Beste, was wir jetzt sagen können [lächelt].«[633] Der Sprecher baut wieder eine Brücke mit der freundlichen Mimik und legt dem Fragenden implizit nahe, er möchte doch friedlich die Rollen wahren.

Falls die Bühne die Antwort verweigern will, versucht sie das in der Regel auf höfliche Art und Weise. Die Manager liefern eine Erklärung mit, warum sie nichts sagen könnten, und weisen die Frage nur ganz selten

630 Josef Ackermann, Deutsche Bank-Hauptversammlung 2004, Mitschrift
631 Vgl. Clayman/Heritage, *News Interview*, S. 264
632 Vgl. Mulkay/Clark/Pinch, »Laughter and the Profit Motive«, S. 351
633 Jürgen Schrempp, DaimlerChrysler-Bilanzpressekonferenz 2004, Videotranskript

strikt zurück. Von dieser Taktik, trotz Verweigerung die Reputation als Experte zu wahren, gibt es einige Varianten, die alle eine Gemeinsamkeit besitzen, welche schon in der Schrift-Rhetorik der Reden zu finden war: Der Manager macht äußere Umstände für sein Unvermögen verantwortlich. So setzt auch Schrempp noch hinzu: Die Verkaufszahlen und die Wachstumsprognose seien beeinflusst von »Unwägbarkeiten, mit denen wir es zu tun haben«[634], und weil er seriös bleiben wolle, könne er vor diesem Hintergrund keine genaue Prognose abgeben. Es fehlen also erstens Informationen, und es ist somit zeitlich zu früh für eine Aussage.

Ähnlich verwehrt sich auch Ackermann stets wiederkehrenden Fragen nach der Höhe der variablen Bonuszahlungen[635] für Management-Mitglieder und Investmentbanker. Der Vorstandsvorsitzende antwortet: »Das ist eines der bestgehüteten Geheimnisse. Dazu sagen wir nichts.«[636] Hinter dieser Strategie steht wieder der Verweis auf die Umwelt: Alle in der Bank und in der Branche hüteten dieses Geheimnis. Zweiter Aspekt: Er verweist auf eine Tradition der Beantwortung und betont, man sage nie etwas dazu und hätte das auch noch nie. Das entpersonalisiert, lässt die Aussage nicht wie eine eigentümliche Antwort auf eine bestimmte Frage eines bestimmten Journalisten wirken und nicht aggressiv, sondern einfach wie eine gängige Richtlinie.[637]

Werden die Vorstandsvorsitzenden nach einem anderen Unternehmen oder Kollegen gefragt, was selten passiert, wird es akzeptiert, dass sie einfach sagen, sie wollten sich dazu nicht äußern. Fragen nach der möglichen Börsenfusion werden bei BMW und SAP mit einem Schulterzucken beantwortet und dem Verweis, man wolle sich selbst als Emittent zurückhalten. Schrempp hingegen will zwar keinen Kommentar zum Toyota-Management abgeben, denn er kenne die »Personen zum Teil gar nicht oder nicht genau«[638], sagt dann aber doch, dass der Konzern »hervorragend

634 Ebd.

635 Nach einer letztinstanzlichen Entscheidung des Oberlandesgerichts Frankfurt am 30. Januar 2006 teilte die Bank dem klagenden Betriebswirtschaftsprofessor Ekkehard Wenger mit, dass die sieben Spitzenbanker, die nicht im Vorstand sitzen, sondern im Group Executive Committee, 2003 zusammen 90 Millionen Euro kassierten. Das Finanzinstitut hatte entsprechende Fragen bei der Hauptversammlung 2004 nicht beantwortet. Vgl. Reimer, »Weniger Boni«, S. 20

636 Josef Ackermann, Deutsche Bank-Bilanzpressekonferenz 2006, Mitschrift

637 Vgl. Clayman/Heritage, *News Interview*, S. 268

638 Jürgen Schrempp, DaimlerChrysler-Bilanzpressekonferenz 2005, Videotranskript. Folgezitate

gemanaged« sei, und hat auch auf Frage, ob Ackermann zu Recht der Buhmann der Nation sei, eine Meinung:

»Ich kenne Herrn Ackermann als höchst integre Persönlichkeit, er ist ein absolut ausgezeichneter Fachmann. Und äh, ich erlaub' mir das einfach mal, wenn ich die nationale und internationale Bankenlandschaft anschaue, dann glaube ich, ist die Deutsche Bank gut beraten zu versuchen, ihr Ertragsniveau deutlich zu steigern. Ich glaub', Herr Ackermann hat ausgeführt, dass, wenn dieses nicht erfolgen würde, die Konsequenzen möglicherweise auch außerordentlich negativ für den Standort Deutschland wären. Insofern kann ich das sehr nachvollziehen was er gesagt hat.«

Hier wird deutlich: Sobald es nicht um einen selbst geht, kann der Manager zugeben, dass er nichts weiß. Zudem äußert er sich lobend über den Kollegen, der zufällig die gleichen Ansichten über Profitsteigerung und Orientierung am Shareholder Value vertritt. Diese Haltung wäre undenkbar in der konfrontativen Politik, nützt aber als Gentleman's Agreement der ganzen Manager-Kaste und ihren durchweg ähnlichen Sichtweisen.

Freundliche Abwehrstrategien auf Angriffe

Pressevertreter und professionelle Investoren werden nie konfrontativ mit Gegenfragen angegangen, wie man es oft bei Interviews mit Politikern beobachten kann, vielmehr begegnen die Manager ihren angriffslustigen Vorstößen mit freundlichen Abwehrstrategien.

Höflichkeit und Förmlichkeit als zeremonielle Heuchelei sind auch Schutzmechanismen des Selbstwerts. Höchstens Aktionäre[639] und deren Vertreter werden mal verulkt, beispielsweise: »Danke für Ihren überaus engagierten Beitrag. Sie haben viel und lange geredet. Eine einzige Frage ist

639 Kleinanleger werden allerdings auch mal ausfallend, beizeichnen Vorstände als »Egomanen und blendende Selbstdarsteller« (Hegmann, »Aktionäre zweifeln an Gesundung der HVB«, S. 20) oder als »Versager«. Gezielte Provokationen so genannter »räuberischer Aktionäre« können zu unzulässigen Antworten führen, die einen Ansatzpunkt für Anfechtungsklagen liefern. Diese Taktik als Ausdruck von Ärger oder Resignation ist Schopenhauers (aller)letzter Kunstgriff, das *argumentum ad personam:* »Das Persönlichwerden besteht darin, daß man von dem Gegenstand des Streites (weil man da verlornes Spiel hat) abgeht auf den Streitenden und seine Person irgend wie angreift.« Schopenhauer, *Eristische Dialektik*, S. 71

dabei heraus gekommen.«[640] Clayman und Heritage haben beobachtet, dass die Neutralität des Interviewers in solchen Situationen üblicherweise aufrechterhalten, wenn nicht bestärkt wird, und Bühne und Saal in einem gemeinsamen Schauspiel kollaborieren.[641] Auch Kritik am Fragenden würde nicht gut wirken, da es bedeutete, der Vorstand habe dessen »neutrale« Berufsrolle nicht begriffen.

Passiert so etwas doch einmal, wird die Situation mithilfe anderer Ensemblemitglieder sofort entschärft. Bei einer Analystenkonferenz der Altana scheint einem Vertreter einer Landesbank nicht zu gefallen, dass sich der CEO in seiner Eröffnungsrede über den Wahlsieg des republikanischen US-Präsidenten George W. Bush gefreut hatte. Er fragt betont trocken: »If you are so glad Bush won, did you sponsor is campaign? [Gelächter im Publikum, das erste und einzige Mal.]«[642] Schweickart versucht, mit seinem ausbaufähigen Englisch zu kontern: »Your first question was not a question, it was a provocative remark!« Der Pressechef registriert die aufkommende Peinlichkeit und nimmt ihn schnell und humorvoll in Schutz: »If we had sponsored it – it was billions – you would not have seen these figures today!«

Ein Beispiel von besser unterdrücktem Missfallen ist die Reaktion von Klaus Kleinfeld, der mit einer etwas vagen Frage und falschen Feststellung konfrontiert wird: »Herr Kleinfeld, zu ihrer Innovationskraft. Es herrscht trotz nachgewiesener hoher Ausgaben die Ansicht, dass Innovation für Siemens Zukäufe bedeutet [...].«[643] Darauf hin äußert Kleinfeld seinen Unmut, lässt zumindest diskret den Namen und die Zeitung des Reporters weg, um mit einem *argumentum ad rem* zu kontern:

»Und ehrlich gesagt, es hat mich – es kam von Ihnen hier [er piekst mit dem Zeigefinger nach rechts vorne ins Publikum], es hat mich sehr getroffen, was Sie gesagt haben! Und da denke ich, dass wir da noch mal Ihnen die Chance geben sollten,

---

640 Werner Seifert, Deutsche Börse-Hauptversammlung 2003, Mitschrift. Nur ein einziges Mal in den hier angestellten Beobachtungen hatte ein australischer Chairman einen Aktionär verbal angegriffen, das aber mit dem bevorstehenden Ruhestand gerechtfertigt. Ian Burgess: »I really should say I am taking no notice of you whatever. What you have said is a lot of emotional rubbish. As usual I should say. [...] I am pleased to be able to say that because I am retiring. And what goes on on your website is usually rubbish, too [erstauntes Lachen im Publikum].« WMC-Hauptversammlung 2003, Videotranskript

641 Vgl. Clayman/Heritage, *News Interview*, S. 162ff

642 Analyst, Altana-Analystenkonferenz zum dritten Quartal im Jahr 2004, Mitschrift. Folgezitat Vorstandsvorsitzender, danach Thomas Gauly, Pressesprecher

643 Journalist, Siemens Bilanzpressekonferenz 2005, Videotranskript. Folgezitat Vorstand.

sich das bei uns anzuschauen. Wenn Sie sagen, dass Siemens' Innovation dafür steht, das Firmen zugekauft werden. Also, das ist nun genau NICHT so. Sondern Siemens hat und wird immer dafür stehen, dass die größten Innovationen aus unserm eigenen Hause kommen.«

Auch auf angriffslustige Interviewstrategien hin werden die Fragenden nicht persönlich kritisiert. Diese feindseligen Strategien versuchen, Widersprüche beim Befragten auszumachen und erschweren es ihm, konsistent zu erscheinen, was ein Selbstdarsteller nach Goffman unbedingt sein müsste.[644] Schopenhauer bezeichnet diesen Kunstgriff als *argumentum ad hominem*: »Bei einer Behauptung des Gegners müssen wir suchen ob sie nicht etwa irgendwie, nöthigenfalls auch nur scheinbar, im Widerspruch steht mit irgend etwas das er früher gesagt oder zugegeben hat [...].«[645] Der Interviewer kann das auf zwei Arten erledigen: Erstens kann er vor dem Publikum auf Widersprüche zwischen Sprechen und Handeln der jeweiligen Person aufmerksam machen; zweitens kann er feststellen, dass der Befragte nicht zu anderen aus seiner Gruppe passt, also vom gültigen Rollenmodell abweicht.[646]

Für die erste Strategie zitiert der Interviewer den Sprecher persönlich und macht damit Unvereinbarkeiten in seinen Aussagen deutlich. Mit solchen Widersprüchen wird Ackermann konfrontiert: »Herr Ackermann, was mich ein bisschen wundert, den ganzen Tag heute, Sie reden die ganze Zeit über Wachstum, wenn ich mir aber Ihre Zahlen ankucke, schrumpft aber eigentlich alles, bis auf den Gewinn. Seitdem Sie am Ruder sind, schrumpft die Marktkapitalisierung, schrumpfen die bereinigten Erträge.«[647] Ackermann sagt lächelnd und indirekt, dass das Unsinn sei, gibt ihm im zweiten Teil aber mit einer Freundlichkeitsstrategie Recht, stellt so seine Professionalität nicht in Frage.

---

644 Vgl. Goffman, »On Face-Work«, S. 11

645 Schopenhauer, *Eristische Dialektik*, S. 42

646 Vgl. Clayman/Heritage, *News Interview*, S. 229. Kontraste benutzen Journalisten auch, um aus dem Vorstand eine Antwort heraus zu bekommen, und damit verwandt ist das Vorgehen, den Befragten vor ein Dilemma zu stellen, ihn zwischen mehreren Alternativen wählen zu lassen, hinter denen er durchweg nicht steht. Bspw. Journalistin, BASF-Bilanzpressekonferenz 2005, Videotranskript: »Could you share with us any flaws or weaknesses in this model or has BASF already attained perfection?« Der Aufbau verleiht dem Interview ein wenig Wettkampfcharakter. Der Vorstand muss entweder Schwächen zugeben oder der vermessenen Feststellung zustimmen, das Geschäft wäre perfekt. Er muss also antworten.

647 Journalist, Deutsche Bank-Bilanzpressekonferenz 2005, Videotranskript. Folgezitat Vorstandsvorsitzender

»Wir haben, wenn Sie die Zahlen der letzten Jahre anschauen, natürlich ein ganz beträchtliches Ertragswachstum gehabt. Ich weiß nicht, wie Sie das berechnen. [...] Mich erstaunt es natürlich, wenn man sagt, wenn man kritisch sagt, alles ist geschrumpft außer dem Gewinn, [lächelt] wir werden bezahlt – oder unser Auftrag ist, auch vom Aufsichtsrat, den GEWINN zu steigern, und nicht den Ertrag und nicht die Kosten und auch sonst nichts. Sondern den Gewinn und dadurch, dass der Gewinn gestiegen ist, haben wir auch eine bessere Bewertung, Sie haben es ja gerade selbst angesprochen.«

Der Banker versteht es auch, Analysten sanft auf die Sprünge zu helfen: »I think it is clear among *this group of talents* that it is not our strategic target and it's not a life and death situation, and [Pause 1.0, zieht die Brille ab] even in the Eighties when I still was in Switzerland, 15 percent after tax ROI [zieht die Brille wieder auf] was almost standard.«[648] Hier hat sich der Vorstand mit »blauäugiger« Gestik entschlossen, dem anderen leicht ironisch, aber mit schönster Höflichkeit »die Sache so ins Maul [zu] schmieren, daß er sie *nolens volens* verstehen muß und klar wird, daß er sie vorhin wirklich nicht verstand.«[649]

Die andere feindselige Strategie vergleicht eine Person mit ihrer Gruppe und ist als *split-hunting* besonders in den britischen Politik-Nachrichten verbreitet, weil dort auf Parteitreue besonders viel Wert gelegt wird.[650] Mit dieser Taktik werden die Manager sehr selten angegangen, außer in unpersönlicher Form, wenn ein Vergleich über andere Unternehmen aus der Branche gezogen wird. Eine persönliche Variante dieses Angriffs ist an den BASF-Vorstand gerichtet und lautet: »Your pay, Gentlemen! Would you prefer to wait for legislation to force you to reveal your pay or will you do what Degussa is doing up the road in Düsseldorf?«[651] Die Vorstände der anderen Chemie-Firma legen ihre Gehälter bereits offen. Die Reaktion des BASF-Chefs ist, dass er dem Reporter nicht widerspricht, sondern dem Thema praktisch die Relevanz abspricht, indem er betont, das Ganze trage »nur zur Neiddebatte ohne Zusatzwert« bei. Hier ahnt man, warum *split-hunting* bei den Investorenkonferenzen wenig verbreitet ist. Die Gruppe der deutschen Topmanager gilt im Allgemeinen nicht gerade als Vorbild, wird mal als Nieten in Nadelstreifen bezeichnet und mal als Arbeitsplatz- und Kapitalvernichter, von Investoren der

648 Josef Ackermann, Deutsche Bank-Analystenkonferenz 2005, Videotranskript

649 Schopenhauer, *Eristische Dialektik*, S. 61

650 Clayman/Heritage, *News Interview*, S. 226

651 Journalist, BASF Bilanzpressekonferenz 2005, Videotranskript. Folgezitat Vorstandsvorsitzender

Untreue verdächtigt. Da bringt es wenig, den Schlechteren mit dem Schlechten zu vergleichen.

Umgang mit Unterstellungen

Die Untersuchung zeigt, dass CEOs bei Presse- und Analystenkonferenzen mit tendenziösen Formulierungen konfrontiert werden und versuchen, betont nüchtern zu reagieren. Provokationen sind die Darstellung des gescheiterten Unternehmensprojekts als »Debakel«[652] und Feststellungen wie: »Sie wissen ja, dass Geschäft blutet, massiv derzeit.«[653] Die Sprache ist wie alle Formen der Selbstdarstellung auch bei Journalisten nicht neutral. Schopenhauer hatte das in der eristischen Dialektik folgendermaßen umrissen: »Ein Redner verrät oft schon im Voraus seine Absicht durch die Namen, die er den Sachen giebt. – Der Eine sagt ›die Geistlichkeit‹ – der andere ›die Pfaffen‹. Unter allen Kunstgriffen wird dieser am häufigsten gebraucht, instinktmäßig.«[654]

Hinzu kommen noch weitere Unterstellungen, die eine Frage sehr bösartig machen. Man erinnere sich an die bekannte Anekdote vom hinterhältigen Interviewer, der seinen Gast fragt: »Wann haben Sie aufgehört, Ihre Frau zu schlagen?« Ähnlichen Konstruktionen setzen den Befragten unter Druck, weil er gegen die Vorgaben angehen und sich rechtfertigen muss.[655] Wie gehen die CEOs damit um? Ein Beispiel:

»Herr Schrempp, auch noch mal zwei Fragen zu Toll Collect. Nach dem Scheitern der Verhandlung spricht man in Deutschland von Desaster, gar von Lachnummer. Ist es ihnen nicht persööönlich PEINLICH, dass durch das Desaster der High-Tech- und Wirtschaftsstandort lächerlich gemacht wird? Erstens. Zweitens, dass man ein Auto verkauft und es nicht funktioniert würde es man ja eigentlich Betrug nennen. Gilt das nicht für ein Maut-System, was nicht funktioniert?[656]«

Die Frage ist sehr konfrontativ, weil sie eine kaum definierte Quelle anführt, unehrliches Handeln unterstellt und eine deutliche Präferenz für eine bejahende Antwort besitzt, die Betrug zugibt. Sie beinhaltet negative Begriffe wie »Lachnummer«, »lächerlich«, »peinlich«, »Betrug« und »Desaster«.

---

652 Journalistin, DaimlerChrysler-Bilanzpressekonferenz 2004, Videotranskript
653 Journalist, Deutsche Bank-Bilanzpressekonferenz 2005, Videotranskript
654 Schopenhauer, *Eristische Dialektik*, S. 39
655 Vgl. Clayman/Heritage, *News Interview*, S. 209
656 Journalist, DaimlerChrysler-Bilanzpressekonferenz 2004, Videotranskript

Dieses Wort übernimmt der nächste Fragende auch gleich.[657] Dass sich das Publikum quasi als kollektive Identität gegen die Bühne zusammenschließt, ist häufig zu beobachten.[658]

Der CEO übernimmt die Begriffe in diesem Fall gar nicht. Besonders negative Worte lassen sich, wenn schon nicht durch positive ersetzen, einfach gegen den nüchternen Projektnamen »Toll Collect« austauschen, welchen er dann verwendet. In seiner Antwort wehrt er auch das Persönliche ab und schickt voraus: »Sie werden mir erlauben, dass im Moment Gefühle uns nicht weiterbringen.«[659]

In anderen Fällen widerspricht die Bühne provokanten Ausdrücken explizit. Der CFO von DaimlerChrysler wehrt sich auf einer Pressekonferenz dagegen, dass er an einer Unternehmensbeteiligung »kleben« würde, er betont, er »führe sie fort«[660]. EON-Chef Bernotat erklärt:

> »Zunächst mal haben Sie jetzt immer den Begriff *Offensive* verwendet, so sehen wir das eigentlich nicht. Wir werden nicht plötzlich den Schalter umlegen und in die *Offensive* gehen und nach Kräften Akquisitionen betreiben, das ist nicht unsere Absicht, sondern wir werden das Geschäft kontinuierlich weiterentwickeln, sowohl organisch als auch durch Akquisitionen und dabei bei jedem Einzelprojekt versuchen, auch Wert zu schaffen. So dass der Begriff *Offensive* das nicht trifft.«[661]

Gerade bei Hauptversammlungen versuchen die Angegriffenen, Vorwürfe wie »übertriebene Bezüge« neu und nüchtern zu erschaffen. »Sie sagen, wir *bezahlen zu viel*. Dem ist nicht so.«[662] Zunächst wird üblicherweise auf (ausländische) Firmen verweisen, die mehr bezahlen, für die Wirksamkeit der Inszenierung werden hier noch Beweisstücke hoch gehalten, wie nicht lesbare Studien oder Zeitungsartikel über Vergütung, die notfalls – so

657 Der Begriff erhält gerade bei der Firma mit dem Mercedes-Stern eine witzige situative Präsenz als verdrehtes Leitmotiv, weil sich »Desaster« etymologisch als Unstern von »astra« ableitet.

658 Die Fragenden stellen erstens des Öfteren *follow-up-questions* zum Inhalt der Vorgänger, wie beim »Toll Collect-Desaster« bei DaimlerChrysler. Auch die Aktionäre tun das, beispielsweise karikieren bei der Deutsche Bank-Hauptversammlung 2005 mehrere Sprecher ironisch das Motto der Bank, sprechen von der »Leistung, die Leiden schafft«, und einer »Leistung ohne Leidenschaft«.

659 Jürgen Schrempp, DaimlerChrysler, Bilanzpressekonferenz 2004, Videotranskript

660 Bodo Uebber, Finanzvorstand, DaimlerChrysler-Bilanzpressekonferenz 2006, Mitschrift

661 Wulf Bernotat, EON-Bilanzpressekonferenz 2005, Videotranskript

662 Rolf-E. Breuer, Aufsichtsratssprecher, Deutsche Bank-Hauptversammlung 2003, Mitschrift

Schopenhauer – auch erfunden sein können.[663] Dann wird erklärt, im globalen Handel müssten Unternehmen stets »*kompetitiv vergüten*«, um »deutsche Talente zu halten«. Dann folgte ein weiterer Kunstgriff: »Ich möchte ihnen nicht zumuten, mit unterdurchschnittlichen Talenten an der Spitze zu arbeiten.« Die beste und am höchsten bezahlte Spitzenkraft würde den Aktionären mehr Gewinn bringen. Bei diesem Viel-hilft-viel-Argument wird nicht überlegt, ob es überhaupt sein kann, dass viel Geld einen Manager viel besser macht.[664] Es wird auch nicht enthüllt, dass es gar keinen internationalen Arbeitsmarkt gibt, auf dem derlei Führungskräfte konkurrieren. Das Vorgehen ist ein *argumentum ab utili*, es wirkt durch Motive, die das eigentliche Interesse ansprechen. Das ist bei einem Anleger die Hoffnung auf Rendite, die wiederum die Kritik am Gehalt übertönt. Das lässt sich generell so beschreiben: »Ein Geistlicher vertheidigt ein philosophisches Dogma: – man gebe ihm zu vermerken, daß es mittelbar mit einem Grunddogma seiner Kirche in Widerspruch steht, und er wird es fahren lassen.«[665]

Die Beantwortung von Fragen im Stile des Advocatus Diaboli

Journalisten und Analysten versuchen, ihr objektives Berufsideal zu erfüllen und verstecken ihre Subjektivität, indem sie auf andere Quellen Bezug

---

663 Das ist ein *argumentum ad verecundiam*: »Autoritäten, die der Gegner gar nicht versteht, wirken meistens am meisten. Ungelehrte haben einen eigenen Respekt vor Griechischen und Lateinischen Floskeln. Auch kann man die Autoritäten nötighenfalls nicht bloß verdrehen sondern geradezu verfälschen, oder gar welche anführen, die ganz aus eigner Erfindung sind. [...] Das schönste Beispiel hierzu gibt der Französische Curé, der, um nicht, wie die andern Bürger mußten, die Straße vor seinem Hause zu pflastern, einen Biblischen Spruch anführte: paveant illi, ego non pavebo [Mögen jene beben, ich werde nicht beben. Was aber von den lateinunkundigen Zuhörern von frz. paver = pflastern hergeleitet wurde]. Das überzeugte die Gemeinde-Vorsteher.« Schopenhauer, *Eristische Dialektik*, S. 55

664 Es wirkt paradox, wenn Spitzenmanager das Anspruchsverhalten von Gehaltsempfängern indirekt als »Vollkasko-Mentalität« abstempeln, gleichzeitig aber das als Geldgier verurteilte Verhalten privilegierter Manager-Eliten mit verständnisvoller Duldung übergehen. Auch lässt die Rechtfertigung, Top-Angestellte müssten mit Gehalt motiviert werden, damit sie nicht ins Ausland gingen, von einem, der stellvertretend für eine Bank steht, die mit »Leistung aus Leidenschaft.« wirbt, ein Commitment vermissen, das von jedem normalen Angestellten erwartet wird. Es scheint, als ob es in der Führungsetage bei den Männern »von Gehalt« weniger um Firmen-Kultur als um »Knete« ginge.

665 Schopenhauer, *Eristische Dialektik*, S. 65

nehmen. Es gibt keine persönlichen Beobachtungen wie bei der Hauptversammlung, wo Aktionäre auch mal anklagend von der eigenen Kindheit als Versuchsopfer für Bayer-Produkte im Konzentrationslager berichten.[666] Wohlgemerkt sind die Journalistenfragen »neutralistisch« und nicht neutral, wie deutlich wurde, und wie auch Clayman und Heritage zu bedenken geben: Der Interviewer will Neuigkeiten erfahren, schon die Auswahl der angesprochenen Themen ist nicht objektiv, negative und positive Unterstellungen lassen sich einflechten, mit suggestivem Aufbau lassen sich bestimmte Antworten höher bewerten als andere.[667] Dazu gehört auch, den Part des Advocatus Diaboli zu übernehmen, andere Quellen vorzuschieben und Vorstände mit unangenehmen Themen zu konfrontieren.[668]

Es gibt in der hier untersuchten Datenbasis drei Varianten: Der Fragende bezieht sich auf Aussagen des CEO, auf Kommunikationsinhalte der Unternehmenskommunikation oder im Stile des Anwalt des Teufels auf Stimmen von außerhalb.

Journalisten und Analysten nehmen in ihren Fragen zu gleichen Teilen, zu rund 40 Prozent, auf Aussagen des CEO Bezug.[669] Solche Fragen können auch ein Indikator dafür sein, dass die Inhalte nicht verständlich genug waren oder zumindest verfolgenswürdig. 40 Prozent der Analystenfragen und 30 Prozent der Journalistenfragen kommen auf Kennzahlen und das unternehmerische Handeln im Allgemeinen zurück.[670]

---

666 Eugen Muszynski, Vorsitzender des »Verbands der im Kindesalter inhaftierten früheren Häftlinge der nationalsozialistischen Konzentrationslager« deutet bei seiner Rede auf der Bayer-Hauptversammlung 2005 auf das Bayer-Kreuz und erklärt: »Vor 62 Jahren habe ich zum ersten Mal dieses Logo gesehen.« Es befand sich auf einen Typhus-Präparat B-1034, das Mediziner im Auftrag des Pharma-Riesen an den Inhaftierten ausprobiert hätten, nachdem sie ihre Opfer mit dem entsprechenden Krankheitserreger infiziert hatten, auch den damals Siebenjährigen. Er ist zu 100 Prozent schwerbehindert und bekam vom Entschädigungsfonds der deutschen Wirtschaft 7500 Euro zugesprochen. Auch im Namen der anderen wollte er wissen: »Was können wir als Opfer erwarten vom Konzern?« Eine befriedigende Antwort erhielt er nach eigenem Bekunden weder bei der Hauptversammlung noch auf postalische Anfragen. Vgl. Dachverband der Kritischen Aktionäre, *Jahresbericht 2005*, S. 10f

667 Vgl. Clayman/Heritage, *News Interview*, S. 234

668 Ebd., S. 179

669 Bspw.: »Dann würd' mich interessieren, diese zwölfhundert Stellen, die Sie Smartshore, äh, glaub' Smartsourcing nennen Sie das, ob Sie das mal ein bisschen ausführen könnten, was das heißt, gehen die nach Indien oder weiß ich nicht, das mal bisschen erklären vielleicht?« Journalist, Deutsche Bank-Bilanzpressekonferenz 2005, Videotranskript

670 Bspw.: »Wenn man jetzt Ihre Marktanteilsentwicklung vor Augen hat, dann haben Sie ja gegenüber Microsoft sogar noch 'n bisschen zugelegt, erwarten Sie denn da in Kürze

Nur 20 Prozent der Analystenfragen zitieren andere Quellen, aber immerhin 30 Prozent der Journalistenfragen. Meist kommen hier aber schlechte Nachrichten ins Spiel, sozusagen andere Wahrheiten. Diese Konstruktionen sind ein Indikator für die Lückenhaftigkeit der Rede und für Unzufriedenheit, besonders wenn sich alle Einwürfe auf dasselbe Thema beziehen, wie bei der DaimlerChrysler-Pressekonferenz 2004, in der Schrempp das Versagen beim Mautsystem Toll Collect in seiner Rede einfach ausgeblendet hatte in der Hoffnung, es fiele keinem auf.[671] Schon die allererste Wortmeldung erkundigt sich aber nach dem »Thema Maut, was Sie uns überlassen haben nachzufragen«[672]. Der dritte, vierte, fünfte und sechste Fragende hakt nach, später noch einer.

Wie werden Fragen, die in der Rolle des Advocatus Diaboli auf eine dritte Partei Bezug nehmen, üblicherweise beantwortet? Betrachten wir einmal eben diese Pressekonferenz. Ein Reporter sagt:

»Noch einmal 'ne Frage zu Toll Collect. Sie gestatten, denn es muss sein. Hat das Maut-Desaster Auswirkungen auf das Image von DaimlerChrysler? Viele Kollegen schreiben das, es ist von ›Pfusch in Germany‹ die Rede. CSU-Generalsekretär Söder spricht von ›Murks in Germany‹ statt ›Made in Germany‹. Das sind sehr starke Äußerungen. Wie man sie lange nicht mehr gehört hat. Ich bewundere Ihre Ruhe. Bitte sagen Sie doch noch mal etwas dazu.«

[Schrempp lüftet sein Jackett und spricht:] »Ich find es schade, wenn ausgesprochen Politiker in dieser Form über ein Thema sprechen jetzt unabhängig davon, ob das sachlich richtig ist, wär's doch wirklich die Pflicht von uns allen, zu versuchen, diesen Standort Bundesrepublik Deutschland, und wenn so ein Thema passiert trotzdem [er nickt] in der Welt zu verteidigen um das entsprechende Wirtschaftsgeschehen anzukurbeln und endlich von diesen dramatischen Situationen der Arbeitslosen runter zu kommen. Äh, das würde, äh, ich ja vielleicht ins Buch

---

auch ein neuen äh Angriff von Microsoft [...]?« Journalist, SAP-Bilanzpressekonferenz 2005, Videotranskript

671 Im Folgejahr 2005 kann Schrempp sagen: »Auf unserer letztjährigen Jahrespressekonferenz [›ich vergess' ja keine, aber die ganz besonders nicht‹] stand Toll Collect ganz oben auf Ihrem Fragenkatalog. Zu Recht, denn es hatte mehr als nur gehakt. [...] Zum 1. Januar 2005 ist die Mauterhebung erfolgreich gestartet.« (Videotranskript). Anlegerschützer haben nur Spott übrig: »Heiterer Höhepunkt war in diesem Zusammenhang die raffinierte Kommunikationstechnik von Jürgen Schrempp: Auf der ersten Pressekonferenz nach der Kündigung des Vertrages erwähnte er in seinem umfangreichen Eingangsstatement das brandaktuelle Thema Toll Collect einfach überhaupt nicht. Genial!« Labryga, »Kein Geld mit Toll Collect«, S. 44

672 Journalistin, DaimlerChrysler-Bilanzpressekonferenz 2004, Videotranskript

schreiben eines Politikers. Ich weiß es nicht, ob er es gesagt hat, aber vielleicht können Sie das noch mal checken und ihm dann meine besten Grüße geben.«[673]

Ungeachtet inhaltlichen Murkses – warum sollte es staatstreue Pflicht sein, das Versagen von DaimlerChrysler zu verteidigen, obwohl dem Staat Maut-Einnahmen fehlen, und warum soll dadurch die Arbeitslosigkeit sinken? – weist Schrempp selbst auf den Politiker als dritte Partei, allerdings nicht mit Namen, und zieht die Argumentation in Zweifel. Auf die anderen Journalisten geht er nicht ein.

Eine andere Möglichkeit wäre, sich nur indirekt mit einem »man sagt« auf die dritte Partei zu beziehen und ihr dann zu widersprechen, oder – das ist die dritte Variation – man könnte auf die Quelle gar nicht zurückkommen, sie als überflüssig ignorieren und etwas anderes zum Thema sagen.[674] Wieder greift keine der Varianten die Neutralität des Interviewers an. Besonders die Version, welche die Quelle namentlich zitiert und sie damit scheinbar ernst nimmt, lässt ihn glaubwürdig erscheinen. Den Teil aus Schrempps Verteidigung, der er argwöhnt, das Zitat sei falsch, könnte man allerdings auch so interpretieren, als dass er indirekt die Professionalität des Journalisten bezweifelt. Oder der Auftrittstress und persönlicher Ärger blitzt einmal durch die Maske der Selbstinszenierung.

673 DaimlerChrysler-Bilanzpressekonferenz 2004, Videotranskript
674 Vgl. Clayman/Heritage, *News Interview*, S. 162ff

Resümee

Die Analyse der Inszenierung von Manager-Auftritten hat mit der Theatermetapher von der Wirtschaftswelt als Bühne – Business is Showbusiness – geschildert, wie sich Unternehmen bei Veranstaltungen mit Investoren, Analysten und der Presse in ein gutes Licht rücken wollen und dazu eine Vielzahl theatraler Mittel benutzen. Es existiert eine für die Präsentationen im engeren und die Finanzbühne im weiteren Sinne charakteristische Ästhetik, die diese Untersuchung beschrieben hat. Diese Ästhetik arbeitet trotz aller Unterschiede zwischen den Branchen, Akteuren und Veranstaltungsarten mit Personalisierungstechniken, mit verhaltener Dramatisierung von äußeren Umständen wie »Doppelkrisen«, bildhaften metaphorischen Formeln, emotionalen bunten Darstellungen auf Bühnenbildern und seriöser Garderobe. Es wurde gezeigt, wie Manager auf durchaus beeinflussende Art ihre Sichtweisen von der Firma, den Angestellten und der Lage des »Heimatmarkts« im globalen »Wettkampf« vermitteln.

Mit dem Begriff Kompromissbildung wurde beschrieben, wie Manager versuchen, kaum vereinbare Widersprüche auszubalancieren, weil von vielen Seiten unterschiedlichste Ansprüche gestellt werden. Investoren sind misstrauisch, wünschen aber »Charisma« und Begeisterung, Kommunikationsagenturen postulieren Profilbildung, Wissenschaftler warnen vor »Superstar-CEOs«, Presse und Öffentlichkeit stehen Kommunikationspannen besonders kritisch gegenüber, Kapitalmarktstandardsgesetze formulieren zurückhaltende Rollenerwartungen. Der Druck auf die Vorstände steigt. Dieses Dilemma verunsichert die Protagonisten und führt zu fortwährenden Diskrepanzen in den Veranstaltungen, die die Inszenierungsanalyse beschrieben hat. Die Vorgaben der Szenographie mit Licht, Rednerpulten, Empore, Leinwandprojektionen und Mikrofon – szenische Äquivalenzzeichen von Autorität und Kompetenz – exponieren Vorstandsvorsitzende meist deutlich. Jene hingegen verhalten sich aber oft nicht dementsprechend und »führen« sich anders »auf«. Sie versuchen, keiner Aggression

Angriffsfläche zu bieten und entpersonalisieren mit Mitteln, die sie selbst beeinflussen können, lesen zum Beispiel ihre Rede mit gesenktem Blick starr vom Blatt ab. Zu dem unsicheren Rollenverständnis gesellen sich noch rhetorische Schwächen und peinliche Momente, wenn die Stimme, im Zusammenspiel mit ungeschickter Gestik, das »zurückgefahrene Klumpenrisiko im Kreditgeschäft« betont, oder die sonst hoch gelobten kreativen Angestellten zu etwas wie einem bloßen Kostenfaktor heruntergespielt werden.

Manager wollen selbstbewusst und schlüssig Titel wie »Leistung aus Leidenschaft.« verkörpern – anders als es uns die Kunst hintergründig in der ausweglosen griechischen Tragödie oder der verzweifelten postdramatischen Performance vorführt. Allerdings tut sich ein Vorstand auf der Finanzbühne durchaus schwer. Er schwankt zwischen Profilierung und einem fast greifbaren Unwohlsein. Die herrschenden Diskrepanzen zeigen sich in einer knappen *Zusammenfassung der Inszenierungsanalyse:*

Die Untersuchung der Szenographie zeigt, dass versucht wird, Manager positiv herauszuheben, was aber nicht immer gelingt. Das erste und prägende Realitätsverhältnis, mit dem der Zuschauer konfrontiert wird, ist die Gestaltung der Bühne und des Auditoriums. Die wechselseitige Beziehung weist den Interaktionspartnern ihre jeweilige »Rolle« zu. Die buchstäbliche Top-Etage thront immer stark erhöht und »erhaben« über dem Kleinaktionär, der vom Parkett aus und auf Knöchelhöhe seine anklagenden Reden schwingen darf. Manche Vorstände scheinen sich zu verschanzen, wie hinter so mancher mit einem Wall abgetrennten Telekom-Trutzburg, andere sind hinter hohen Balustraden nur im Büstenformat zu erkennen, was widersprüchlich undynamisch erscheint. Vor den Journalisten ist die Schwelle nicht so hoch, aber vorhanden, bei manchen Analystenkonferenzen, wie im 35. Stock einer großen deutschen Bank gibt es nur eine kleine Schwelle – aber auch hier darf die hölzerne Frontverkleidung nicht fehlen.

Bei fast allen Veranstaltungen ist das Management auf der Bühne immer stärker beleuchtet als der Saal und dadurch wird die Wichtigkeit der Szene betont und die Rezeptionshaltung verstärkt. Besonders bei Hauptversammlungen lädt die starke Belichtung im Stil des klassischen Illusionstheaters den Aktionär weniger dazu ein, den Stift zu zücken, mitzuschreiben und nachzurechnen, als den Blick ungestört auf das Helle zu richten und bestenfalls empathisch die »dramatischen« Vorgänge des Geschäftsjahrs mitzufühlen. Wie bei vielen Pressekonferenzen dämmert erst zu Beginn der Fragerunde das Licht wie die Wahrheit im Saal. Bei nur wenigen Analystenkonferenzen ist die Beleuchtung gleichmäßig verteilt, quasi wie bei Brecht im epischen Theater, was eine rationale Atmosphäre entstehen lässt.

Für seine Rede tritt der Vorstandsvorsitzende meistens an ein leicht prominentes und stärker bestrahltes Pult, das als bekannte Pathosformel personalisiert und an die Wichtigkeit von »Visionen« und »Vertrauen« erinnert. Der Kopf erscheint mit verstärkender Präsenz auf Leinwänden im Filmpalast-Format.

Im Hintergrund leuchten aufschwingende Firmenfarben, Kraniche und interpretierbare Leitmotive wie »ideen nach vorn« (Commerzbank) oder »A Passion to Perform.« (Deutsche Bank), was sich gerade in der Bühnensituation doppeldeutig mit »Spaß am Schauspielen« übersetzen lässt. So manches Bühnenbild ist mit Abbildungen von Jongleuren oder gähnend leeren Fußballstadien wie bei der Telekom Anlass für Hohn und Spott der Aktionäre, die die Fassade zwangläufig als Sinnbild der Selbstauffassung deuten.

Die Bühne steht bei den Auftritten als Pars pro Toto für das »Gesicht des Konzerns« und dieses sieht anders aus, als in geschlechterparitätisch und interkulturell besetzten Broschüren und Werbefilmen: männlich, deutsch und um die 50. Kaum eine »Miss en scène« ist zu erblicken auf den Brettern, die das Geld bedeuten. Außer sie serviert in der Rolle der Hostess Kaffee. Dabei erlangt sie im Zeichenkontext der Bühne eine Bedeutung, die Bekundungen von Vielfalt und Weltoffenheit bloßstellt. Das ist ein Anlass für Inszenierungsschelte der Aktionäre. Sie kritisieren auch, wenn Vorstandsplätze über Stunden verwaist sind und akademische Titel, wie sie auf Namensschildern und Redemanuskripten zu lesen sind, nicht zum Image der Person passen. »Professor« Schrempp wurde von Tausenden ausgelacht.

Die Analyse der Körpersprache hat deutlich gemacht, dass Manager von überzeugenden Politikern in Bezug auf Spieltechniken oftmals weit entfernt sind. Der Vorstandssprecher steht in gedeckten Geschäftszwirn gehüllt an der Rampe, trägt Firmenpins und zu den abstrakten Wertvorstellungen der Branche passenden Krawatten – für Banker klein gepunktet. Die Uniformität lässt die Persönlichkeiten wenig unterschiedlich und damit austauschbar erscheinen. Das Publikum allerdings wartet nur darauf, Rollkragenpullover wie beim Börsen-Chef Seifert und nicht zur Firmenfarbe passende Krawatten als Zeichen für Inkompetenz zu kritisieren.

Die gestischen Körperbewegungen bei der Rede sind ein immenser Bedeutungsgeber, allerdings nur von Analysten wahrzunehmen. Bei Hauptversammlungen und Pressekonferenzen traut sich so mancher Vorstand unter starker Beobachtung kaum, den Finger zu heben, was stets ein Blitzlichtgewitter der Fotografen auslöst. Die Zeichenarmut wirkt langweilig, abgesehen von nervösen Selbstinvolvierungen, wie sie bei schlechter Atmosphäre als Fummeln an der Brille zu bemerken sind. Ausnahme ist beispielsweise der damalige Börsen-Chef Seifert, der mit illustrativ weit ausgebreiteten Armen dem Aktionär die Erfolgsträchtigkeit des »integrierten Clearinghauses« weniger erklärt denn überzeugend metaphorisch suggeriert. Meist klebt der Blick eng am Redemanuskript, nur wenige benutzen wie Vorstände im Ausland Teleprompter, um vertrauensvolle Gesten und Augenkontakt einzusetzen und den so genannten Funken eher überspringen zu lassen.

Auch die Stimme mit ihrer physischen Präsenz, welche für die Auftritte ein immenser Zeichengeber ist, besitzt oft nur gehaltlose Nullenergie. Der Stil widerspricht lustlos und fast arrogant dem Redner, wenn er berichtet, ganze Mitarbeiterscharen »auf konsequente Kundenorientierung zu trimmen«[675]. Beim freien Antworten auf Fragen erscheinen negative Ausprägungen der Sprechweise wie das Auslassen von Wörtern und enervierende Äh-Ketten, die man besonders beim DaimlerChrysler-Chef Schrempp vernahm, besonders fragwürdig. Bayrischer Dialekt wie beim Adidas-Chef Hainer kann dafür stimmig zur betonten Verbundenheit mit dem »Heimatstandort« klingen, während die Satzmelodie des obersten Deutschbänkers aus der Schweiz bei manchen schon wieder Misstrauen weckt. Auch hier hat die Untersuchung mit vielen Reaktionen von Zuschauern und anhand von amüsanten bis erstaunenden Zitaten aus als seriös vermarkteten Finanzzeitungen deutlich gemacht, wie Klischees in die Säle hineingetragen werden. Berichte loben, dass bei der Rede von Dieter Zetsche selbst das »T« von Tradition »weich« klinge und nicht herrschaftlich-zackig wie das seines Vorgängers,[676] Aktionäre bedanken sich für die bescheidenen Ausführungen. Beim Buhmann Ackermann hingegen werden dunkle Augenschatten als Zeichen des Verfalls nach Gerichtsprozessen und Rücktrittsdiskussionen gewertet.[677]

Die Untersuchung der Rhetorik hat gezeigt, dass Manager generell wenig Persönlichkeit ausdrücken, sie geben kaum individuelle Einschätzungen ab und auch selbstironischer Humor, wie man ihn von geübten Schau-

675 Kai-Uwe Ricke, Telekom-Hauptversammlung 2005, Redemanuskript
676 Vgl. Nesshöver, »Der Junker und der Junge«, S. 13
677 Vgl. Maisch, »Graue Anzüge, ernste Mienen«, S. 27

spielern auf dem politischen Parkett kennt, kommt selten auf. Selbst charismatisch wirkende Beifallstellen wie Dreierlisten, griffige Kontraste (»Der Aufschwung, den wir alle und dieses Land dringend brauchen, entsteht so nicht! Ganz im Gegenteil [Applaus].«[678]) oder rhythmische Zeilen (»Eine starke deutsche Bank ist gut für unser Land.«) werden ohne besonderen Schwung oder Pausen vorgetragen.

Die Untersuchung der Vergangenheitsdarstellung zeigte, dass Redner deutlich mehr positive als negative Punkte erwähnen, gerade bei Analystenkonferenzen, und dass Erfolge immer als Konsequenz der eigenen Strategie dargestellt werden. Misserfolge hingegen schieben die »Flop-Manager« unter den Top-Managern auf Sündenböcke von außerhalb wie Umweltkatastrophen oder den »nervösen Endverbraucher«. Entpersonalisierungen wie die »schlechte Konjunkturlage« transportieren eine gewisse schicksalhafte Hilflosigkeit, die im Widerspruch zur sonst postulierten Kontrolle steht.

Die Analyse hat gezeigt, dass sich überzeugungswirksame und emotionale Bilder vor allem im Strategie-Teil mit noch offenen Visionen und im blumigen Abschlussappell finden. Metaphorische Redeweise lässt mit vermeintlich rationalen Architektur-Vergleichen – die am häufigsten gebrauchten Bilder vor Sportmetaphern – das Unternehmen mit seinen »strategischen Säulen« als »stabil« erscheinen, die Lufthansa wiederum organisationsspezifisch »im Aufwind«, und den Chef, der mal mit Feldherrnmetaphorik den »Kostentreiber eliminiert«, wie eine durchpackende Führungsfigur. Verblüffenderweise fehlen oftmals Selbstverständlichkeiten der Rhetoriklehre wie ein persönlich gefärbter Schlussappell oder hanebüchene architektonische Formeln von der »breit gestreuten Investorenbasis« passen nicht zur Sprecherpersönlichkeit, weil diese in freier Rede lieber verkündet, Banking sei wie Skifahren oder wie Bergsteigen. Generell scheint die Bildersprache von dem »globalen Wettbewerb« spielerisch und kompromissbereit, verdeckt dabei die harte Seite für viele namenlose Verlierer. In Bezug auf diese bemühen sich Vorstandsvorsitzende, leise im Ton und hart in der Sache zu sein. So wird nach dem obligatorischen Mitarbeiterlob dem hauptversammelten Privatanleger versichert, es wäre schwer gefallen, »Stellenkürzungen vorzunehmen«[679]. Vor den Analysten wird betont, solche Maßnahmen gingen keinesfalls zu Lasten der Erträge.

678 Josef Ackermann, Deutsche Bank-Hauptversammlung 2005, Videotranskript. Folgezitat
679 Ebd.

Politische Kommentare gegen vermeintliche Bremser wie den Staat, Politiker oder Kritiker von Restrukturierungskonzepten – die Drohkulisse der Allianz warnt, dass Deutschland »auf die Verliererstraße« gerate, wenn es glaube, sich »von der Globalisierung abkoppeln«[680] zu können – machen fast 20 Prozent der Hauptversammlungsreden aus. Dafür kommt der Rückblick in diesen Reden, die eigentlich den Eigentümern noch mal den Geschäftsverlauf darlegen sollten, mit rund 25 Prozent des Texts vielen Aktionären zu kurz, was sie auch in den Generaldebatten kritisieren. Ein langer Teil ist bei allen Zuschauergruppen der Ausblick und die Ausführungen der Strategie. Absätze mit Mitarbeiterlob oder Bekundungen der Treue zum »Heimatmarkt« werden bei Presse- und Analystenveranstaltungen tatsächlich wie erwartet gestrichen.

Die Inszenierungsanalyse zeigt, dass sich Manager gerade bei den Fragerunden kompromissbereit geben und durch höfliche Ausweich- und Antworttaktiken versuchen, ihr Gesicht und das des Gastes zu wahren.

Deutlich wurde, dass die Fragen des Publikums nicht neutral, sondern »neutralistisch« sind, bei Medienvertretern oft noch tendenziös in der Wortwahl. Trotz Freundlichkeitsfloskeln und der respektvollen Ansprache des »Herrn Doktor Hambrecht« bei BASF sind sie zu 70 Prozent bei beiden Publikumsgruppen mehrheitlich komplex und verschachtelt und bieten keinen großen Ausweichspielraum. Journalisten und Analysten interessiert zuvorderst die Strategie des Unternehmens, gefolgt von Prognosen und Kennzahlen, Personalthemen sind wenig gefragt, persönliche Fragen werden kaum gestellt.

Die Untersuchung hat veranschaulicht, dass die Dramaturgie bei den Fragerunden sehr personalisiert. Einige Manager sprechen bis zu 80 Prozent der gesamten Antwortzeit, auch Ackermann verteidigt den »Personalabbau« ganz alleine, um sich dann zu wundern, wenn er mit zynischen Begriffen wie »Smartsourcing« zitiert und verantwortlich gemacht wird. CEOs wie Schrempp hingegen kündigen an, man wolle »partnerschaftlich antworten«, und überlassen es gekonnt den Bereichsvorständen, Stellung gegen Kritik zu beziehen.

Wer viel spricht, antwortet noch lange nicht. Manager formulieren Schlüsselwörter um, statt von den »Restrukturierungskosten« wird von positiven Effekten der »Restrukturierung« gesprochen, andere Wahrheiten von Journalisten werden oft ignoriert und Zeiten verdreht, anstatt das

680 Michael Diekmann, Allianz-Hauptversammlung 2005, Redemanuskript

Versagen in der Vergangenheit zu erklären werden Zukunftsversprechen gemacht.

Wenn die CEOs Fragen einmal verweigern, schicken sie den CFO vor oder beschränken sich auf mitleidiges Lächeln. Die höflichen Standardbegründungsmuster lauten: Man dürfe nicht, es sei zeitlich zu früh oder jeder wüsste, dass man gemäß branchenüblicher Schweigeordnung nie darüber geredet hätte. Der Fragende wird zuvorkommend behandelt, selbst bei Mutmaßungen, ob das Aktienrückkaufprogramm denn nicht bloß dazu diene, die Vorstandsbezüge hochzutreiben. Das gehört zum gegenseitigen Geben und Nehmen dazu, welches anders als bei Aktionären hier meist ohne große Störgeräusche über die Bühne geht. Dafür lassen die Masken wenig Raum für Individualisierung und die Typen erscheinen austauschbar. Diese Szenen zeigen prägnant, wie den Spielern in der Wirtschaft über viele Akte hin die Ecken und Kanten abgeschliffen werden.

Nach dieser Kurzdarstellung der Inszenierungsanalyse möchte ich noch *einige weitere Beobachtungen* zusammenfassen. Die vorliegende Studie hat die Legitimität von mit dem neutralen Wort theatral zu bezeichnenden Unternehmensinszenierungen betont. In einer immer stärker von immateriellen und emotionalen Faktoren beeinflussten Geschäftswelt gehört Reputationsaufbau mit ästhetischen Mitteln zwangsläufig dazu. Weil der Schein natürlich trügen kann, hat die Untersuchung aber nie dafür plädiert, dass die Inszenierungen undurchsichtig werden sollten. Zumal Kritiker und Geschädigte wie betrogene Anleger, Umweltschützer, Rüstungsgegner, die diskriminierte Bankerin bis hin zum behinderten Mitarbeiter oder dem ehemaligen KZ-Insassen ebenso berechtigte Anmerkungen haben – aber fast immer weniger Ressourcen für PR, die ihre Interessen vertritt.

Hier eröffnen sich interessante Arbeitsperspektiven: Eine Beschreibung von Hauptversammlungen in Europa könnte Schlüsselfiguren der dortigen »Aktionärsdemokratie« mit ihren jeweiligen Kritikpunkten präsentieren und schildern, inwieweit diese Gruppen über Ländergrenzen hinweg zusammenarbeiten. Sie kann fruchtbare Erkenntnisse für die Darstellung deutscher Manager und kultureller Unterschiede bringen.

Auch ein internationaler Branchenvergleich könnte weitere Charakteristika ans Licht fördern. Wir haben gesehen, dass sich Automobilhersteller eher sportlich ausdrücken, nicht trocken wie Banker. Wie ist das über die Grenzen hinweg? Werden die gleichen Klischees bedient und wie wirken Gegenbeispiele?

Zudem würde sich auch eine Gegenüberstellung von mediatisierten Finanzveranstaltungen und reinen Pseudo-Ereignissen wie Autoschauen anbieten. Der neue DaimlerChrysler-Chef Dieter Zetsche hatte schon so manches Rauschen im Blätterwald ausgelöst, als er mit knapp bekleideten Damen auf der Motorshow in Detroit posierte. Bedienen solche Auftritte andere Image-Konzeptionen? Wo liegen die Unterschiede und die Konstanten?

Diese Untersuchung hier hat noch einen weiteren wesentlichen Aspekt verfolgt. Bei den Erläuterungen der Inszenierungstechniken hat sie sich auch kritische Töne erlaubt, ohne zu verurteilen. Das Erkenntnisinteresse lag darin, die Ästhetik von Phänomenen der Wirtschaft zu beschreiben – es wurde gezeigt, dass das in der Theaterwissenschaft entwickelte Beschreibungsinstrumentarium nutzbringend zur Erfassung von nicht primär ästhetisch intendierten Auftritten wie Management-Präsentationen eingesetzt werden kann – und es galt darüber hinaus, deutlich zu machen, inwiefern die Theaterwissenschaft in diesem theatralen Zeitalter ein kritisches Potenzial entfalten kann. Das kann sie nicht nur, indem sie die Methoden problematisiert, sondern auch, indem sie an die Unterschiede erinnert und *künstlerische Ästhetik im Zerrspiegel des Industrieauftritts* reflektiert.

Die Untersuchung hat subversivere Vorstellungen von Persönlichkeit geschildert, die wir nicht auf der Kapitalmarktbühne aufgeführt sehen, wo trotz kulturellem Großkapital, Herkunft, Beziehungen und ein wenig Glück stets die selbstbestimmte und selbstsichere Leistung und gar Leidenschaft postuliert wird. An einer Schilderung der Theaterepochen wurde deutlich, dass die Charaktere der Kunst sich nicht als Idealbilder verkaufen, sondern sich ihren starren gesellschaftlichen Rollen verweigern und das »Spiel nicht mitmachen«. Die Protagonisten der antiken Tragödie machen auf ihre Wehrlosigkeit und Verwirrung gegenüber den Geschehnissen aufmerksam und der postdramatische Performer will sich mit gehetzter Stimme der neoliberalen Nutzbarmachung seines »Humankapitals« verwehren. Diese philosophische Position mit ihrer Ästhetik des Fragens und des Zweifelns kann durch vielfältige Interpretationsangebote und das Fehlen von einfachen Antworten menschliche Erfahrung vertiefen.

In einem Zeitalter, in dem Bilder und Inszenierungen immer entscheidender werden und gleichzeitig Marketing und professionelle Kommunikation alle Lebensbereiche durchdringen, nähern sich Theater und Wirklichkeit immer mehr an. Das postdramatische Theater hat diese Entwicklung von der Illusion auf der Bühne hin zur performativen Darstellung realer Ereignisse bereits vollzogen. Die Kunst nimmt – wie die Untersuchung auch mit Interviews mit verschiedenen Künstlern wie der Malerin Verena Landau, dem Performer Res Ingold mit seiner Fluglinie, der Gruppe Rimini Protokoll und anderen untermauert hat – reale Elemente in die Sphäre des ästhetischen Scheines auf.

Auch die Wirtschaftswelt kann auf der anderen Seite ohne Mittel des Theaters wie Spiel und Ästhetik nicht mehr funktionieren. Marken und Reputation machen den Erfolg von Unternehmen aus und haben nur noch wenig mit der produktionsorientierten Wertschöpfung des Industriezeitalters gemeinsam. Im spielerisch erscheinenden Kampf um die wirtschaftliche Existenz der besten Bank oder flottesten Fluglinie werden auch Formeln der »Leidenschaft« und der Selbstverwirklichung postuliert.

Diese Ästhetik lässt allerdings deutlich weniger Freiräume als die Kunst. Schiller sagt, der Mensch ist dort ganz Mensch, wo er spielt. In einer Situation, die frei ist von Alltagszwängen, vom Druck, das Gesicht zu wahren und konforme Leidenschaft zeigen zu müssen mit Techniken, welche diese Analyse beschrieben hat. Diesen Freiraum gibt es beispielsweise in dem, was wir Theater nennen, daran wollte diese Untersuchung in einem kleinen Plädoyer ebenso erinnern. Bei Manager-Auftritten reagiert hingegen der Ernst. Die Untersuchung hat gezeigt, dass Situationen, in denen das Verhalten an der Oberfläche besonders spielerisch anmutet, wahrlich mit Problemen beladen sein können. Deutlich wurde, dass beispielsweise Humor bei Schwierigkeiten auftaucht und kein kreativer Spaß ist, sondern Manöver der Selbstdarstellung. Das gilt auch für »schöne« Wortspiele in den Reden, denn Metaphern werden eingesetzt, wenn Schwierigkeiten überspielt werden sollen. Auch diese Tricks machen wie positive Bühnenbilder und einseitige Darstellungen »dramatischer« Geschäftsverläufe das Management nicht zur Kunst, sie erfinden keine neuen Ausdrucksformen, sondern sind, wie es Umberto Eco bei anderen persuasiven und werbenden Argumentationen feststellt, »an die Notwendigkeit des Rückgriffs auf das schon Erworbene gebunden [und bedienen sich] größtenteils schon codifizierter Lösungen«.[681] Wer denkt, er würde so kreativ an einer Veränderung der Systeme der Wahrnehmung, des Geschmacks und der Erwartungen des Publikums arbeiten, baut sich in Ecos Worten nur selbst »ständig ein ästhetisches Alibi«.[682]

---

681 Eco, *Semiotik*, S. 291
682 Ebd.

Das Spielerische ist in diesem Zusammenhang grundsätzlich entfremdet, weil zweckorientiert. Das wurde gerade am Rollenmodell des Managers deutlich mit dem Korsett der Kleiderordnung, der Standardisierung der Gestik und den immer gleichen Techniken von bestenfalls offener Körperhaltung, der Grammatik des Lächelns und der Rhetorik des Aufschwungs. Diese Persönlichkeitsideale werden zu Inszenierungskonzepten des (Berufs-)Alltags. Die Selbstdarstellung der Manager ist kein Spiel mit »Narrenfreiheit«, sondern als funktionalisiertes Spiel ein Element der ernsthaften Arbeitspraxis. Sie zeigt, was noch schmerzhafter für die »Normalos« gilt, die nicht mit goldenem Handschlag die Bühne verlassen können, wenn ihnen die erzwungene Leidenschaft zu anstrengend ist, und was für jene gilt, die gar nicht erfolgreich bei einem Vorstellungsgespräch auftreten dürfen, weil ihnen von vornherein das – wohlgemerkt leistungslos erworbene – kulturelle Kapital fehlt und damit so etwas wie »Stil«. Die Untersuchung hat belegt und diskutiert, dass in der Geschäftswelt der Mensch nach einem performativen Leistungsbegriff beurteilt und – was zwangsläufig folgt – auch aufgrund seiner Ästhetik diskriminiert wird. Es ist der Ernst der Alltäglichkeit, sich der Rolle verpflichtet zu wissen, welche auf den Brettern, die die Wirtschaftswelt bedeuten, nicht gespielt sondern verkauft werden will. So kann dieses »Wir alle spielen Theater« oder »Business is Showbusiness« zwar gute Rendite abwerfen, ist aber weder mit einer Demokratisierung des Blendens zu verwechseln, noch mit Freiheit, und schon gar nicht mit Kunst.

Literatur

Aktiengesetz, http://www.gesetze-im-internet.de/aktg/index.html (Abruf: April 2006).

Alkemeyer, Thomas, »Verkörperte Weltbilder. Sport als aufgeführte Mythologie«, in: Erika Fischer-Lichte, Clemens Risi und Jens Roselt (Hg.), *Kunst der Aufführung – Aufführung der Kunst,* Eggersdorf 2004, S. 210–225.

Altmeppen, Klaus-Dieter/Röttger, Ulrike/Bentele, Günter, »Public Relations und Journalismus: Eine lang andauernde und interessante ›Beziehungskiste‹«, in: dies. (Hg.), *Schwierige Verhältnisse. Interdependenzen zwischen Journalismus und PR,* Wiesbaden 2004, S. 7–15.

Arnold, John/Moizer, Peter, »A survey of the methods used by UK investment analysts to appraise investments in ordinary shares«, *Accounting and Business Research,* Jg. 14, H. 55 (1984), S. 195–207.

Atkinson, John Maxwell, *Order in court. The organisation of verbal interaction in judicial settings,* London 1979.

— *Our Masters' voices. The language and body language of politics,* London/New York 1984.

— »Public speaking and audience responses: some techniques for inviting applause«, in: J. Maxwell Atkinson und John Heritage (Hg.), *Structures of Social Action, Studies in Conversation Analysis,* Cambridge 1984, S. 370–410.

Atkinson, J. Maxwell/Heritage, John (Hg.), *Structures of Social Action, Studies in Conversation Analysis,* Cambridge 1984.

Augé, Marc, *Non-lieux. Introduction à une anthropologie de la surmodernité,* Paris 1992.

Austin, John Langshaw, *Zur Theorie der Sprechakte (How to do things with words),* 2. Aufl., Stuttgart 1979.

Bachtin, Michail, *Literatur und Karneval. Zur Romantheorie und Lachkultur,* Frankfurt/M. 1990.

Baecker, Dirk (Hg.), *Kapitalismus als Religion,* Berlin 2003.

— *Postheroisches Management: ein Vademecum,* Berlin 1994.

Baerns, Barbara, *PR-Erfolgskontrolle: Messen und Bewerten in der Öffentlichkeitsarbeit; Verfahren, Strategien, Beispiele,* Frankfurt/M. 1995.

Bal, Mieke, »Mise en scène. Zur Inszenierung von Subjektivität«, in: Josef Früchtl und Jörg Zimmermann (Hg.), *Ästhetik der Inszenierung. Dimensionen eines kün-*

stlerischen, kulturellen und gesellschaftlichen Phänomens, Frankfurt/M. 2001, S. 198–221.

Bamber, Linda/Cheon, Youngsoon, »Discretionary management earnings forecast disclosures: Antecedents and outcomes associated with forecast venue and forecast specificity choices«, *Journal of Accounting Research*, Jg. 36, H. 2 (1998), S. 167–190.

Bartz, Tim/Schreiber, Meike, »Dax-Manager pilgern zur Hohn-Show. Chef des Rebellenfonds TCI kommt voraussichtlich zur Hauptversammlung der Deutschen Börse und lockt so Finanzvorstände anderer Konzerne an«, *Financial Times Deutschland*, 25.5.2005, S. 26.

— »›Ich bin hier nur als Musiker‹. Werner Seifert kehrt auf die öffentliche Bühne zurück – an der Hammondorgel. Sei Kampf gegen Hedge-Fonds lässt dem Ex-Chef der Deutschen Börse dennoch keine Ruhe«, *Financial Times Deutschland*, 9.9.2005, S. 21.

Bassen, Alexander, *Institutionelle Investoren und Corporate Governance, Analyse der Einflussnahme unter besonderer Berücksichtigung börsennotierter Wachstumsunternehmen*, zugelassene Habilitationsschrift European Business School 2001, Wiesbaden 2002.

Bazil, Vazrik, *Impression Management. Sprachliche Strategien für Reden und Vorträge*, Wiesbaden 2005.

Beck, Hanno, »Sind Aktionäre dumm und frech?«, *Frankfurter Allgemeine Zeitung*, 12.04.2005, S. 25.

Benjamin, Walter, »Kapitalismus als Religion«, in: ders., *Gesammelte Schriften*, hg. v. Rolf Tiedemann und Hermann Schweppháuser, Frankfurt/M. 1997, Bd. 1, S. 90–109.

— »Was ist das epische Theater? Eine Studie zu Brecht«, in: ders., *Gesammelte Schriften*, hg. v. Rolf Tiedemann und Hermann Schweppháuser, Frankfurt/M. 1997, Bd. 2, S. 519–539.

Bentele, Günter/Nothhaft, Howard, »Das Intereffikationsmodell. Theoretische Weiterentwicklung, empirische Konkretisierung und Desiderate«, in: Klaus-Dieter Altmeppen, Ulrike Röttger und Günter Bentele (Hg.), *Schwierige Verhältnisse. Interdependenzen zwischen Journalismus und PR*, Wiesbaden 2004, S. 67–104.

Bergler, Reinhold, »Sympathie und Kommunikation«, in: Manfred Piwinger (Hg.), *Stimmungen, Skandale, Vorurteile. Formen symbolischer und emotionaler Kommunikation. Wie PR-Praktiker sie verstehen und steuern können*, Frankfurt/M. 1997, S. 116–153.

Bergler, Reinhold/Hoff, Tanja, *Psychologie des ersten Eindrucks. Die Sprache der Haare*, Köln 2001.

Bertelsmann Stiftung (Hg.), *Finanzieller Analphabetismus in Deutschland: Schlechte Voraussetzungen für eigenverantwortliche Vorsorge*, erstellt von Johannes Leinert, Bertelsmann Stiftung Vorsorgestudien Nr. 25, Gütersloh März 2004.

Biehl, Brigitte, »Antworten und Ausweichen. Kunstgriffe in Interview-Situationen«, in: Günter Bentele, Manfred Piwinger und Gregor Schönborn (Hg.), *Kommuni-*

kationsmanagement, Neuwied und Kriftel 2001ff. (Loseblattsamml.), Nr. 5.29 (Februar 2007), S. 1–22.

— »Auftritt der Großen«, *Frankfurter Rundschau*, 20.5.2005, S. 26.

— »Auftritte von Top-Managern. Die Inszenierung einer ›Leistung aus Leidenschaft‹ und die Leistungslüge«, in: Boris Friele, Anne Stickel, und Antonia Davidovic (Hg.), *Geschichtliche Entwicklungen in der Kritik. Viertes DoktorandInnenseminar der Rosa-Luxemburg-Stiftung. Manuskripte 9*, Berlin 2005, S. 64–83.

— »Business is Show-Business. Analyse der Auftritte von Topmanagern bei Hauptversammlungen, Bilanzpresse- und Analystenkonferenzen«, *prmagazin*, H. 6 (2006), S. 51–58.

— »Der perfekte Auftritt«, *Harvard Businessmanager*, Jg. 29, H. 5 (2007), S. 18–27.

— »Die Jahreshauptversammlung als Inszenierung. Eine Untersuchung der Performance zwischen Theater und Management«, in: Günter Bentele, Manfred Piwinger und Gregor Schönborn (Hg.), *Kommunikationsmanagement*, Neuwied und Kriftel 2001ff. (Loseblattsamml.), Nr. 3.25 (Dezember 2003), S. 1–42.

— »Ehrung des Ex-Nestlé-Chefs scharf kritisiert. Helmut Maucher bekommt Preis Soziale Marktwirtschaft/Protest gegen Methoden des Schweizer Nahrungsmittelkonzerns«, *Frankfurter Rundschau*, 19.11.2004, S. 14.

— »Großes Kino. Hauptversammlungen sind nicht nur Aktionärstreffen, sondern auch inszenierte Selbstdarstellungen«, *Frankfurter Rundschau*, 20.5.2005, S. 26f.

— »›Ihr Frühwarnsystem hat völlig versagt‹. Aktionäre greifen Strategie von DaimlerChrysler-Chef Schrempp an/Streit über Rolle in Argentinien eskaliert«, *Frankfurter Rundschau*, 8.4.2004, S. 13.

— »Initiative will Frauen in Aufsichtsräte bringen. Aufbau einer Datenbank soll zeigen, dass es in Deutschland qualifizierte Kandidatinnen gibt«, *Frankfurter Rundschau*, 6.5.2005, S. 10.

— »›Keine Kungelei‹. Interview mit Klaus Nieding (DSW)«, *Frankfurter Rundschau*, 20.5.2005, S. 27.

— »Lehrstück für Anleger. Buchkritik. Jürgen Grässlin: Das Daimler-Desaster. Vom Vorzeigekonzern zum Sanierungsfall?«, *Frankfurter Rundschau*, 11.4.2006, S. 11.

— »Lufthansa-Chef verspricht Dividende. Betriebsrat vermisst wegweisende Aussagen/Aktionärsschützer üben harte Kritik an Aufsichtsrat Bsirske«, *Frankfurter Rundschau*, 17.6.2004, S. 12.

— »Rhetorik der Top-Manager. Einsatz und Wirkung von bildhafter Sprache bei Auftritten vor Aktionären, Journalisten und Analysten«, in: Günter Bentele, Manfred Piwinger und Gregor Schönborn (Hg.), *Kommunikationsmanagement*, Neuwied und Kriftel 2001ff. (Loseblattsamml.), Nr. 1.30 (März 2006), S. 1–32.

— »Rollenspiele«, *karriere. Das junge Job- und Wirtschaftsmagazin*, H. 2 (2006), S. 62–64.

— »›Spot on‹ in the Capitalist War. At the Annual Shareholders' Meeting, Management puts itself on Stage, but Critical Shareholders shoot back sharp.« /»›Spot on‹ im kapitalistischen Krieg. Bei der Jahreshauptversammlung inszeniert sich das Management, aber kritische Aktionäre schießen zurück«, in: Martin Brandt, Florian Haas, Andreas Wolf und Michael Wagener, *finger. Aneignung der Welt in kleinen Schritten – ein Handbuch. Eine Auswahl aus der Zeitschrift finger 1998–2005*, Frankfurt/M. 2005, S. 236–241.

— »Wer nur authentisch ist, fällt durch. Sei einfach du selbst? Bloß nicht! Zur Karriere gehört die richtige Selbstinszenierung«, *News Frankfurt*, 1.2.2006, S. 27.

Biehl, Brigitte/Clark, Colin, »Aesthetics of CEO Presentations at Investors' Meetings, Managing Q&A-Sessions« (Working paper), *The Third Art of Management and Organisation Conference* (University of Essex Management Centre), Krakau, Polen, September 2006.

Biehl, Brigitte/Fechtner, Detlef, »Licht aus, Spot an, Kameras raus. Zur Inszenierung von Firmenhauptversammlungen gehört es, dass Journalisten zum richtigen Zeitpunkt abschalten«, *Frankfurter Rundschau*, 7.5.2003, S. 13.

Biehl, Brigitte/fw, »Telekom-Chef plant Übernahmen im Osten«, *Frankfurter Rundschau*, 19.5.2004, S. 13.

Bischoff, Sonja, *Wer führt in (die) Zukunft? Männer und Frauen in Führungspositionen der Wirtschaft in Deutschland; die 4. Studie*, Bielefeld 2005.

Böhme, Gernot, *Atmosphäre. Essays zur neuen Ästhetik*, Frankfurt/M. 1995.

Borghoff, Volker, »Investor Relations aus Sicht eines Finanzanalysten«, in: Klaus Rainer Kirchhoff und Manfred Piwinger (Hg.), *Praxishandbuch Investor Relations. Standardwerk der Finanzkommunikation*, S. 385–392.

Bourdieu, Pierre, *Gegenfeuer. Wortmeldungen im Dienste des Widerstands gegen die neoliberale Invasion*, Konstanz 1998.

— *Praktische Vernunft – Zur Theorie des Handelns*, Frankfurt/M. 1985.

Bourdieu, Pierre/Wacquant, Loic J. D., *Reflexive Anthropologie*, übers. v. Hella Beister, 1. Aufl., Frankfurt/M. 1996.

Bozicevic, Falko, »Zwischen Kosten und Pragmatismus – Welche HV-Lokalität ist die Richtige«?, *Die Aktiengesellschaft*, H. 20 (2005), S. 475–476.

Braun, Christoph/Gründl, Martin/Marberger, Claus/Scherber, Christoph/ Zimmer, A., *Beautycheck. Ursachen und Folgen von Attraktivität*, Regensburg 2001, http://www.uni-regensburg.de/Fakultaeten/ phil_Fak_II/Psychologie/ Psy_II/beautycheck/english/bericht/beauty _mi_ze nsiert.pdf (Abruf: März 2006).

Brecht, Bertolt, »Der aufhaltsame Aufstieg des Arturo Ui«, in: ders., *Die Stücke von Bertolt Brecht in einem Band*, 1. Aufl., Frankfurt/M. 1978, S. 685–728.

— »Die heilige Johanna der Schlachthöfe«, in: ders., *Die Stücke von Bertolt Brecht in einem Band*, 1. Aufl., Frankfurt/M. 1978, S. 269–317.

— »Kleines Organon für das Theater«, in: *Werke*, Bd. 23, Schriften 3, bearb. v. B. Wallburg, Berlin/Frankfurt/M. 1983.

— *Über experimentelles Theater*, Frankfurt/M. 1970.

Brors, Peter, »»Hihaho, Sommer ist k.o.««, *Handelsblatt*, 29.5.2002, S. 12.

Burson-Marsteller (Hg.), *Der CEO: Profilbildung gefragter denn je. Zusammenfassung der dritten Studie von Burson-Marsteller zur Reputation von Vorstandsvorsitzenden der*

DAX30-Unternehmen, Frankfurt/M. 2004, http://www.burson-marsteller.de/pages/news/releases/2004/press-08-11-2004 (Abruf: März 2006).

Busse, Eva, »Schrempps Welt«, *Financial Times Deutschland*, 7.4.2005, S. 25.

Caillois, Roger, *Die Spiele und die Menschen – Maske und Rausch*, übers. v. S. Massenbach, Frankfurt/M. 1982.

Carlson, Marvin, *Places of Performance*, Ithaca/London 1989.

Caspar, Luzian, »Der Spekulant. Warren Buffett ist einer der reichsten Menschen der Welt – seine Geschäfte an der Börse pflegt er im altmodischen Stil«, *Frankfurter Rundschau*, 26.8.2005, S. 23.

Cialdini, Robert, *Überzeugen im Handumdrehen*, Landsberg a. L. 1993.

Clark, Colin, *How to give effective business briefings. Effective techniques for relaying information to and obtaining feedback from employees*, London 1999.

— »Silent Selling: Non-verbal Communication in Sales Negotiations«, *Sales & Marketing Director*, Jg. 1, H. 4 (1990), S. 20–28.

— »The impact of entrepreneurs' investor forum pitch presentations on the initial screening investment decision of business angels« (Working Paper, Ecole Supérieure de Commerce de Dijon-Bourgogne), *2006 Babson Entrepreneurship Research Conference*, Indiana, USA, Juni 2006.

Clark, Colin/Drew, Paul/Pinch, Trevor, »Managing customer ›objections‹ during real-life sales negotiations«, *Discourse & Society*, Jg. 5, H. 4 (1994), S. 437–462.

— »Managing prospect affiliation and rapport in real-life sales encounters«, *Discourse Studies*, Jg. 5, H. 4 (2003), S. 5–31.

Clark, Colin/Pinch, Trevor, »Recontextualising Sales Resistance. A Response to Hunt and Bashaw«, *Industrial Marketing Management*, Jg. 30, H. 8 (2001), S. 637–643.

— »Selling and social control«, in: Nigel G. Fielding (Hg.), *Structures and Action*, London 1988, S. 119–141.

— *The Hard Sell: The Language and Lessons of »Street-Wise« Marketing*, London 1995.

Clayman, Steven/Heritage, John, *The News Interview. Journalists and Public Figures on the Air*, Cambridge 2002.

— »Questioning Presidents: Journalistic Deference and Adversarialness in the Press Conferences of U.S. Presidents Eisenhower and Reagan«, *Journal of Communication*, Jg. 52, H. 4 (2002), S. 749–775.

Craig, Edward Gordon, *Über die Kunst des Theaters*, Berlin 1969.

Dachverband der Kritischen Aktionäre, *Jahresbericht 2003*, Köln 2003.

— *Jahresbericht 2004*, Köln 2004.

— *Jahresbericht 2005*, Köln 2005.

— »Verena Landau im Gespräch mit Henry Mathews«, *Arbeitspapier*, Köln 2006.

David, Carol/Graham, Margaret, »Team management portrayed in epic metaphors«, *Journal of Business Communication*, Jg. 11, H. 1 (1997), S. 24–48.

Debord, Guy, *Die Gesellschaft des Spektakels*, aus. d. Franz. v. Jean-Jacques Raspaud, Berlin 1996.

Deutsche Börse (Hg.), *Börsenordnung für die Frankfurter Wertpapierbörse Stand: 26.3.2007*, http://deutsche-boerse.com/dbag/dispatch/de/notescontent/gdb_navigation/listing/30_Being_Public/40_Regularien/INTEGRATE/zpd?notesDoc=/KIR+Web+Publikationen/HAMN-52CDY7 (Abruf: April 2007).

Deutsches Aktieninstitut (Hg.), *Vertrauen in die Aktie stabilisiert sich*, Kurzstudie Nr. 1 (2006), Frankfurt/M. 2006.

— *Stabilisierung der Aktionärszahlen – aber Nervosität im Anlegerverhalten*, Kurzstudie Nr. 2 (2003), Frankfurt/M. 2003.

Deutsches Institut für Wirtschaftsforschung DIW (Hg.), *Wochenbericht: Frauen in Führungspositionen – Massiver Nachholbedarf bei großen Unternehmen und Arbeitgeberverbänden*, Nr. 3 (2005), Berlin 19.1.2005.

Deutsche Schutzgemeinschaft für Wertpapierbesitz (Hg.), *HV-Präsenzen der DAX 30-Unternehmen (1998–2005) in Prozent*, http://www.dsw-info.de/uploads/media/HV-Praesenz_2005.pdf (Abruf: März 2006).

DPA/AFX, »IATA: Milliardenschaden wegen Irak und Sars – Regierungen kritisiert«, Meldung vom 2.6.2003.

Drew, Paul/Heritage, John (Hg.), *Talk at work: interaction in institutional settings*, Cambridge 1992.

Drew, Paul/Holt, Elisabeth, »Figures of speech: Figurative expressions and the management of topic transition in conversation«, *Language in Society*, H. 27 (1988).

Deutscher Investor Relations Kreis e.V. (Hg.), *Investor Relations. Professionelle Kapitalmarktkommunikation*, Wiesbaden 2000.

Diderot, Denis, »Das Paradox über den Schauspieler«, in: Jens Roselt (Hg.), *Seelen mit Methode. Schauspieltheorien vom Barock- bis zum postdramatischen Theater*, Berlin 2005, S. 137–147.

Dovifat, Emil, *Rede und Redner. Ihr Wesen und ihre politische Macht*, Leipzig 1937.

Drill, Michael/Hubmann, Michael J., »Anforderungen an die IR aus der Sicht einer Investmentbank«, in: Klaus Rainer Kirchhoff und Manfred Piwinger (Hg.), *Praxishandbuch Investor Relations. Standardwerk der Finanzkommunikation*, S. 393–416.

Duhme, Michael. *Phraseologie der deutschen Wirtschaftssprache. Eine empirische Untersuchung zur Verwendung von Phraseologismen in journalistischen Fachtexten*, Essen 1991.

DVFA (Deutsche Vereinigung für Finanzanalyse und Asset Management), *DVFA-Kodex für Finanzanalyse in der Fassung vom 25.02.2003*, http://www.dvfa.de/standard_kodex.htm (Abruf: Mai 2006).

Ebert, Helmut/Piwinger, Manfred, »Finanzkommunikation als Beziehungskommunikation – Die Praxis des Aktionärsbriefes«, in: Klaus Rainer Kirchhoff und Manfred Piwinger (Hg.), *Praxishandbuch Investor Relations. Standardwerk der Finanzkommunikation*, S. 353–368.

Eco, Umberto, *Einführung in die Semiotik*, autorisierte dt. Ausg., 9. unveränd. Aufl., übers. v. Jürgen Trabant, München 2002.

Eisenegger, Mark/Imhof, Kurt, »Reputationsrisiken moderner Organisationen«, in: Ulrike Röttger (Hg.), *Theorien der Public Relations, Grundlagen und Perspektiven der PR-Forschung*, Wiesbaden 2004, S. 239–260.

Ekman, Paul, »Universals and cultural differences in facial expression of emotion«, in: J. R. Cole (Hg.), *Nebraska Symposium on Motivation*, Lincoln 1972, S. 207–281.

Endmark (Hg.), *Verständnis englischer Claims in Deutschland*, http://www.endmark.de/img/aktuell/MafoClaims.pdf (Abruf: März 2006).

Ernst, Edgar/Gassen, Joachim/Pellens, Bernhard, *Verhalten und Präferenzen deutscher Aktionäre. Eine Befragung privater und institutioneller Anleger zu Informationsverhalten, Dividendenpräferenz und Wahrnehmung von Stimmrechten*, hg. v. Deutsches Aktieninstitut, Frankfurt/M. 2005.

Etchells, Tim, »Diverse Assembly: Some Trends in Recent Performance«, in: Theodore Shank (Hg.), *Contemporary British Theatre*, London 1994, S. 107–121.

Equinet Communications (Hg.), *Effiziente Investor Relations*, Frankfurt/M. 2006.

Fischer-Lichte, Erika, *Ästhetik des Performativen*, Frankfurt/M. 2004.

— *Kurze Geschichte des deutschen Theaters*, Bd. 1, 2. Aufl., Tübingen und Basel 1999.

— *Semiotik des Theaters. Das System der theatralischen Zeichen*, Bd. 1, 4. Aufl., Tübingen 1998.

Fischer-Lichte, Erika/Risi, Clemens/Roselt, Jens (Hg.), *Kunst der Aufführung – Aufführung der Kunst*, Eggersdorf 2004.

Freitag, Michael/Slodczyk, Katharina, »Aufgetaucht aus dem Schuldenmeer. Wie Vorstandschef Kai-Uwe Ricke die Telekom-Aktionäre einwickelt«, *Handelsblatt*, 19.5.2004, S. 22.

Früchtl, Josef/Zimmermann, Jörg (Hg.), *Ästhetik der Inszenierung. Dimensionen eines künstlerischen, kulturellen und gesellschaftlichen Phänomens*, Frankfurt/M. 2001.

Gaines-Ross, Leslie, *CEO Capital. A guide to building CEO reputation and company success*, New Jersey 2003.

Genger, Jenny/Notz, Anton, »Zu viel Ballast an Bord«, *Financial Times Deutschland*, 4.6.2003, S. 25.

Gibbins, Michael/Richardson, Alan/Waterhouse, John, »The management of corporate financial disclosure: Opportunism, ritualism, policies, and processes«, *Journal of Accounting Research*, Jg. 28, H. 1 (1990), S. 121–143.

Goffman, Erving, *Forms of Talk*, Oxford 1981.

— »On Face-Work. An Analysis of Ritual Elements in Social Interaction«, in: ders., *Interaction Ritual. Essays on Face to Face Behaviour*, London 1972, S. 5–45.

— »The Lecture«, in: ders., *Forms of Talk*, Oxford 1981, S. 162–195.

— *Wir alle spielen Theater. Die Selbstdarstellung im Alltag*, 10. Aufl., München 2002.

Goodrow, Gérard, »Kunst-Flug mit Ingold Airlines«, *InnoVatio*, H. 2 (1992), S. 94–96.

Gowers, Andrew, »Investor Relations aus Sicht eines Finanzjournalisten«, in: Klaus Rainer Kirchhoff und Manfred Piwinger (Hg.), *Praxishandbuch Investor Relations. Standardwerk der Finanzkommunikation*, S. 379–384.

Grabitz, Ileana, »Auf den Schlips getreten. Niemand nimmt die Krawatte wichtiger als die Dax-30-Vorstände – und doch greifen sie oft daneben. Designerin Jette Joop hat für uns die Binder der Macht untersucht«, *Handelsblatt*, 14.3.2003, Weekend-Teil S. 1.

Gracián, Balthasar, *Handorakel und Kunst der Weltklugheit*, übers. v. Arthur Schopenhauer, München 2005.

Grässlin, Jürgen, *Das Daimler-Desaster. Vom Vorzeigekonzern zum Sanierungsfall?*, München 2005.

— *Jürgen E. Schrempp. Der Herr der Sterne*, München 1998.

Greatbatch, David, »A turn-taking system for British news interviews«, *Language in Society*, Jg. 17, H. 3 (1988), S. 401–430.

Greatbatch, David/Clark, Timothy, »Displaying Group Cohesiveness: Humour and Laughter in the Public Lectures of Management Gurus«, *Human Relations*, Jg. 56, H. 12 (2003), S. 1515–1544.

güttler+klewes (Hg.), *CEO-Studie. Vertrauen in deutsche Unternehmen – Was die Öffentlichkeit von Unternehmenschefs wissen möchte*, Düsseldorf 2001.

Gumbrecht, Hans Ulrich, »Die Schönheit des Mannschaftssports: American Football – im Stadion und im Fernsehen«, in: Gianni Vattimo und Wolfgang Welsch (Hg.), *Medien-Welten. Wirklichkeiten*, München 1998, S. 201–228.

— »Produktion von Präsenz, durchsetzt mit Absenz. Über Musik, Libretto und Inszenierung«, in: Josef Früchtl und Jörg Zimmermann (Hg.), *Ästhetik der Inszenierung. Dimensionen eines künstlerischen, kulturellen und gesellschaftlichen Phänomens*, Frankfurt/M. 2001, S. 63–76.

Handelsblatt (Hg.), *Investor Relations-Monitor 2002*, Düsseldorf 2002.

Harenberg, Ralf, »Berufsgrundsätze von Investor Relations«, in: Deutscher Investor Relations Kreis e.V. (Hg.), *Investor Relations. Professionelle Kapitalmarktkommunikation*, Wiesbaden 2000, S. 105–115.

Hartmann, Michael, *Der Mythos von den Leistungseliten. Spitzenkarrieren und soziale Herkunft in Wirtschaft, Politik, Justiz und Wissenschaft*, Frankfurt/M. 2002.

Hartmann, Michael, *Topmanager – Die Rekrutierung einer Elite*, Frankfurt/M. 1996.

Haug, Wolfgang Fritz, *Kritik der Warenästhetik*, Frankfurt/M. 1971.

Heeg, Günther, *Das Phantasma der natürlichen Gestalt*, Frankfurt/M. 2000.

Hegmann, Gerhard, »Aktionäre zweifeln an Gesundung der HVB«, *Financial Times Deutschland*, 15.5.2003, S. 20.

Heilmeyer, Marina, *Die Sprache der Blumen. Von Akelei bis Zitrus*, München, London/New York 2000.

Hein, Christoph, »Der Herr der Sterne bringt sein Volk spielend hinter sich. Hauptversammlung bei Daimler-Benz«, *Frankfurter Allgemeine Zeitung*, 29.5.1998, S. 3.

Heinrich, Jürgen, *Medienökonomie. Mediensystem, Zeitung, Zeitschrift, Anzeigenblatt*, Bd. 1, Wiesbaden 2001.

Hennes, Markus, »›Ich bin kein Ruhrbaron‹. RWE-Chef Harry Roels tut das, was Aktionäre wünschen – und stellt den Konzern damit vor eine Zerreißprobe«, *Handelsblatt*, 17.11.2005, S. 18.

Henss, Ronald, *Gesicht und Persönlichkeitseindruck*, Göttingen 1998.

— *»Spieglein, Spieglein an der Wand ...«: Geschlecht, Alter und physische Attraktivität*, Weinheim 1992.

Herbst, Dieter, »Wenn Persönlichkeiten wirken: das Image«, in: ders., *Der Mensch als Marke*, Göttingen 2003.

Heritage, John, »Designing Questions and Setting Agendas in the News Interview«, in: Phillip Glenn, Curtis LeBaron und Jenny Mandelbaum (Hg.), *Studies in Language and Social Interaction: In honor of Robert Hopper*, Mahwah 2003, S. 57–90.

Heritage, John/Greatbatch, David, »Generating applause: a study of rhetoric and response at party political conferences«, *American Journal of Sociology*, Jg. 92, H. 1 (1986), S. 110–157.

Heritage, John/Roth, Andrew, »Grammar and institution: questions and questioning in the broadcast news interview«, *Research on Language and Social interaction*, Jg. 28, H. 1 (1995), S. 1–60.

Hetzer, Jonas, »Legendenbildung«, *Manager Magazin*, H. 5 (2005), S. 190.

Hirsch, Paul M./Andrews, John A. Y., »Ambushes, Shootouts, and Knights of the Roundtable: The Language of Corporate Takeovers«, in: Louis R. Pondy, Peter J. Frost, Gareth Morgan und Thomas C. Dandridge (Hg.), *Organizational Symbolism*, Greenwich, Connecticut 1983, S. 145–155.

Hocker, Ulrich, »Die Erwartungen der Kleinanleger an Investor Relations«, in: Klaus Rainer Kirchhoff und Manfred Piwinger (Hg.), *Praxishandbuch Investor Relations. Standardwerk der Finanzkommunikation*, S. 423–428.

Hofer, Joachim, »Höher, schneller, weiter«, *Handelsblatt*, 23.12.05, S. 20.

— »Warten auf den Befreiungsschlag. Ein Jahr nach Amtsantritt hat Wolfgang Ziebart Infineon immer noch nicht aus den roten Zahlen herausgeholt«, *Handelsblatt* 1.9.2005, S. 18.

Honneth, Axel (Hg.), *Befreiung aus der Mündigkeit. Paradoxien des gegenwärtigen Kapitalismus*, Frankfurt/M. 2002.

Hüffer, Uwe, *Aktiengesetz*, erläutert von dems., 2. neub. Aufl., München 1995.

Institut für Demoskopie Allensbach (Hg.), *Kommunikationsverhalten deutscher CEOs. Ergebnisse einer Expertenbefragung 2005*, Kommentarband, Allensbach am Bodensee 2005.

Jefferson, Gail, »On the organization of laughter in talk about troubles«, in: J. Maxwell Atkinson und John Heritage, *Structures of social action. Studies in Conversation Analysis*, Cambridge 1984, S. 346–369.

Jelinek, Elfriede, *Ein Sportstück*, Reinbek bei Hamburg 1998.

Kaiser, Josef, »König Kunde«, *prmagazin*, H. 7 (2003), S. 22–25.

Kao, John, *Jamming, The Art and Discipline of Business Creativity*, New York 1996.

Kaplan, Robert S./Norton, David. P., *Strategy Maps. Der Weg von immateriellen Werten zum materiellen Erfolg*, Stuttgart 2004.

Khurana, Rakesh, »The Curse of the Superstar CEO«, *Harvard Business Review*, Jg. 80, H. 9 (2002), S. 60–67.

Kirby, Michael, *A formalist theatre*, Pennsylvania 1987.

Kirchhoff, Klaus Rainer, »Grundlagen der Investor Relations«, in: Klaus Rainer Kirchhoff und Manfred Piwinger (Hg.), *Die Praxis der Investor Relations. Effiziente Kommunikation zwischen Unternehmen und Kapitalmarkt*, 2. Aufl., Neuwied und Kriftel 2001.

Kirchhoff, Klaus Rainer/Piwinger, Manfred (Hg.), *Praxishandbuch Investor Relations. Standardwerk der Finanzkommunikation*, Wiesbaden 2005.

Kluge, Friedrich, *Etymologisches Lexikon der deutschen Sprache*, bearb. v. Elmar Seebold, 24., durchges. u, erw. Aufl., Berlin 2002.

Knüwer, Thomas, »Daimler im Reformstau. Alles Jahre wieder: Die Aktionäre lesen Konzernchef Jürgen Schrempp die Leviten – folgenlos«, *Handelsblatt*, 7.4.2005, S. 12.

Kowzan, Tadeusz, *Spectacle et signification*, Candiac 1992.

Koydl, Wolfgang, »Witzeln ist Macht. Humor im amerikanischen Präsidentschaftswahlkampf«, *Süddeutsche Zeitung*, 26.5.2004, S. 11.

Kramer, Thorsten/Schreiber, Meike, »Aufstand der Anleger«, *Financial Times Deutschland*, 6.4.2005, S. 25.

Kröger, Michael, »Aktionäre fleddern Schrempps Erbe«, *Spiegel Online*, 12.4.2006, http://www.spiegel.de/wirtschaft/0,1518,411140,00.html (Abruf: April 2006).

Krüger, Ralf, »Ingold Airlines. Quatsch-Fluglinie sorgt für Wirbel«, *Flieger-Magazin*, H. 12 (1992), S. 24–25.

Labryga, Lars, »Wir werden kein Geld mit Toll Collect verdienen«, in: Schutzgemeinschaft der Kapitalanleger (Hg.), *Schwarzbuch Börse. Die Schattenseiten des Kapitalmarkts*, München 2004, S. 44.

Landau Media/Handelsblatt/Faktenkontor (Hg.), *Presseresonanz der Wirtschaftsführer von im DAX, MDAX, SDAX und TecDAX notierten Unternehmen. Eine Untersuchung der Medienpräsenz der Vorstandsvorsitzenden von 160 börsennotierten Unternehmen in Deutschland*, Berlin 2006.

Lakoff, George/Johnson, Mark, *Metaphors we live by*, Chicago 1980.

Laplanche, Jean/Pontalis, Jean-Bertrand, *Das Vokabular der Psychoanalyse*, übers. v. Emma Moersch, 7. Aufl., Frankfurt/M. 1986.

Laux, Lothar/Schütz, Astrid, *»Wir, die wir gut sind«. Die Selbstdarstellung von Politikern zwischen Glorifizierung und Glaubwürdigkeit*, München 1996.

Lehmann, Hans-Thies, *Das politische Schreiben. Essays zu Theatertexten*, Berlin 2002.

— »Die Inszenierung: Probleme ihrer Analyse«, *Zeitschrift für Semiotik*, Jg. 11, H. 1 (1989), S. 29–49.

— *Postdramatisches Theater: Essay*, Frankfurt/M. 1999.

— *Theater und Mythos. Die Konstitution des Subjekts im Diskurs der antiken Tragödie*, Stuttgart 1991.

Lewald, August, »In die Szene setzen«, in: Klaus Lazarowicz und Christopher Balme (Hg.), *Texte zur Theorie des Theaters*, Stuttgart 1991, S. 306–311.

Lewis, David, *The Secret Language of Success. How to read and use body-talk*, London 1989.

Linders, Jan, »Video ist gefährlich. Der Videokünstler Christ Kondek im Gespräch«, *Theater der Zeit*, H. 1 (2006), S. 37f.

Luhmann, Niklas, *Die Realität der Massenmedien*, Opladen 1996.

Maier, Angela, »Deutsche Bank bangt um Chef Ackermann«, *Financial Times Deutschland*, 21.10.2005, S. 20.

Maisch, Michael, »Der kühle Rechner«, *Handelsblatt*, 22.12.2005, S. 22.

— »Graue Anzüge, ernste Mienen. Wie die Deutsche Bank ihre ausgezeichneten Zahlen präsentiert«, *Handelsblatt*, 3.2.2006, S. 27.

Maisch, Michael/Teschler, Diana, »Großes Theater. Inszenierte Aktionärsdemokratie – eine Rezension zur Hauptversammlung der Deutschen Bank«, *Handelsblatt*, 19.5.2005, S. 12.

Malmendier, Ulrike/Tate, Geoffrey, »Does Overconfidence Affect Corporate Investment? CEO Overconfidence Measures Revisited«, *European Financial Management*, Jg. 11, H. 5 (2005), S. 649–659.

— »Superstar CEOs« (Working Paper), http://faculty-gsb.stanford.edu/malmendier/personal_page/Ulrike_Malmendier's_Research.html (Abruf: Januar 2006).

Maul, Karl-Heinz, »Bewertung immaterieller Vermögenswerte im Rahmen von Investor Relations«, in: Klaus Rainer Kirchhoff und Manfred Piwinger (Hg.), *Praxishandbuch Investor Relations. Standardwerk der Finanzkommunikation*, S. 157–166.

McNeill, Daniel, *Das Gesicht. Eine Kulturgeschichte*, Wien 2001.

McKenzie, Jon, *Perform or else. From discipline to performance*, London 2001.

McKinsey (Hg.), *Investor Opinion Survey. Key Findings*, 2002, http://www.mckinsey.com/practices/CorporateGovernance (Abruf: Juli 2003).

Media Tenor (Hg.), *Forschungsbericht Nr. 150*, Bonn, 2. Quartal 2005.

— *Forschungsbericht Nr. 153*, Bonn, 1. Quartal 2006.

Menke, Christoph, *Die Gegenwart der Tragödie. Versuch über Urteil und Spiel*, Frankfurt/M. 2005.

— »Praxis und Spiel. Bemerkungen zur Dialektik eines postavantgardistischen Theaters«, in: Patrick Primavesi und Olaf A. Schmitt (Hg.), *AufBrüche. Theaterarbeit zwischen Text und Situation. Hans-Thies Lehmann zum 60. Geburtstag*, Berlin 2004, S. 27–35.

Meyer, Thomas, *Die Transformation des Politischen,* Frankfurt/M. 1994.

Meyer, Thomas/Kampmann, Martina, *Politik als Theater. Die neue Macht der Darstellungskunst*, Berlin 1998.

Merten, Klaus/Westerbarkey, Joachim, »Public Opinion und Public Relations«, in: Klaus Merten, Siegried Schmidt und Siegfried Weischenberg (Hg.), *Die Wirklichkeit der Medien. Eine Einführung in die Kommunikationswissenschaft*, Opladen 1994, S. 188–211.

Milne, Richard, »Adidas makes its pitch. In the spotlight: Herbert Hainer«, *Financial Times*, 10.4.2006, S. 22.

Müller, Andreas, »Das Rätselraten um die Professoren von Teufels Gnaden. Bei der Titelverleihung an Prominente beruft sich die Staatskanzlei auch auf ein Gesetz aus der Zeit des Nationalsozialismus«, *Südwestdeutsche Zeitung*, 14.4.2005, S. 8.

Mulkay, Michael/Clark, Colin/Pinch, Trevor, »Laughter and the Profit Motive: The use of humor in a photographic shop«, *Humor*, Jg. 6, H. 2 (1993), S. 163–193.

Münkler, Herfried, »Die Theatralisierung der Politik«, in: Josef Früchtl und Jörg Zimmermann (Hg.), *Ästhetik der Inszenierung. Dimensionen eines künstlerischen, kulturellen und gesellschaftlichen Phänomens*, Frankfurt/M. 2001, S. 144–163.

Neckel, Sighard, *Die Macht der Unterscheidung. Beutezüge durch den modernen Alltag*, Frankfurt/M. 1993.

Neckel, Sighard/Dröge, Kai, »Die Verdienste und ihr Preis: Leistung in der Markgesellschaft«, in: Axel Honneth (Hg.), *Befreiung aus der Mündigkeit. Paradoxien des gegenwärtigen Kapitalismus*, Frankfurt/M. 2002, S. 93–112.

Nesshöver, Christoph, »Der Junker und der Junge«, *Handelsblatt*, 13.4.2006, S. 13.

Nessmann, Karl, »Personen-PR. Personenbezogene Öffentlichkeitsarbeit«, in: Günter Bentele, Manfred Piwinger und Gregor Schönborn (Hg.), *Kommunikationsmanagement*, Neuwied und Kriftel 2001ff. (Loseblattsamml.), Nr. 3.34 (Juni 2005), S. 1–70.

Nickson, Dennis/Warhurst, Chris/Dutton, Eli, »The importance of attitude and appearance in the service encounter in retail and hospitality«, *Managing Service Quality*, Jg. 15, H. 2 (2005), S. 195–208.

von Nitzsch, Rüdiger, »Investor Relations aus der Perspektive der Behavioral Finance«, in: Ann-Kristin Achleitner und Alexander Bassen (Hg.), *Investor Relations am Neuen Markt*, Stuttgart 2001, S. 143–158.

Orlik, Bernhard/Graf, Markus, »Hauptversammlung«, in: Ann-Kristin Achleitner und Alexander Bassen (Hg.), *Investor Relations am Neuen Markt*, Stuttgart 2001, S. 578–593.

Oshagbemi, Titus/Gill, Roger, »Gender differences and similarities in the leadership styles and behaviors of UK managers«, *Women in Management Review*, Jg. 18, H. 2 (2003), S. 288–98.

Otte, Max, »Prof. Otte-Kolumne: Wieviel ist Berkshire Hathaway wert?«, *finanzen.net* 7.5.2004, http://www.finanzen.net/news/news_detail.asp?NewsNr=182210 (Abruf: März 2006).

o.V., »Abrechnung mit Schmidt. Aktionäre werfen Ex-HVB-Chef völliges Versagen vor«, *Frankfurter Rundschau*, 15.5.2003.

o. V., »Bewertung der 30 meistgenannten Manager im Jahr 2005«, in: Media Tenor (Hg.), *Forschungsbericht Nr. 153*, Bonn, 1. Quartal 2006, S. 57.

o.V., »Investoren vertrauen dem Chrysler-Retter Zetsche. Daimler-Chrysler-Aktie legt weiter zu – Ende des ›Schrempp-Discounts‹«, *Handelsblatt*, 1.8.2005, S. 13.

o.V., »Erfolg. Umfrage/Attraktive Manager«, *Wirtschaftswoche*, Nr. 42, 9.10.2003, S. 111.

o.V., »Manager als Sündenbocke, Bewertung vom Mai 2005«, in: Media Tenor (Hg.), *Forschungsbericht Nr. 150*, Bonn, 2. Quartal 2005, S. 8.

o.V., »Meldungen«, *Luftfahrt-Journal*, H. 225 (1989), S. 8.

o.V., »Schrempp-Rücktritt mit Kopper vereinbart. Scheidender Daimler-Chrysler-Chef nennt überraschende Ankündigung ›ein Meisterstück der Kommunikation‹«, *Frankfurter Rundschau*, 1.8.2005, S. 9.

o.V., »›Raffgier und Bonzentum‹. DaimlerChrysler-Aktionäre machen ihrem Ärger Luft«, *Frankfurter Allgemeine Zeitung*, 8.4.2001, S. 21.

o.V., »Dem ›Orakel von Omaha‹ gehen die Investmentideen aus«, *Die Welt*, 7.5.2005, S. 20.

Park, Dong-Jin/Berger, Bruce K., »The Presentations of CEOs in the Press, 1990-2000: Increasing Salience, Positive Valence, and a Focus on Competency and Personal Dimensions of Image«, *Journal of Public Relations Research*, Jg. 16, No. 1 (2004), S. 93–125.

Pavis, Patrice, *Semiotik der Theaterrezeption*, Tübingen 1988.

— *Analyzing Performance, Theatre, Dance, and Film,* Ann Arbor, 2003.

Peters, Stephan, »Studentische Korporationen. Gemeinschaften mit elitärer Zielsetzung«, in: Asta der Heinrich-Heine-Universität Düsseldorf (Hg.), *Verbindungs-(Un)Wesen. Anachronismus an den Hochschulen? Reader über Burschenschaften und andere Zumutungen*, Düsseldorf 2002, S. 4-11.

Pfannenberg, J., »Due Diligence: Ansatzpunkt für die Bewertung von Kommunikationsleistungen«, in: Günter Bentele, Manfred Piwinger und Gregor Schönborn (Hg.), *Kommunikationsmanagement*, Neuwied und Kriftel 2001ff. (Loseblattsamml.), Nr. 4.11 (Juni 2004), S. 1–19.

Pienegger, Astrid, »Public Relations und Wirtschaftsjournalismus. Eine Studie über Image und Akzeptanz der PR im Wirtschaftsjournalismus«, in: Klaus-Dieter Altmeppen, Ulrike Röttger und Günter Bentele (Hg.), *Schwierige Verhältnisse. Interdependenzen zwischen Journalismus und PR*, Wiesbaden 2004, S. 143–160.

Piscator, Erwin, *»Das Politische Theater« und weitere Schriften von 1915 bis 1966*, Reinbek bei Hamburg 1986.

Piwinger, Manfred, »Investor Relations als Inszenierungs- und Kommunikationsstrategie«, in: Klaus Rainer Kirchhoff und Manfred Piwinger (Hg.), *Praxishandbuch Investor Relations. Standardwerk der Finanzkommunikation*, S. 3–30.

Piwinger, Manfred/Niehüser, Wolfgang, »Was geht nur in den Köpfen der Leute vor? Über die Bedeutung des ersten Eindrucks und die Rolle von Vorurteilen«, in: Manfred Piwinger (Hg.), *Stimmungen, Skandale, Vorurteile. Formen symbolischer und emotionaler Kommunikation. Wie PR-Praktiker sie verstehen und steuern können*, Frankfurt/M. 1997, S. 202–221.

Pollesch, René, »Insourcing des Zuhause. Menschen in Scheiß-Hotels«, in: ders., *Wohnfront 2001–2002*, hg. v. Bettina Masuch und Volksbühne am Rosa-Luxemburg-Platz, Berlin 2002, S. 43–80.

Pollesch, René/KulturanthropologInnen/Kanak/TFM-StudentInnen, *Stadt als Beute 2 (Text zum szenischen Projekt, aufgeführt im März 2002 im Künstlerhaus Mousonturm)*, Frankfurt/M. 2001.

Porák, Victor, »Erfolgsmessung von Investor Relations«, in: Klaus Rainer Kirchhoff und Manfred Piwinger (Hg.), *Praxishandbuch Investor Relations. Standardwerk der Finanzkommunikation*, S. 185–205.

Porák, Victor/Fieseler, Christian, *Investor Relations – Grundlagen der Finanzkommunikation*, Bern 2005.

Potthoff, Volker, »Macher Seifert«, *Handelsblatt*, 8.3.2005, S. 2.

PricewaterhouseCoopers/Sattler, Henrik/GfK/Markenverband, *Praxis von Markenbewertung und Markenmanagement in Deutschen Unternehmen*, hg. v. PricewaterhouseCoopers, Frankfurt/M. 2005

Primavesi, Patrick/Schmitt, Olaf A. (Hg.), *AufBrüche. Theaterarbeit zwischen Text und Situation. Hans-Thies Lehmann zum 60. Geburtstag*, Berlin 2004.

Rapp, Uri, *Handeln und Zuschauen. Untersuchungen über den theatersoziologischen Aspekt in der menschlichen Interaktion*, Darmstadt und Neuwied 1973.

Reimer, Hauke, »Weniger Boni«, *Wirtschaftswoche*, Nr. 11, 13.3.2006, S. 20.

Richter, Falk, *Das System. Materialien Gespräche Textfassungen zu »Unter Eis«*, hg. v. Anja Dürrschmidt, Berlin 2004.

Rigg, Claire/Sparrow, John, »Gender, diversity and working styles«, *Women in Management Review*, Jg. 9, H. 1 (1994), S. 9–16.

von Rennenkampf, Anke, *Aktivierung und Auswirkungen geschlechtsstereotyper Wahrnehmung von Führungskompetenz im Bewerbungskontext*, Mannheim 2005, http://bibserv7.bib.uni-mannheim.de/madoc/volltexte/2005/860/ (Abruf: März 2006).

Rogers, Priscilla, »Tapping the Interface Between Corporate Concerns and User Needs CEO Presentations«, *University of Michigan Business School Working Paper Series*, Nr. 01 (2002), S. 1–31.

— »CEO presentations in conjunction with earnings announcements«, *Management Communication Quarterly*, Jg. 13, H. 3 (2000), S. 426–486.

Roman, Kenneth/Raphaelson, Joel, *Writing that works. How to improve your memos, letters, reports, speeches, resumes, plans, and other business papers*, New York 1992.

Roselt, Jens (Hg.), *Seelen mit Methode. Schauspieltheorien vom Barock- bis zum postdramatischen Theater*, Berlin 2005.

Röttger, Ulrike, »Campaigns (f)or a better world?«, in: dies. (Hg.), *PR-Kampagnen. Über die Inszenierung von Öffentlichkeit*, Wiesbaden 2001, S. 13–34.

— (Hg.), *Theorien der Public Relations. Grundlagen und Perspektiven der PR-Forschung*, Wiesbaden 2004.

Sacks, Harvey, *Lectures on conversation*, hg. v. Gail Jefferson, Cambridge 1996.

Schatz, Roland, »Spitzenmanager in Meinungsführermedien«, in: Repräsentanz Expert. (Hg.), *Corporate Speaking. Auftritte des Spitzenmanagements: Positionierung, Executive Coaching, Dresscode*, Bonn 2004, S. 38–44.

Schechner, Richard, »Invasions Friendly and Unfriendly: The Dramaturgy of Direct Theatre«, in: Janelle Reinelt und Joseph Roach (Hg.), *Critical Theory and Performance*, Ann Arbor 1992, S. 88–106.

— *Performance Studies: an introduction*, London 2002.

— *The future of Ritual. Writings on Culture and Performance*, London 1993.

— *Theater-Anthropologie. Spiel und Ritual im Kulturvergleich*, übers. v. Susanne Winnacker, Hamburg 1990.

Schegloff, Emanuel A., »On some gestures' relation to talk«, in J. Maxwell Atkinson und John Heritage, *Structures of social action. Studies in Conversation Analysis*, Cambridge 1984, S. 266–296.

Schmidt, Reinhard H./Terberger, Eva, *Grundzüge der Investitions- und Finanzierungstheorie*, 4. Aufl., Wiesbaden 1997.

Schneider, Klaus, »Wozu brauchen wir Aktionärsschützer«, *AktionärsNews. Das Onlinemagazin der Schutzgemeinschaft der Kapitalanleger SdK*, Nr. 79, 8.10.2004, S. 1.

Scholl, Armin/Weischenberg, Siegfried, *Journalismus in der Gesellschaft. Theorie, Methodologie und Empirie*, Wiesbaden 1998.

Schopenhauer, Arthur, *Eristische Dialektik oder Die Kunst, Recht zu behalten in 38 Kunstgriffen dargestellt*, hg. v. Gerd Haffmans, Frankfurt/M. 2005.

Schreiber, Meike, »Das Phantom der Börse«, *Financial Times Deutschland*, 26.5.2005, S. 16.

Schubert, Wolfgang, »Zehn Eier und zwei Kilo Tomaten wurden als mögliche Wurfgeschosse konfisziert/Szenen vor der Fraport-Hauptversammlung/ Scharfe Sicherheitsvorkehrungen«, *Frankfurter Rundschau*, 27.6.2002, S. 28.

Schüttrumpf, Veit-Gunnar, »Die Hauptversammlung als IR-Event«, in: Deutscher Investor Relations Kreis e.V. (Hg.), *Investor Relations. Professionelle Kapitalmarktkommunikation*, Wiesbaden 2000, S. 153–164.

Schwäbische Bank (Hg.), *Schwäbische Aktien, »zom Fressa' gern«*, Stuttgart 2003.

Schweeger, Elisabeth, »Kunst im Zwischenraum«, in: Patrick Primavesi und Olaf A. Schmitt (Hg.), *AufBrüche. Theaterarbeit zwischen Text und Situation. Hans-Thies Lehmann zum 60. Geburtstag*, Berlin 2004, S. 79–85.

SdK Schutzgemeinschaft der Kapitalanleger (Hg.), *Schwarzbuch Börse. Die Schattenseiten des Kapitalmarkts*, München 2005.

SdK Schutzgemeinschaft der Kapitalanleger/Haubrok Corporate Events (Hg.), *Hauptversammlungsumfrage*, München und Düsseldorf 2001.

Shakespeare, William, *Shakespeares Dramatische Werke*, übers. von A. W. v. Schlegel und L. Tieck, hg. u. revidiert v. Hans Matter, 5. Band, 2., neu durchgesehene Aufl., Basel 1953.

Schuster, Thomas, *Die Geldfalle. Wie Medien und Banken die Anleger zu Verlierern machen*, Reinbek bei Hamburg 2001.

Siering, Frank, »Mit dem Chef an einem Strang ziehen. In den USA sind Zugehörigkeitsgefühl der Mitarbeiter und Unternehmenserfolg eng verbunden. Der Boss muss Vorbild sein«, *Handelsblatt*, 28.10.2005, S. 6.

Singer, Milton, *Traditional India – Structure and Change*, Philadelphia 1959.

Singh, Val/Vinnicombe, Susan, *The 2003 Female FTSE Index: When Woman pass a Milestone: 101 Directorships on the FTSE 100 Boards. Executive Summary*, November 2003, http://www.som.cranfield.ac.uk/som/research/centres/cdwbl/projects.asp (Abruf: August 2005).

Spencer Stuart (Hg.), *Der Spencer Stuart Board Index Deutschland 2002/03. Praxis und aktuelle Trends in den Aufsichtsräten und Vorständen bedeutender deutscher Unternehmen*, Frankfurt/M. 2003.

Stanislavski, Constantin, *Creating a Role*, übers. v. Elizabeth Reynolds Hapgood und hg. v. Hermine I. Popper, London 1961.

Stebbins, Genevieve, *Delsarte's System of Expression*, New York 1977.

Strauss, Susanne Nicolette, »...sei behutsam im Reden. Leitfaden für mehr persönliche Kommunikationskompetenz im Umgang mit Medien und Mitarbeitern«, in: Günter Bentele, Manfred Piwinger und Gregor Schönborn (Hg.), *Kommunikationsmanagement*, Neuwied und Kriftel 2001ff. (Loseblattsamml.), Nr. 3.14 (März 2002), S. 1–26.

Streitz, Matthias, »Management-Veteranen. Die sieben Dinosaurier des Dax«, *Spiegel-Online*, 5.8.2005, http://www.spiegel.de/wirtschaft/0,1518,368358,00.html (Abruf: März 2006).

Svensson, Arnold, »Ein heißgelaufener Motor auf einer Woge widriger Winde – oder: Wie sollen wir uns die Wirtschaft vorstellen«, *Osnabrücker Beiträge zu Sprachtheorie*, H. 16 (1980), S. 114–117.

Szondi, Peter, *Theorie des modernen Dramas*, 5. Aufl., Frankfurt/M. 1968.

Tellis, Gerard J., *Advertising and sales promotion strategy*, Reading (Mass.) 1998.

The Cap Gemini Ernst & Young Centre for Business Innovation (Hg.), *Measures that Matter: The Importance of Non-financial Measures*, 2002, http://www.cbi.cgey.com/research/current-work/valuing-intangibles/measures-that-matter.html (Abruf: März 2006).

Thieme, Thomas, »Jenseits der Sentimentalität. Falk Richter im Gespräch«, in: Falk Richter, *Das System. Materialien Gespräche Textfassungen zu »Unter Eis«*, hg. v. Anja Dürrschmidt, Berlin 2004, S. 122–130.

Turner, Victor, *On the edge of the Bush, Anthropology As Experience*, University of Arizona Press 1985.

— *Vom Ritual zum Theater. Der Ernst des menschlichen Spiels*, Frankfurt/M. 1995.

Ueding, Gert, »Rhetorik des Lachens«, in: Thomas Vogel (Hg.), *Vom Lachen. Einem Phänomen auf der Spur*, Tübingen 1992, S. 24–44.

Ueding, Gert/Steinbrink, Bernd, *Grundriß der Rhetorik. Geschichte – Technik – Methode*, Stuttgart 1986.

Verdi dju (Hg.), *Embedded forever – Verkommt der Journalismus im bequemen Bett von PR und Marketing? Dokumentation 18. Journalistentag 2004 der Deutschen Journalistinnen und Journalisten-Union (dju) in ver.di, 27.11.2004 in Berlin*, Frankfurt/M. 2004.

Voswinkel, Stephan, »Bewunderung ohne Würdigung? Paradoxien der Anerkennung doppelt subjektivierter Arbeit«, in: Axel Honneth (Hg.), *Befreiung aus der Mündigkeit. Paradoxien des gegenwärtigen Kapitalismus*, Frankfurt/M. 2002, S. 65–87.

Wendt, Otger, »Investor Relations für institutionelle Anleger«, in: Klaus Rainer Kirchhoff und Manfred Piwinger (Hg.), *Praxishandbuch Investor Relations. Standardwerk der Finanzkommunikation*, S. 417–422.

Wilson, Robert, »Etwas über das Leben lernen«, in: Nelson Killius, Jürgen Kluge und Linda Reisch (Hg.), *Die Bildung der Zukunft*, Frankfurt/M. 2003, S. 35–42.

Wüpper, Thomas, »Sinkender Stern«, *Frankfurter Rundschau*, 8.4.2005, S. 3.

Zeckhauser, Richard/Hamilton, James, »Media Coverage of CEOs: Who? What? Where? When? Why?« (Working Paper), *Workshop on the Media and Economic Performance* (Stanford Institute for International Studies, Center on Development, Democracy, and the Rule of Law), 2004, http://www-pps.aas.duke.edu/people/faculty/hamilton/hamiltoncv.pdf (Abruf: Januar 2006).

Zerfaß, Ansgar, *Unternehmensführung und Öffentlichkeitsarbeit. Grundlegung einer Theorie der Unternehmenskommunikation und Public Relations*, 2., ergänzte Auflage, Wiesbaden 2004.

Ziegler, Friedrich Wilhelm, *Systematische Schauspielkunst in ihrem ganzen Umfange*, Wien 1820.

Zimmermann, Jörg, »Mutmaßungen über die Regie des Lebens. Stationen einer Metaphysik der Inszenierung«, in: Josef Früchtl und Jörg Zimmermann (Hg.), *Ästhetik der Inszenierung. Dimensionen eines künstlerischen, kulturellen und gesellschaftlichen Phänomens*, Frankfurt/M. 2001, S. 103–125.

Quellen der Veranstaltungen

Die Zitate der Vorstandsvorsitzenden stammen aus: Mitschriften der Veranstaltungen, den vor Ort ausgeteilten und im Internet erhältlichen Redemanuskripten, aus Transkripten der Webcasts der Bilanzpresse- und Analystenkonferenzen und aus Mitschriften vom Besuch der Veranstaltungen.

Diese Filmaufzeichnungen sind – in den meisten Fällen existiert ein über Jahre zurückreichendes Archiv – auf den Investor Relations-Seiten der Unternehmen zu finden. Zugang: Von der Homepage in die Sektion »Investor Relations«, dann Stichwörter: »Events« beziehungsweise »Veranstaltungen« und/oder »Präsentationen«. Bilanzpressekonferenzen sind häufig in der Sektion »Presse« zu finden, unter dem Stichwort: »Events« beziehungsweise »Veranstaltungen« und/oder »Reden«. Hier finden sich auch die Text- oder pdf-Dateien mit den Vorstandsreden. Des Weiteren finden sich hier häufig Fotos der Veranstaltungen.

Alle in der Analyse zitierten Videomitschnitte wurden aus dem Internet heruntergeladen und liegen der Verfasserin selbstverständlich als Filmdatei »Winamp Media File« vor. Ebenso vorhanden sind alle zitierten Redemanuskripte, entweder die am Veranstaltungstag vor Ort ausgeteilten Originale, oder die Textdateien als Word Dokument oder pdf-Datei von den Internetseiten. Auch vorhanden sind die erwähnten Präsentationsfolien, als pdf-Datei oder PowerPoint-Präsentation.

Es folgt eine Auflistung, alphabetisch nach Dax-Listing, der jeweiligen Veranstaltungen mit Vorstandsvorsitzendem und Datum sowie den URLs zu den Unternehmen, unter denen die Materialen am Ende des Forschungsprojekts im Mai 2006 zugänglich waren. Wurde die Veranstaltung persönlich besucht, ist das an dieser Stelle vermerkt (Besuch).

Hauptversammlungen 2002

Deutsche Bank, Rolf-E. Breuer, 22.5.2002 Frankfurt/M., http://www.deutsche-bank. de/de/content/ir/2528.htm

Deutsche Lufthansa, Jürgen Weber, 19.6.2002 Köln, http://www.lufthansa-financials. com/servlet/PB/menu/1025271_l1/index.html

Deutsche Telekom, Ron Sommer, 28.5.2002 Köln, www.telekom.de/hauptversamm lung (letzter Abruf: Aug. 2003)

Hauptversammlungen 2003

adidas-Salomon, Herbert Hainer, 8.5.2003 Fürth, http://www.adidas-group.com/ de/investor/events/2003/2003_05_08.asp

Allianz, Henning Schulte-Noelle, 29.4.2003 München, http://www.allianz group.com/azgrp/dp/cda/0,,51092-49,00.html

Altana, Nikolaus Schweickart, 6.5.2003 Frankfurt/M., http://www.altana.de/root/index.php?lang=de&page_id=31&PHPSESSID=227efbf792adbc3e3ebea2297f0a1b78 (Besuch)

Bayr. Hypo-Vereinsbank, Dieter Rampl, 14.5.2003 München, http://www.hvbgroup.com/german/investorrelations/events/shareholderconference.html

Commerzbank, Klaus-Peter Müller, 30.5.2003 Frankfurt/M., https://www.commerzbank.de/aktionaere/haupt/index.html (Besuch)

DaimlerChrysler, Jürgen Schrempp, 9.4.2003 Berlin, http://www.daimlerchrysler.de/index_g.htm

Deutsche Bank, Josef Ackermann, 10.6.2003 Frankfurt/M., http://www.deutsche-bank.de/de/content/ir/2528.htm (Besuch)

Deutsche Börse, Werner Seifert, 14.5.2003 Frankfurt/M., http://deutsche-boerse.com/dbag/dispatch/de/kir/gdb_navigation/investor_relations/40_Financial_Calendar/20_General_Annual_Meeting_2003 (Besuch)

Deutsche Lufthansa, Jürgen Weber, 18.6.2003 Köln, http://www.lufthansa-financials.com/servlet/PB/menu/1024430_l1/index.html

Deutsche Post, Klaus Zumwinkel, 5.6.2003 Köln, http://investors.dpwn.de/de/investoren/veranstaltungen/archiv/archiv_2003/rede_hauptversammlung.htm (Besuch)

Deutsche Telekom, Ron Sommer, 20.5.2003 Köln, http://www.telekom3.de/dep/inve/7-ha/star/hauptversammlung-2003-ar.html (Besuch)

EON, Ulrich Hartmann, 20.4.2003 Essen, http://www.eon-ag.com/eon6301083695

Andere Unternehmen:

Schwälbchen Molkerei Jacob Berz, 25.4.2003 Bad Schwalbach (Besuch)

Techem, 21.3.2003 Frankfurt/M. (Besuch)

Süwag Energie, 24.4.2003 Frankfurt/M. (Besuch)

Hauptversammlungen 2004

adidas-Salomon, Herbert Hainer, 5.5.04 Fürth, http://www.adidas-group.com/de/investor/events/2004/2004-05-13.asp

Allianz, Michael Diekmann, 5.5.04 München, http://www.allianzgroup.com/azgrp/dp/cda/0,,29110-49,00.html

Altana, Nikolaus Schweickart, 5.5.04 Frankfurt/M., http://www.altana.de/root/index.php?page_id=807&preview=true&page_action=&archiv=true&kategorie_id=1&unterkategorie_id=5 (Besuch)

Bayr. Hypo-Vereinsbank, Dieter Rampl, 29.4.2004 München, http://www.hvbgroup.com/-snm-0155517720-1146124749-0000016214-0000000000-1146140299-enm-cms/german/investorrelations/events/annual_meeting2004.html

Commerzbank, Klaus-Peter Müller, 12.5.04 Frankfurt/M., https://www.commerzbank.de/aktionaere/archive/haupt/2004/index.html (Besuch)

DaimlerChrysler, Jürgen Schrempp, 7.4.04 Berlin, http://www.daimlerchrysler.com/dccom/0-5-171057-49-171093-1-0-0-0-0-0-135-7164-0-0-0-0-0-0-0.html (Besuch)

Deutsche Bank, Josef Ackermann, 2.6.04 Frankfurt/M., http://www.deutsche-bank.de/de/content/ir/2528.htm (Besuch)

Deutsche Börse, Werner Seifert, 19.5.04 Frankfurt/M., http://deutsche-boer-se.com/dbag/dispatch/de/kir/gdb_navigation/investor_relations/40_Financial_Calendar/15_Annual_General_Meeting_2004 (Besuch)

Deutsche Lufthansa, Wolfgang Mayrhuber, 16.6.04 Köln, http://www.lufthansa-financials.com/servlet/PB/menu/1016728_l1/index.html (Besuch)

Deutsche Post, Klaus Zumwinkel, 6.5.04 Köln, http://investors.dpwn.de/de investoren/veranstaltungen/archiv/archiv_2004/veranstaltung_2004_05_06.htm (Besuch)

Deutsche Telekom, Kai-Uwe Ricke, 18.5.04 Köln, http://www.telekom3.de/dep/inve/12-s/star/cc-startseite.html (Besuch)

RWE, Harry Roels, 15.4.04 Essen, http://www.rwe.com/app/Mediencenter/Detailansicht.aspx?mID=506&catID=3

Hauptversammlungen 2005

adidas-Salomon, Herbert Hainer, 4.5.2005 Fürth, http://www.adidas-group.com/de/investor/events/2005/2005-05-04.asp

Allianz, Michael Diekmann, 4.5.05 München, http://www.allianz.com/azcom/dp/cda/0,,936339-49,00.html

Altana, Nikolaus Schweickart, 4.5.05 Frankfurt/M., http://www.altana.de/root/index.php?page_id=807&preview=true&page_action=&archiv=true&kategorie_id=1&unterkategorie_id=5

BASF, Jürgen Hambrecht, 28.4.05 Mannheim, http://www.corporate.basf.com/de/investor/veranstaltungen/hauptversammlung/2005/?id=aY_-C8YASbcp*mC

BAYER, Werner Wenning, 29.4.2005 Köln, http://www.hv2005.bayer.de/

Bayr. Hypo-Vereinsbank, Dieter Rampl, 12.5.05, http://www.hvbgroup.com/snm 0155517720-1146124749-0000016214-0000000000-1146140299-enm-cms/german/investorrelations/events/annual_meeting2005.html

BMW, Helmut Panke, 12.5.05 München, http://www.bmwgroup.com/bmw-group_prod/d/nav/index.html?http://www.bmwgroup.com/bmwgroup_prod/d/0_0_www_bmwgroup_com/investor_relations/corporate_events/hauptversammlung/2005/hauptversammlung.html

Commerzbank, Klaus-Peter Müller, 20.5.05 Frankfurt/M., https://www.commerzbank.de/aktionaere/archive/haupt/2005/index.html

DaimlerChrysler, Jürgen Schrempp, 6.4.05 Berlin, http://www.daimlerchrysler.com/dccom/0-5-7174-49-498526-1-0-0-0-0-0-8-7164-0-0-0-0-0-0-0.html

Deutsche Bank, Josef Ackermann, 18.5.05 Frankfurt/M., http://www.deutsche-bank.de/HV2005/index.html?contentOverload=http://www.deutsche-bank.de/HV2005/portal.shtml (Besuch)

Deutsche Börse, Mathias Hlubek (Interims), 25.5.05 Frankfurt/M., http://deutsche-boerse.com/dbag/dispatch/de/kir/gdb_navigation/investor_relations/40_Financial_Calendar/14_Annual_General_Meeting_2005

Deutsche Lufthansa, Wolfgang Mayrhuber, 25.5.05 Köln, http://www.lufthansa-financials.com/servlet/PB/menu/1016350/index.html

Deutsche Telekom, Kai-Uwe Ricke, 26.4.05 Hannover, http://www.telekom3.de/dep/inve/14-s/star/cc-startseite.html

EON, Wulf Bernotat, 27.4.2005 Essen, http://www.eon.com/de/investoren/6043.jsp

MAN, Håkan Samuelsson, 3.6.2005 München, http://www.man.de/index.php?id=633

Siemens, Heinrich von Pierer, 27.1.05 München, http://www.siemens. com/index.jsp?sdc_p=ft4ml0s4uo1342619i1332662pcz3&sdc_bcpath=1330815.s_4,1330860.s_4,1332662.s_4,&sdc_sid=12970024437&

TUI, Michael Frenzel, 11.5.05 Hannover, http://www.tui-group.com/de/ir/hv/hv_2005/sitemap.html;jsessionid=26B803DC6D4E835F3E7D73E764381F4E.TUIGROUP

Volkswagen, Bernd Pischetsrieder, 21.4.05 Hamburg, http://www2.volkswagen-ir.de/Home.3.0.html

Hauptversammlungen 2007

DaimlerChrysler, Dieter Zetsche, 4.4.07 Berlin, http://www.daimlerchrysler.com/dccom/0-5-716280-49-716296-0-0-0-0-0-0-8-7164-0-0-0-0-0-0-0.html (Besuch)

Presse- und Analystenkonferenzen 2004

adidas-Salomon, Herbert Hainer, Analystenkonferenz, 10.3.04, http://www.adidas-salomon.com/de/investor/events/2004/2004-03-10.asp

Allianz, Michael Diekmann, Analystenkonferenz, 18.3.04 München, http://www.allianz.com/azcom/dp/cda/0,,297883-49,00.html

Allianz, Michael Diekmann, Bilanzpressekonferenz, 18.3.04 München, http://www.allianzgroup.com/azgrp/dp/cda/0,,301635-49,00.html

Commerzbank, Klaus-Peter Müller, Bilanzpressekonferenz, 18.2.04 Frankfurt/M., https://www.commerzbank.de/aktionaere/vortrag/2004/PK_040218/index.html

DaimlerChrysler, Jürgen Schrempp, Bilanzpressekonferenz, 19.2.04 Sindelfingen, http://www.daimlerchrysler.com/dccom/0-5-7174-49-498526-1-0-1-0-0-0-950 3-7164-0-0-0-0-0-0-0.html

Deutsche Bank, Josef Ackermann, Bilanzpressekonferenz, 5.2.04 Frankfurt/M., http://www.deutsche-bank.de/ir/index.html?contentOverload=http://www. deutsche-bank.de/ir/events_2199.shtml&loadFlash=/ir/1613.html

Deutsche Lufthansa, Wolfgang Mayrhuber, Analystenkonferenz, 25.3.04 Frankfurt/M., http://www.lufthansa-financials.de/servlet/PB/menu/1016896_l1/index.html (Besuch)

Deutsche Lufthansa, Wolfgang Mayrhuber, Bilanzpressekonferenz, 25.3.04 Frankfurt/M., http://konzern.lufthansa.com/de/html/presse/downloads/pressemappen/index.html (Besuch)

Deutsche Börse, Werner Seifert, Bilanzpressekonferenz, 31.3.04 Frankfurt/M., http://deutsche-boerse.com/dbag/dispatch/de/kir/gdb_navigation/investor_relations/50_Presentations_and_Speeches

RWE, Harry Roels, Analystenkonferenz, 26.2.04, http://www.rwe.com/generator.aspx/investor-relations/ir-aktuell/praesentationen/id=14840/praesentationen-page.html

SAP, Henning Kagermann, Analystenkonferenz, 22.1.04 Frankfurt/M., http://www.sap.com/germany/company/investor/calendar/telelive_pk_year2 003.aspx (Besuch)

SAP, Henning Kagermann, Bilanzpressekonferenz, 22.1.04 Frankfurt/M., http://www.sap.com/germany/company/investor/calendar/telelive_pk_year2 003.aspx (Besuch)

Telekom, Kai-Uwe Ricke, Analystenkonferenz, 10.3.04 Bonn, http://www.tele kom3.de/de-p/inve/6-pr/star/praesentationen-2004-artikel-ar.html

Telekom, Kai-Uwe Ricke, Bilanzpressekonferenz, 10.3.04 Bonn, http://www.tele kom3.de/de-p/pres/7-re/1-re/star/cc-startseite,archivId=2.html

Andere Veranstaltungen:

Altana, Nikolaus Schweickart, Analystenkonferenz zum 3. Quartal, 4.11.04 Bad Homburg (Besuch)

Altana, Nikolaus Schweickart, Pressekonferenz zum 3. Quartal, 4.11.04 Bad Homburg (Besuch)

Deutsche Lufthansa, Wolfgang Mayrhuber, Analystenkonferenz zum 3. Quartal, 11.11.04 Frankfurt/M. (Besuch)

Deutsche Lufthansa, Wolfgang Mayrhuber, Pressekonferenz zum 3. Quartal, 11.11.04 Frankfurt/M. (Besuch)

Presse- und Analystenkonferenzen 2005

adidas-Salomon, Herbert Hainer, Analystenkonferenz, 9.3.05, http://www.adidas-group.com/de/investor/events/2005/2005-03-09.asp

adidas-Salomon, Herbert Hainer, Bilanzpressekonferenz, 9.3.05, http://www.adidas-group.com/de/investor/events/2005/2005-03-09.asp

Allianz, Michael Diekmann, Analystenkonferenz 18.3.05, http://www.allianz.com/azcom/dp/cda/0,,659289-49,00.html

Allianz, Michael Diekmann, Bilanzpressekonferenz, 17.3.05, http://www.allianz.com/azcom/dp/cda/0,,1066857-49,00.html

Altana, Nikolaus Schweickart, Analystenkonferenz, 17.3.05 Bad Homburg, (Besuch)

Altana, Nikolaus Schweickart, Bilanzpressekonferenz, 17.3.05 Bad Homburg, http://www.altana.de/root/index.php?page_id=807&preview=true&page_action=&archiv=true&kategorie_id=1&unterkategorie_id=5 (Besuch)

BASF, Jürgen Hambrecht, Analystenkonferenz, 9.3.05 Ludwigshafen, http://www.corporate.basf.com/de/investor/news/praesentationen/?id=aY-_C8YASbcp*mC

BASF, Jürgen Hambrecht, Bilanzpressekonferenz, 9.3.05 Ludwigshafen, http://www.corporate.basf.com/de/presse/konferenzen/bpk_050309.htm?id=aY_-C8YASbcp*mC

Bayr. Hypo-Vereinsbank, Dieter Rampl, Analystenkonferenz, 24.2.05 München, http://www.hvbgroup.com/-snm-0155517720-1146124749-0000016214-0000000000-1146140249-enm-cms/german/investorrelations/events/analystsconference.html

Bayr. Hypo-Vereinsbank, Dieter Rampl, 24.2.05 München, Bilanzpressekonferenz, http://www.hvbgroup.com/-snm-0148599576-1145498521-0000022808-0000000323-1145528465-enm-cms/german/press/speeches.html

BMW, Helmut Panke, Analystenkonferenz, 17.3.05 München, http://www.bmwgroup.com/bmwgroup_prod/d/nav/index.html?http://www.bmwgroup.com/bmwgroup_prod/d/0_0_www_bmwgroup_com/home/home.html

BMW, Helmut Panke, Bilanzpressekonferenz, 16.3.05 München, http://www.bmwgroup.com/bmwgroup_prod/d/nav/index.html?http://www.bmwgroup.com/bmwgroup_prod/d/0_0_www_bmwgroup_com/home/home.html

Commerzbank, Klaus-Peter Müller, Bilanzpressekonferenz, 16.2.05 Frankfurt/M., https://www.commerzbank.de/aktionaere/archive/vortrag/2005/PK_050216/index.html (Besuch)

DaimlerChrysler, Jürgen Schrempp, Bilanzpressekonferenz, 10.2.2005, http://www.daimlerchrysler.com/dccom/0-5-7174-49-498526-1-0-1-0-0-0-9503-7164-0-0-0-0-0-0-0.html

Deutsche Bank, Josef Ackermann, Analystenkonferenz, 3.2.05 Frankfurt/M., http://www.deutsche-bank.de/ir/index.html?contentOverload=http://www.deutsche-bank.de/ir/eventliste01.shtml&loadFlash=/ir/1613.html

Deutsche Bank, Josef Ackermann, Bilanzpressekonferenz, 3.2.05 Frankfurt/M., http://www.deutsche-bank.de/presse/index.html?contentOverload=http://www.deutsche-bank.de/presse/videoliste01.shtml (Besuch)

Deutsche Börse, Werner Seifert, Analystenkonferenz, 22.2.05 Frankfurt/M., http://deutsche-boerse.com/dbag/dispatch/de/kir/gdb_navigation/investor_relations/50_Presentations_and_Speeches (Besuch)

Deutsche Börse, Werner Seifert, Bilanzpressekonferenz, 22.2.05 Frankfurt/M., http://deutsche-boerse.com/dbag/dispatch/de/kir/gdb_navigation/investor_relations/50_Presentations_and_Speeches (Besuch)

Deutsche Telekom, Kai-Uwe Ricke, Bilanzpressekonferenz, 3.3.05 Bonn

EON, Wulf Bernotat, Analystenkonferenz, 10.3.05, http://www.eon.com/de/investoren/1064.jsp

EON, Wulf Bernotat, Bilanzpressekonferenz, 10.3.05, http://www.eon.com/de/downloads/BPK_Rede_Schipporeit_de.pdf

SAP, Henning Kagermann, Analystenkonferenz, 26.1.05 Frankfurt/M., http://www.sap.com/germany/company/investor/calendar/telelive_pk_year2004.epx (Besuch)

SAP, Henning Kagermann, Bilanzpressekonferenz, 26.1.05 Frankfurt/M., http://www.sap.com/germany/company/investor/calendar/telelive_pk_year2004.epx (Besuch)

Volkswagen, Bernd Pischetsrieder, Bilanzpressekonferenz, 8.3.05 Wolfsburg, http://www.volkswagen-media-services.com/medias_publish/ms/content/de/pressetermine.standard.gid-journalisten.html

Volkswagen, Bernd Pischetsrieder, Analystenkonferenz, 9.3.05 Wolfsburg, http://www.volkswagen-ir.de/

Presse- und Analystenkonferenzen 2006

DaimlerChrysler, Dieter Zetsche, Bilanzpressekonferenz, 16.2.2006, Sindelfingen, http://www.daimlerchrysler.com/dccom/0-5-7174-49-498526-1-0-0-0-0-0-8-7164-0-0-0-0-0-0-0.html (Besuch)

Deutsche Bank, Josef Ackermann, Bilanzpressekonferenz, 2.2.2006 Frankfurt/M., http://www.deutsche-bank.de/presse/index.html?contentOverload=http://www.deutsche-bank.de/presse/videoliste01.shtml (Besuch)

Deutsche Bank, Josef Ackermann, Analystenkonferenz, 2.2.2006 Frankfurt/M., http://www.deutsche-bank.de/ir/index.html?contentOverload=http://www.deutsche-bank.de/ir/eventliste01.shtml&loadFlash=/ir/1613.html (Besuch)

Zitierte Veranstaltungen von Unternehmen aus USA, UK und Australien

Vodafone, Annual General Meeting, 27.7.2004 London, UK, http://www.vodafone.com/section_article/0,3035,CATEGORY_ID%253D412%2526LANGUAGE_ID%253D0%2526CONTENT_ID%253D231062,00.html?

Google, Annual General Meeting, 12.5.2005 USA, http://www.shareholder.com/visitors/event/build2/mediapresentation.cfm?mediaid=15654&player=1#

WMC, Annual General Meeting, 2.5.2003 Perth, Australien, http://www.wmc.com/pubpres/agm03/index.htm